全国医药中等职业教育药学类"十四五"规划教材（第三轮）

供医药卫生类、轻纺食品类专业使用

生物化学基础 （第3版）

主　编　尚金燕

副主编　范九良　高　飞

编　者　（以姓氏笔画为序）

　　　　王艳杰（上海市医药学校）

　　　　王淑芹（淄博市技师学院）

　　　　邓永霞（江西省医药学校）

　　　　何焕兴（佛山市南海区卫生职业技术学校）

　　　　范九良（亳州中药科技学校）

　　　　尚金燕（山东药品食品职业学院）

　　　　高　飞（山东药品食品职业学院）

　　　　高　欢（潍坊弘景中医药学校）

　　　　唐　超（江西省医药学校）

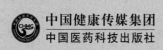

中国健康传媒集团

中国医药科技出版社

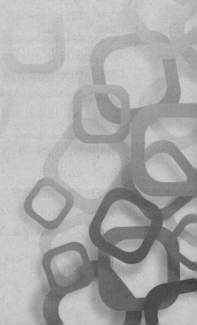

内容提要

本教材为"全国医药中等职业教育药学类'十四五'规划教材（第三轮）"之一。系根据整套教材编写指导原则、要求和生物化学课程教学大纲的要求编写而成，主要介绍构成生物体（主要是人体）物质的组成、结构、理化性质、生理功能、代谢与调控以及常见的药物等。

本教材具有较强的实用性，内容对后续课程和岗位标准有支撑作用。本教材为书网融合教材，即纸质教材有机融合电子教材、教学配套资源（PPT、微课、视频等）、题库系统、数字化教学服务（在线教学、在线作业、在线考试），使教学资源更加多样化、立体化。

本教材可以供全国中等职业院校医药卫生类、轻纺食品类等相关专业师生使用，也可作为医药相关技术人员的参考用书。

图书在版编目（CIP）数据

生物化学基础／尚金燕主编．—3 版．—北京：中国医药科技出版社，2020.12（2024.7 重印）．全国医药中等职业教育药学类"十四五"规划教材．第三轮

ISBN 978 - 7 - 5214 - 2124 - 8

Ⅰ.①生…　Ⅱ.①尚…　Ⅲ.①生物化学 - 中等专业学校 - 教材　Ⅳ.①Q5

中国版本图书馆 CIP 数据核字（2020）第 235963 号

美术编辑 陈君杞

版式设计 友全图文

出版　**中国健康传媒集团** | 中国医药科技出版社

地址　北京市海淀区文慧园北路甲 22 号

邮编　100082

电话　发行：010 - 62227427　邮购：010 - 62236938

网址　www. cmstp. com

规格　787mm × 1092mm $\frac{1}{16}$

印张　17

字数　355 千字

初版　2011 年 5 月第 1 版

版次　2020 年 12 月第 3 版

印次　2024 年 7 月第 4 次印刷

印刷　大厂回族自治县彩虹印刷有限公司

经销　全国各地新华书店

书号　ISBN 978 - 7 - 5214 - 2124 - 8

定价　**49.00 元**

获取新书信息、投稿、为图书纠错，请扫码联系我们。

2011 年，中国医药科技出版社根据教育部《中等职业教育改革创新行动计划（2010—2012 年）》精神，组织编写出版了"全国医药中等职业教育药学类专业规划教材"；2016 年，根据教育部 2014 年颁发的《中等职业学校专业教学标准（试行）》等文件精神，修订出版了第二轮规划教材"全国医药中等职业教育药学类'十三五'规划教材"，受到广大医药卫生类中等职业院校师生的欢迎。为了进一步提升教材质量，紧跟职教改革形势，根据教育部颁发的《国家职业教育改革实施方案》（国发〔2019〕4 号）、《中等职业学校专业教学标准（试行）》（教职成厅函〔2014〕48 号）精神，中国医药科技出版社有限公司经过广泛征求各有关院校及专家的意见，于 2020 年 3 月正式启动了第三轮教材的编写工作。

党的二十大报告指出，要办好人民满意的教育，全面贯彻党的教育方针，落实立德树人根本任务，培养德智体美劳全面发展的社会主义建设者和接班人。教材是教学的载体，高质量教材在传播知识和技能的同时，对于践行社会主义核心价值观，深化爱国主义、集体主义、社会主义教育，着力培养担当民族复兴大任的时代新人发挥巨大作用。在教育部、国家药品监督管理局的领导和指导下，在本套教材建设指导委员会专家的指导和顶层设计下，中国医药科技出版社有限公司组织全国60 余所院校 300 余名教学经验丰富的专家、教师精心编撰了"全国医药中等职业教育药学类'十四五'规划教材（第三轮）"，该套教材付梓出版。

本套教材共计 42 种，全部配套"医药大学堂"在线学习平台。主要供全国医药卫生中等职业院校药学类专业教学使用，也可供医药卫生行业从业人员继续教育和培训使用。

本套教材定位清晰，特点鲜明，主要体现如下几个方面。

1. 立足教改，适应发展

为了适应职业教育教学改革需要，教材注重以真实生产项目、典型工作任务为载体组织教学单元。遵循职业教育规律和技术技能型人才成长规律，体现中职药学人才培养的特点，着力提高药学类专业学生的实践操作能力。以学生的全面素质培养和产业对人才的要求为教学目标，按职业教育"需求驱动"型课程建构的过程，进行任务分析。坚持理论知识"必需、够用"为度。强调教材的针对性、实用性、条理性和先进性，既注重对学生基本技能的培养，又适当拓展知识面，实现职业教育与终身学习的对接，为学生后续发展奠定必要的基础。

2. 强化技能，对接岗位

教材要体现中等职业教育的属性，使学生掌握一定的技能以适应岗位的需要，具有一定的理论知识基础和可持续发展的能力。理论知识把握有度，既要给学生学习和掌握技能奠定必要的、足够的理论基础，也不要过分强调理论知识的系统性和完整性；注重技能结合理论知识，建设理论－实践一体化教材。

3. 优化模块，易教易学

设计生动、活泼的教学模块，在保持教材主体框架的基础上，通过模块设计增加教材的信息量和可读性、趣味性。例如通过引入实际案例以及岗位情景模拟，使教材内容更贴近岗位，让学生了解实际岗位的知识与技能要求，做到学以致用；"请你想一想"模块，便于师生教学的互动；"你知道吗"模块适当介绍新技术、新设备以及科技发展新趋势、行业职业资格考试与现代职业发展相关知识，为学生后续发展奠定必要的基础。

4. 产教融合，优化团队

现代职业教育倡导职业性、实践性和开放性，职业教育必须校企合作、工学结合、学作融合。专业技能课教材，鼓励吸纳 1～2 位具有丰富实践经验的企业人员参与编写，确保工作岗位上的先进技术和实际应用融入教材内容，更加体现职业教育的职业性、实践性和开放性。

5. 多媒融合，数字增值

为适应现代化教学模式需要，本套教材搭载"医药大学堂"在线学习平台，配套以纸质教材为基础的多样化数字教学资源（如课程 PPT、习题库、微课等），使教材内容更加生动化、形象化、立体化。此外，平台尚有数据分析、教学诊断等功能，可为教学研究与管理提供技术和数据支撑。

编写出版本套高质量教材，得到了全国各相关院校领导与编者的大力支持，在此一并表示衷心感谢。出版发行本套教材，希望得到广大师生的欢迎，并在教学中积极使用和提出宝贵意见，以便修订完善，共同打造精品教材，为促进我国中等职业教育医药类专业教学改革和人才培养作出积极贡献。

数字化教材编委会

主　编　尚金燕
副主编　范九良　高　飞
编　者　（以姓氏笔画为序）

王艳杰（上海市医药学校）

王淑芹（淄博市技师学院）

邓永霞（江西省医药学校）

何焕兴（佛山市南海区卫生职业技术学校）

范九良（亳州中药科技学校）

尚金燕（山东药品食品职业学院）

高　飞（山东药品食品职业学院）

高　欢（潍坊弘景中医药学校）

唐　超（江西省医药学校）

为进一步贯彻教育部关于深化教育教学改革，适应中等职业院校药学类专业培养目标和主要就业方向及职业能力的要求，按照全国医药中等职业教育药学类"十四五"规划教材（第三轮）编写指导思想和原则要求，结合生物化学课程教学大纲，本教材由全国从事教学一线的教师悉心编写而成。

生物化学作为药学类专业的一门重要的基础课程，对学生后续人体解剖及生理学、微生物学、药理学等课程的学习具有重要作用。全书共分 11 章，第一章为绪论，介绍了生物化学的发展、研究内容及其与药学的关系；第二章到第五章介绍了生物大分子蛋白质、核酸、酶、维生素的结构、功能、理化性质；第六章到第十章介绍了物质代谢及调控，包括糖代谢、脂代谢、蛋白质和核苷酸代谢及代谢调控；第十一章介绍了肝脏生化。

本教材编写原则是"理论够用、突出实践、侧重三基"（基本知识、基本理论和基本技能）。根据中职学生特点，本教材在编写内容上力求语言简洁，条理清晰，内容去繁就简，突出重点。遵循科学性、先进性和导向性，进一步突出"三基"，准确把握教材理论知识的深浅度，做到理论知识"必需、够用"，注重实践技能训练。同时注重职业素质教育和培养可持续发展能力，为学生持续发展奠定扎实基础。

本教材编写突出药学特色，"药味"浓厚。科学、合理设计教材框架和内容，合理分布药学知识的传承与创新，增加可读性；实现理论与应用有机结合，增强与其他交叉学科之间的关系，充分地展现学科前沿动态，将临床使用的新药及时纳入教学内容。

本教材编写优化模块，强调易教易学。设置"实例分析""你知道吗""目标检测"等模块。增加教材的信息量、可读性和趣味性。本教材为书网融合教材配套数字化资源，满足不同教学模式的需求，纸质教材有机融合电子教材、教材，配套资源（PPT、微课、视频等）、题库系统、数字化教学服务（在线教学、在线作业、在线考试），使教材内容生动形象，方便学生自主学习。

本教材有较强的实用性和针对性，可供全国医药中等职业院校医药卫生类和轻纺食品类等相关专业使用，也可作为医药相关技术人员的参考资料。

本教材的编写分工如下：高欢编写第一章和第五章、尚金燕编写第二章、高飞编写第三章和第九章、王艳杰编写第四章、范九良编写第六章、邓永霞编写第七章、何焕兴编写第八章、唐超编写第十章、王淑芹编写第十一章。

在本教材编写过程中，编者参考了许多专家和学者的著作，再次向相关作者深表谢意。由于生物化学发展迅速，内容涉及广泛，加之编者能力、水平所限，虽经多次审稿，内容难免会存在不妥之处，敬请广大读者批评指正。

编　者
2020 年 10 月

目录

1. 掌握生物化学和生化药物的概念。

2. 熟悉生物化学的主要研究内容，生化药物的特点和来源。

1. 掌握蛋白质的元素组成特点，氨基酸的结构特点，蛋白质的理化性质及应用。

2. 熟悉蛋白质的分子结构以及氨基酸、肽、蛋白质类药物。

- 1. 掌握核酸及核苷酸的分类、分子组成和结构特点。
- 2. 熟悉核酸的理化性质、生理特点及其应用。

- 1. 掌握酶的概念，酶的化学本质，酶促反应的特点，酶的化学组成，酶的活性中心与必需基团，影响酶促反应的因素。

2. 熟悉酶原及酶原激活的概念及意义，同工酶的概念及应用，共价修饰酶和变构酶的概念，酶催化作用的基本原理。

1. 掌握维生素的概念，维生素的分类，常见维生素的生理功能和缺乏症。

2. 熟悉维生素的特性，常见维生素的来源。

1. 掌握糖生物学功能；糖的体内代谢概况；糖的无氧分解；糖的有氧氧化；磷酸戊糖途径；糖原合成与分解的生理意义；糖异生作用的生理意义；血糖的来源和去路。

2. 熟悉糖的无氧分解反应过程；糖原合成与分解；糖异生作用概念。

1. 掌握脂肪的组成、化学结构与生理作用；脂肪酸 β - 氧化的过程及特点；酮体的概念及代谢特点；胆固醇的转化与排泄；血浆脂蛋白的分类和生理功能；脂类药物和调血脂药物的分类。

2. 熟悉脂类的分解代谢与合成代谢途径；脂肪动员的过程。

1. 掌握氨基酸代谢概况；氨基酸的脱氨基作用方式、概念及其意义；氨的来源和去路；尿素的合成；一碳单位代谢。

2. 熟悉蛋白质的消化与吸收；α - 酮酸代谢；氨基酸的脱羧基作用。

1. 掌握 DNA 复制、RNA 转录、蛋白质翻译及逆转录的概念。
2. 熟悉遗传中心法则的基本过程及参与的各种酶类。

1. 掌握新陈代谢及物质代谢的内涵；三大营养物质及核酸代谢的相互关系；代谢调控的三个层次。
2. 熟悉酶活性和含量调节机制。

- 1. 掌握肝脏在物质代谢中的作用，胆汁酸种类、功能、肠肝循环，胆红素的正常代谢。

- 2. 熟悉生物转化的概念、类型、特点，胆汁酸代谢。

第一章 绪 论

学习目标

知识要求

1. **掌握** 生物化学和生化药物的概念。
2. **熟悉** 生物化学的主要研究内容，生化药物的特点和来源。
3. **了解** 生物化学的发展史、生物化学技术、生物化学与药学的关系；生物化学药物分类和发展。

能力要求

知道生化药物分类及常用生化药物。

PPT

第一节 生物化学概述

生物化学是一门研究生物体的化学组成、结构和在生命活动中所进行的化学变化的规律及其与生理功能之间关系的一门学科。生物化学的研究，在我国可追溯到上古时代，在欧洲始于18世纪。直到1903年德国化学家卡尔·纽伯格（Carl Neuberg）提出"生物化学"一词，其才作为一门独立的学科发展起来。最近半个多世纪是生物化学发展最迅速的阶段，这一阶段生物化学取得了许多里程碑式的重大突破。生物化学已发展成为自然科学领域进步最快、成就最多、影响最大的学科之一。

一、生物化学的发展过程

生物化学的发展过程大致可分为三个阶段，即叙述生物化学阶段、动态生物化学阶段和分子生物学阶段。

（一）叙述生物化学阶段

大约从18世纪中叶到20世纪初，主要完成了各种生物体化学组成的分析研究，发现了生物体主要由糖、脂、蛋白质和核酸四大类有机物质组成，这个阶段被称为叙述生物化学阶段。18世纪中叶，Lavoisier（法）研究"生物体内的燃烧"，指出此类"燃烧"耗氧并排出二氧化碳，这被看做生物化学的开端。Liebig（德）将食物分为糖、脂、蛋白质类，提出"代谢"一词，证明动物体温形成是食物在体内"燃烧"的缘故。Fischer（德）首次证明了蛋白质是肽类物质，发现酶的专一性，提出并验证了酶催化作用的"锁–匙"学说，合成了糖及嘌呤，1902年获诺贝尔奖。

（二）动态生物化学阶段

大约从20世纪初到20世纪50年代，对各种化学物质的代谢途径已基本清楚，这一阶段被称为动态生物化学阶段。20 世纪 30 年代中，最突出的生化成果之一就是 James B. Sumner 成功地制成了晶体脲酶。随后是 John H. Northrup 制得了晶体胃蛋白酶和胰蛋白酶。这两项研究成果开辟了酶学研究的新领域。Otto H. Warburg 提出呼吸链和氧化磷酸化理论。Hans Adolf Krebs（英）发现三羧酸循环，1953 年获诺贝尔生理学或医学奖。

（三）分子生物学阶段

自 1953 年以来，以 Watson 和 Crick 提出 DNA 的双螺旋结构模型为标志，基因克隆、基因组学、代谢组学等分子生物学研究热潮方兴未艾，生物化学的发展进入分子生物学阶段。这一阶段的主要研究工作就是探讨各种生物大分子的结构及结构与功能之间的关系。1973 年 Cohen 和 Boyer 合作完成了 DNA 体外重组，标志着基因工程的诞生，极大推动了医药工业和农业的发展。1981 年 Cech 发现了核酶，打破了酶的化学本质都是蛋白质的传统概念。1985 年 Mullis 发明了聚合酶链式反应（PCR）技术，使人们能够在体外高效率扩增 DNA。1990 年开始实施的人类基因组计划（HGP）于 2001 年完成了人类基因组"工作草图"，2003 年绘制成功人类基因组序列图，为人类的健康和疾病的研究带来根本性的变革。

你知道吗

我国生物化学发展历史和贡献

我国生物化学家在生物化学的发展过程中作出了一定的贡献。约公元前 21 世纪夏禹时代，我国人民就会用曲酿酒。公元前 12 世纪周代已经能制作饴糖和酱。2000 多年前，春秋战国时代已知用神曲治疗消化不良的疾病。1919 年，生物化学家吴宪创立血滤液制备法和血糖测定法。1965 年，中国科学院上海生物化学研究所的科学家们首次用人工方法合成了具有生物活性的牛胰岛素。1981 年，我国科学家又成功地合成了酵母丙氨酰 tRNA。我国科学家为人类基因组序列草图的完成做出了一定的贡献。此外，我国科学家还在酶学、蛋白质结构、新基因的克隆和功能等诸多方面取得了重要成就。

二、生物化学研究的主要内容

生物化学是研究生物体内化学分子与化学反应的基础生命科学，从分子水平探讨生命现象的本质，因此又称"生命的化学"。传统生物化学主要采用化学的原理和方法来揭示生命的奥秘，而现代生物化学已融入了生理学、细胞生物学、遗传学和免疫学、生物信息学等理论和技术，使其成为一门研究手段多样、研究范围广泛、研究意义深远的前沿学科，同时也是为多个领域、多门学科提供原理和研究方法的基础学科。

1. 研究生物大分子的结构和功能 生物体是由无机物和有机物两大类物质组成的。无机物包括水和无机盐，有机物包括蛋白质、核酸、糖类、脂质和维生素等。

蛋白质和核酸与生命现象有明确的、直接的关系，又称生物大分子。蛋白质是生物体性状的表现者，而核酸则是遗传信息的携带者。蛋白质和核酸分别由氨基酸和核苷酸组成,因此氨基酸和核苷酸分别称为蛋白质和核酸的基本组成单位或构件分子。

探究各种生物大分子的结构与其功能的关系。通过研究蛋白质和核酸来确定其生物学功能,是当代生物化学的主要研究内容。

2. 研究新陈代谢 生命的存在有赖于所在环境的物质交换,即新陈代谢。新陈代谢是生命的基本特征,是生物体有别于非生物体的重要标志。以 60 岁年龄计算,人的一生中与环境进行的物质交换,约相当于水 60000kg、糖类 10000kg、蛋白质 600kg 以及脂类 1000kg。几乎每一种物质的代谢都是由肠道的消化吸收、血液的运输、细胞内的物质代谢及最终产物的排出等几个阶段组成。新陈代谢包括分解代谢和合成代谢。分解代谢是由大分子物质转变为小分子物质的过程。合成代谢是由小分子物质转变为大分子物质的过程。新陈代谢在体内可受到严格的调节和控制,以保证机体对环境的适应。物质代谢发生紊乱则可引起疾病,如糖尿病、痛风等代谢病。

3. 研究遗传信息的传递规律 基因信息传递涉及遗传、变异、生长、分化等诸多生命过程,基因信息的研究在生命科学中的作用日益重要。DNA 是遗传的主要物质基础,基因即 DNA 分子的功能片段。DNA 的结构与功能,以及 DNA 复制、基因转录、蛋白质生物合成等基因信息传递过程成为研究重点。DNA 重组、转基因、基因剔除及新基因克隆等一系列新技术的发展和应用,极大地促进了基因相关研究的进展。恶性肿瘤、心血管病等多种疾病的发病机制与基因信息传递及其调控有关。

三、生物化学在药学中的地位与作用

生物化学作为重要的药学基础课程,为药学专业课的学习奠定了理论基础。生物化学从分子水平上研究正常或疾病状态时人体结构与功能,为生物化学药物的开发和临床应用提供了理论与技术基础,对推动药学的发展作出了重要的贡献。

很多疾病尤其是代谢病的发生机制与生物化学密切相关,这为生化药物的研发提供了路线和思路。胰岛素分泌不足可发生糖尿病;苯丙氨酸代谢途径中的酪氨酸酶缺陷,使得苯丙氨酸不能转变成为酪氨酸,导致苯丙氨酸及其酮酸蓄积,并从尿中大量排出,称为苯丙酮酸尿症;糖酵解过多可造成乳酸酸中毒;食物中叶酸或维生素 B_{12} 缺乏或吸收障碍会发生巨幼细胞贫血。

生物化学药物在疾病的预防、诊断和治疗中发挥着重要作用。通过补充维生素 C 药物并食用富含维生素 C 的新鲜蔬菜水果如黄瓜、西红柿、橘子等,从而预防和配合治疗坏血病;通过介入技术将链激酶或尿激酶注入冠状动脉血栓形成处,可将血栓溶解,血管再通;通过限制苯丙酮尿症患者苯丙氨酸摄入量,对保证患者正常发育有一定作用。

总之,生物化学无论是在新药的研发方面,还是临床药物对疾病的预防、诊断和治疗方面,都起着举足轻重的作用。

四、如何学习生物化学

生物化学内容广泛,在学习本课程时,将会涉及化学、生物学、生理学等其他学科的知识。学习时应遵照循序渐进的原则，在学好相应学科基本知识的基础上再学习本课程。要注重在学习的过程中对基本概念、重要反应过程及特点、意义的理解记忆。要注意前后联系，勤于思考，充分做到理论联系实际。要学会自学，找到课前预习、课后及时复习的有效方法。

生物体是由体内无数的生物化学变化和生理活动融合而成的统一的整体，在学习过程中，不应机械地、静止地、孤立地对待每一个问题，必须注意他们之间的相互关系及发展变化。

生物化学是一门迅速发展的学科，对现有的结论与认识还在不断地发展、提高或纠正，新的认识与概念会不断出现。因此，必须以辩证的、发展的观点来学习和研究生物化学。

第二节　生物化学药物概述

PPT

生物化学是药学专业基础课程。生物化学与医学和药学有着密切的联系，其迅速发展的理论和技术得到广泛应用，促进了医学和药学等相关学科的发展。微课

一、生物化学药物的概念

生物化学药物简称生化药物，是指运用生物化学的理论、方法和技术从生物资源中提取的，以及通过化学合成、微生物合成或现代生物技术制得的，用于预防、诊断和治疗疾病的生物活性物质。

二、生物化学药物的来源

1. 植物　药用植物品种繁多，但从植物中提取生化药物的品种还不多，近年来从植物材料中寻找生化药物已引起重视，特别是我国中药资源丰富，如从黄芪、人参、刺五加、红花等中药可提取能增强免疫功能、抗肿瘤、抗辐射的活性多糖和各种蛋白酶抑制剂。

2. 动物　许多生化药物来源于动物的组织器官，如腺体、胎盘、骨、毛发和蹄甲等。动物组织器官的主要来源是猪，其次是牛、羊、家禽和海洋生物。海洋动物是开发生化药物制剂的重要材料，在中国最早的医学文献《黄帝内经》中，就有以乌贼骨作丸，饮以鲍鱼汁治疗血枯的记载。目前从鱼类、河豚、海星等海洋动物中提取了多种生化药物。人血、人尿也是重要的原料。来源于猪十二指肠以及海洋生物等的低分子肝素在抗血栓治疗中有着重要应用，可用于预防、治疗冠心病和血栓性静脉炎。动物来源的胸腺免疫抑制提取物对细胞及体液免疫均有抑制作用，不像目前临床使用的免疫抑制剂有细胞毒作用，而是有免疫调节作用，对正常免疫功能无影响，对免疫治疗学具有更重要的意义。

3. 微生物　微生物及其代谢产物资源丰富，且易培养、繁殖快、产量高、成本低，

便于大规模工业化生产，不受原料运输、保存和生产季节、资源供应的影响，可开发的潜力很大。应用微生物发酵法生产生化药物是一个重要的途径。1929 年，英国细菌学家弗莱明在培养皿中培养细菌时，发现从空气中偶然落在培养基上的青霉菌长出的菌落周围没有细菌生长，他认为是青霉菌产生了某种化学物质，分泌到培养基里抑制了细菌的生长。这种化学物质便是最先发现的抗生素——青霉素。抗生素主要是由微生物（包括细菌、真菌等）在生活过程中所产生的具有抗病原体或其他活性的一类次级代谢产物，能干扰其他生活细胞发育功能。

4. 化学合成 许多小分子生化药物已能用化学合成或半合成进行生产，并且通过结构改造可以具有高效、长效和高专一性等优点。

5. 现代生物技术产品 随着各种生物技术的发展，应用基因工程建立"工程菌""工程酵母""工程细胞"等，使所需的基因在宿主细胞内表达，制造出各种生物活性物质，是生化制药今后的发展方向。把人的胰岛素基因转入到大肠埃希菌的细胞里，让胰岛素基因和大肠埃希菌的遗传物质相结合。人的胰岛素基因在大肠埃希菌的细胞里指导大肠埃希菌合成人的胰岛素。随着大肠埃希菌的繁殖，胰岛素基因也一代代的相传，子代大肠埃希菌也能够合成胰岛素。这种带上人工给予的新遗传性状的细菌，被称为基因工程菌。除生产胰岛素外，还包括生产细胞因子、抗体、疫苗、激素、抗生素等药物。

三、生物化学药物的特点

（一）药理学特性

1. 药理活性高 生化药物是体内原先存在的生理活性物质，以生物分离工程技术从大量生物材料中精制而成，因此具有高效的药理活性。

2. 治疗针对性强 应用生化药物治疗的生理、生化机制合理，疗效可靠。

3. 毒副作用较小，营养价值高 生化药物的化学组成更接近人体的正常生理物质，进入人体后更易为机体吸收、利用和参与人体的正常代谢和调节。

4. 生理不良反应常有发生 生化药物来自生物材料，不同的生物种属差异或相同生物之间的个体差异都很大，使得在临床使用时常会现出免疫原性反应和过敏反应。

（二）理化特性

1. 相对分子质量恒定 生化药物除了氨基酸等属于化学结构明确的小分子化合物外，大部分为大分子物质，其相对分子质量不是定值，导致大分子物质即使组分相同，往往由于相对分子质量不同而产生不同的生理活性。

2. 生物活性测定 有时会因为工艺条件的变化，导致生化药物生物活性丧失。因此对生化药物除了采用理化法检定外，还需用生物检定法检定，以证实其生物活性。

3. 安全性检查 由于生化药物的性质特殊，生产工艺复杂，易引入特殊杂质，所以一般要做安全性检查，如热原检查、过敏试验、异常毒性检查、致突变试验等。

4. 效价测定 生化药物多数可采取含量测定，但对酶类药物需进行效价测定或酶活力测定，以表明其有效成分的高低。

5. 结构确证难　大分子生化药物由于其有效结构或相对分子质量不确定，其结构确证很难用红外光谱、紫外光谱、磁共振谱、质谱等方法进行，往往还需要用生化法加以证实。

四、生物化学药物的类别

生化药物的有效成分多数是比较清楚的，所以按照生化药物的化学本质和化学特性可分为以下七类。

1. 氨基酸、多肽及蛋白质类药物　氨基酸类药物主要包括天然的氨基酸、氨基酸衍生物及氨基酸的混合物；多肽类药物主要是多肽类激素和多肽类细胞生长调节因子；蛋白质类药物主要包括蛋白质类激素、蛋白质类细胞因子、血浆蛋白质等。胰岛素是由胰脏内的胰岛 β 细胞受内源性或外源性物质如葡萄糖、乳糖、核糖、精氨酸、胰高血糖素等的刺激而分泌的一种蛋白质激素，外源性胰岛素是治疗糖尿病的重要药物。

2. 酶和辅酶类药物　这类药物包括酶类药物、辅酶类药物和酶抑制剂。例如：胆碱酯酶抑制剂是一类能与胆碱酯酶（ChE）结合，并抑制 ChE 活性的药物（也称抗胆碱酯酶药）。其作用是使胆碱能神经末梢释放的乙酰胆碱（Ach）堆积，表现为 M 样及 N 样作用增强而发挥兴奋胆碱受体的作用，故该类药又称拟胆碱药。

3. 核酸、降解物及衍生物类药物　这类药物包括核酸类、多聚核苷酸类和核苷酸核苷及衍生物类。核酸药物包括抗基因、核酶、反义核酸、RNA 干扰剂等，具有广泛的应用前景。

4. 糖类药物　主要包括单糖类、寡糖类和多糖类。乳果糖口服溶液可以治疗慢性或习惯性便秘，调节结肠的生理节律。

5. 脂质药物　这类药物包括饱和脂肪酸类、磷脂类、胆酸类、固醇类、胆色素等。胆酸类药物存在于动物胆汁中，少数以游离状态存在，大多数与甘氨酸或牛磺酸结合为酰胺，具有增加血脂含量、升高血压、止咳、强心、溶血和抗炎等作用。

6. 维生素类药物　主要包括水溶性维生素、脂溶性维生素和复合维生素类。维生素是机体维持生长发育和正常生理功能不可缺少的一类小分子有机化合物。维生素 B_1 在植物中分布广泛，主要存在于种子的外皮和胚芽中。动物的肝、瘦肉等中含量亦较丰富。当缺乏维生素 B_1 时神经组织能量供应不足，导致多发性神经炎，表现为食欲不振、皮肤麻木、四肢乏力、肌肉萎缩、心力衰竭和神经系统损伤等症状，临床称为脚气病。补充维生素 B_1 能够预防和治疗脚气病。

7. 组织制剂　动、植物组织经过加工处理，制成符合药品标准并有一定疗效的制剂称为组织制剂。这类制剂未经分离、纯化，有效成分也不完全清楚，但对有些疾病有一定疗效。

五、生物化学药物的发展

生化药物是生物化学发展起来后才出现的，由于生化药物的药理特点以及分离纯化方法日趋成熟，生化药物在临床得到广泛应用。近年来，由于生化药物具有作用特异性强、毒副作用小、疗效确切等特点，世界各国都对生化药物的研究与发展给予了高度的重视，生化药物的研究发展已经成为国际药物研究最活跃、最受重视的领域。

现代生化技术的发展为生化药物的发展创造了更为有利的条件。目前生化药物的开发热点主要集中在以下几个方面。

1. 利用蛋白质工程技术研制新药 利用蛋白质工程技术对现有蛋白质类药物进行改造，使其具有较好的性能，是获得具有自主知识产权生物技术药物的最有效途径之一。通过蛋白质工程技术对特定的 DNA 片段或特定的核苷酸片段进行添加或删除已经生产出许多具有新结构、新功能的药物。

2. 发展反义药物 反义药物通常指反义寡核苷酸，指人工合成长度为 10~30 个碱基的 DNA 分子及其类似物。其能在基因水平上干扰致病蛋白质的产生，可广泛地应用于各种病症的治疗，比传统药物更具有选择性，具有高效、低毒和用量少等特点，已成为药物研究和开发的热门方向。目前已用于多种疾病的治疗，如传染病、炎症、心血管疾病及肿瘤等。

3. 利用基因组成果研发新药 21 世纪初，美、英、德、日、法、中六国科学家同时向世界宣布，人类基因组工作图绘制完毕，草图覆盖了基因组 97% 的空间，85% 的基因组序列已被组装起来，50% 以上的序列接近完成图标准，已有数千个基因被确定，数十个致病基因被定位。以此研究成果为基础，能开发各种特异性新药。利用人类基因组成果研发新药主要包括两方面内容，一是直接利用功能基因表达生产蛋白质类药物，二是以致病基因为靶点研发各种类别药物（如化学药物、基因药物等）。

4. 寻找新生化药物 传统观念认为生化药物的来源仅局限于脏器、组织和代谢物，但实际上远远不止这些，凡是有生命的物质都是生化药物开发寻找的对象。海洋是巨大的生物资源宝库，蕴藏着大量具有抗菌、抗肿瘤、抗病毒、调节血脂、调节血压等生化活性的物质，从海洋生物中开发生化药物是未来研发的重点。某些特殊的生物活性物质，如蚯蚓中的蚓激酶、水蛭中的水蛭素、蜂素和蝎素等都值得研究。

5. 开发多糖与寡糖类药物 多糖类物质具有广泛的生物活性，如免疫调节、抗炎、抗病毒、降血糖、抗凝血等，目前重点开发的是真菌和植物来源的多糖。与蛋白质一样，多糖在自然界的存在具有广泛性和复杂性，且不同序列的多糖片断具有不同的生物活性，因此多糖也是寻找生化药物的宝库。活性多糖的研究可以从三个方面进行：继续从真菌、植物中寻找活性多糖，重点是从动植物、特别是从中草药中寻找高效的活性多糖；对已发现的具有活性的多糖进行改造和化学修饰；对大分子活性多糖进行降解，开发低分子和寡糖药物。

目标检测

一、选择题

(一) 单项选择题

1. 医学生物化学研究的对象是 (　　)

    A. 动物　　　　　　B. 植物　　　　　C. 人体　　　　　　D. 微生物

2. 以下不属于生化药物药理学特性的是 (　　)

    A. 药理活性高　　　　　　　　　　B. 治疗针对性强

    C. 遇热易分解　　　　　　　　　　D. 生理不良反应常有发生

3. 以下不属于生化研究内容的是 (　　)

    A. 生物大分子的结构和功能　　　　B. 疾病的诊断、预防和治疗

    C. 新陈代谢　　　　　　　　　　　D. 遗传信息的传递规律

4. 不属于生物化学发展三个阶段的是 (　　)

    A. 叙述生物化学　　　　　　　　　B. 动态生物化学

    C. 分子生物学阶段　　　　　　　　D. 基因生物学阶段

5. 下列不是叙述生物化学阶段重要科学家的是 (　　)

    A. Lavoisier (法) 研究"生物体内的燃烧",指出此类"燃烧"耗氧并排出二
       氧化碳

    B. Fischer (德) 首次证明了蛋白质是肽类物质

    C. Liebig (德) 将食物分为糖、脂、蛋白质类,提出"代谢"一词

    D. Watson 和 Crick 提出 DNA 的双螺旋结构模型

(二) 多项选择题

1. 下列关于生化药物类别的叙述中,正确的是 (　　)

    A. 氨基酸、多肽及蛋白质类药物　　B. 酶和辅酶类药物

    C. 核酸及降解物和衍生物类药物　　D. 糖类药物

    E. 脂质药物

2. 生化药物的开发热点有 (　　)

    A. 利用蛋白质工程技术研制新药　　B. 发展反义药物

    C. 利用基因组成果研发新药　　　　D. 寻找新生化药物

    E. 开发多糖与寡糖类药物

3. 下列物质属于生物大分子的是 (　　)

    A. 蛋白质　　　　　　　　　　　　B. 核酸

    C. 维生素　　　　　　　　　　　　D. 糖类

    E. 氨基酸

二、思考题

2020 年诺贝尔化学奖首次颁给了两位女性科学家——德国马克斯·普朗克病原学研究所法国籍教授埃玛纽埃勒·沙尔庞捷和美国加州大学伯克利分校教授珍妮弗·道德纳。自从这两位女科学家研发出 CRISPR/Cas9 基因编辑技术以来，这把神奇的"基因剪刀"就将生命科学带入了一个新的时代。

能够在底层修改遗传密码，"基因剪刀"的出现，如同捅破了一层窗户纸。如今，全世界几乎所有的分子生物学实验室都在使用这一技术或开发相关工具。然而，正是由于其改写生命遗传信息的便利性，也使得其面临巨大的伦理挑战。

1. CRISPR/Cas9 基因编辑技术属于生物化学哪一个发展阶段？

2. "基因剪刀"给科学家们带来了什么便利？又会带来哪些挑战？

书网融合……

微课

划重点

自测题

第二章 蛋白质的化学

学习目标

知识要求

1. **掌握** 蛋白质的元素组成特点，氨基酸的结构特点，蛋白质的理化性质及应用。

2. **熟悉** 蛋白质的分子结构以及氨基酸、肽、蛋白质类药物。

3. **了解** 蛋白质结构与功能的关系、蛋白质的分类。

能力要求

1. 依据蛋白质的理化性质，学会蛋白质分离纯化、含量测定的基本方法和技术。

2. 能将相关原理运用到具体工作中，如消毒灭菌、蛋白质类药物的保存等。

蛋白质是由氨基酸组成的、具有复杂的结构和特定功能的大分子物质。其是生物体中含量最丰富的物质，约占人体干重的 45%。蛋白质不仅是构成组织细胞的结构成分（即结构蛋白），如结缔组织的胶原蛋白、血管和皮肤的弹性蛋白、膜蛋白等；更是体内一些特定生理功能的活性蛋白，如催化功能、调节功能、防御功能、运输和贮存功能等。可以说，蛋白质是一切生命的物质基础，没有蛋白质就没有生命。

第一节 蛋白质的化学组成

PPT

实例分析

实例 现在不少女性产后，乳汁分泌量不够宝宝吃，这时候会给宝宝添加配方奶粉。而家长们最为关心的，就是奶粉中的营养是否足够。其实，现在奶粉中各种营养物质的含量都是有标准的。那么，奶粉蛋白质含量标准是什么？

分析 1. 奶粉中蛋白质的含量标准是多少，怎么测定奶粉中蛋白质含量？

2. 奶粉中的蛋白质含量太多或太少对婴幼儿的生长发育有无影响？

一、蛋白质的元素组成

对蛋白质的元素分析表明，组成蛋白质的主要元素有 C、H、O，一切蛋白质均含有 N，有些蛋白质还含有少量的 P、Fe、Cu、Zn、Mn、Co 等微量元素。

各种不同生物蛋白质中 N 的含量很接近，平均为 16%，这是蛋白质组成的重要特点，也是各种定氮法测定蛋白质含量的计算基础。100g 蛋白质中平均含 N 约为 16g，则 1g N 相当于 6.25g 蛋白质。因此，用定氮法测定生物样品中的含氮量乘以 6.25 即可推算出蛋白质的含量。

请你想一想

一个血清标本的含氮量为 5g/L，则该标本的蛋白质浓度为多少呢？

$$样品中蛋白质含量 = 样品中含氮量 \times 6.25$$

你知道吗

三聚氰胺事件

三聚氰胺，俗称密胺、蛋白精，是一种三嗪类含氮杂环有机物，被用作化工原料。由于分子中含有 6 个非蛋白氮（含氮量约为 66.67%），且是白色晶体，几乎无味，不法生产商为了降低生产成本，提高经济效益，在奶粉中加入三聚氰胺，用非蛋白氮冒充蛋白氮，采用凯氏定氮法测定奶粉中粗蛋白含量时，可提高表观粗蛋白含量，婴幼儿服用这些奶粉，造成许多婴幼儿生殖、泌尿系统的损害，膀胱、肾部结石，严重者可诱发膀胱癌。

二、蛋白质的基本组成单位

蛋白质结构复杂，种类繁多，在酸、碱或蛋白酶的作用下彻底水解产生各种氨基酸。因此，氨基酸是组成蛋白质的基本单位。自然界的氨基酸已经发现有 300 余种，但组成人体蛋白的氨基酸仅有 20 种。

（一）氨基酸的结构特点

构成天然蛋白质的 20 种氨基酸都是 α - 氨基酸，α - 碳原子上连接一个羧基、一个氨基，称为 α - 氨基酸，此外氨基酸上还有一个侧链 R，20 种氨基酸的不同，体现在侧链 R。除甘氨酸外，其余氨基酸的 α - 碳原子上的 4 个基团或原子各不相同，使得氨基酸具有旋光异构现象，有 D 型和 L 型两种旋光异构体。构成天然蛋白质的氨基酸均为 L 型，D 型氨基酸不参与蛋白质的组成；另外，脯氨酸是 α - 亚氨基酸。

$$H_2N-\overset{\displaystyle COOH}{\underset{\displaystyle R}{C}}-H \qquad H-\overset{\displaystyle COOH}{\underset{\displaystyle R}{C}}-NH_2$$

$$L-\alpha-氨基酸 \qquad\qquad D-\alpha-氨基酸$$

（二）氨基酸的分类

氨基酸侧链 R 基团在决定蛋白质性质、结构和功能上具有重要作用，根据其侧链 R 基团结构和理化性质不同，可将组成蛋白质的 20 种氨基酸分为五类（表 2 – 1）。

表 2 - 1　氨基酸的分类

分类	名称	缩写代号	结构式	相对分子质量	pI
非极性氨基酸	丙氨酸（alanine）	丙，Ala，A	$H_3C-CH-COOH$ (NH_2)	89.06	6.0
	缬氨酸（valine）	缬，Val，V	$H_3C\rangle CH-CH-COOH$ (NH_2)	117.09	5.96
	亮氨酸（leucine）	亮，Leu，L	$H_3C\rangle CH-CH_2-CH-COOH$ (NH_2)	131.11	5.98
	异亮氨酸（isoleucine）	异亮，Ile，I	$H_3C-CH_2-CH-CH-COOH$ (CH_3)(NH_2)	131.11	6.02
	脯氨酸（proline）	脯，Pro，P	COOH / NH	115.13	6.30
	蛋氨酸（methionine）	蛋，Met，M	$H_3C-S-CH_2-CH_2-CH-COOH$ (NH_2)	149.15	5.74
	甘氨酸（glycine）	甘，Gly，G	$H-CH-COOH$ (NH_2)	75.05	5.97
极性氨基酸	丝氨酸（serine）	丝，Ser，S	$HO-CH_2-CH-COOH$ (NH_2)	105.6	5.68
	苏氨酸（threonine）	苏，Thr，T	$H_3C-CH-CH-COOH$ (OH)(NH_2)	119.8	6.17
	半胱氨酸（cysteine）	半胱，Cys，C	$HS-CH_2-CH-COOH$ (NH_2)	121.2	5.17
	天冬酰胺（asparagine）	天胺，Asn，N	$H_2N-C-CH_2-CH-COOH$ (O)(NH_2)	132.12	5.41
	谷氨酰胺（glutamine）	谷胺，Gln，Q	$H_2N-C-(CH_2)_2-CH-COOH$ (O)(NH_2)	146.15	5.65
芳香族氨基酸	苯丙氨酸（phenylalanine）	苯丙，Phe，F	⬡$-CH_2-CH-COOH$ (NH_2)	165.09	5.48
	色氨酸（tryptophan）	色，Trp，W	吲哚$-CH_2-CH-COOH$ (NH_2)	204.22	5.89
	酪氨酸（tyrosine）	酪，Tyr，Y	$HO-$⬡$-CH_2-CH-COOH$ (NH_2)	181.09	5.66

续表

分类	名称	缩写代号	结构式	相对分子质量	pI
酸性氨基酸	天冬氨酸（aspartic acid）	天，Asp，D	$HOOC-CH_2-\overset{\underset{\mid}{NH_2}}{CH}-COOH$	133.60	2.77
	谷氨酸（glutamic acid）	谷，Glu，E	$HOOC-(CH_2)_2-\overset{\underset{\mid}{NH_2}}{CH}-COOH$	147.08	3.22
碱性氨基酸	赖氨酸（lysine）	赖，Lys，K	$H_2N-CH_2-(CH_2)_2-\overset{\underset{\mid}{NH_2}}{CH}-COOH$	146.13	9.74
	精氨酸（arginine）	精，Arg，R	$H_2N-\overset{\underset{\mid}{NH}}{C}-NH-CH_2-(CH_2)_2-\overset{\underset{\mid}{NH_2}}{CH}-COOH$	174.14	10.76
	组氨酸（histidine）	组，His，H	$\overset{\underset{\mid}{NH_2}}{CH_2-CH}-COOH$ （咪唑环）	155.16	7.59

1. 非极性氨基酸 包括四种带有脂肪烃侧链的氨基酸（丙氨酸、亮氨酸、异亮氨酸和缬氨酸）；一种含硫氨基酸（蛋氨酸，又称甲硫氨酸）和一种亚氨基酸（脯氨酸）。甘氨酸也属此类。这类氨基酸在水中溶解度较小。

2. 极性氨基酸 这类氨基酸的侧链 R 基团具有一定的极性，在水中的溶解度较非极性氨基酸大。包括两种含羟基的氨基酸（丝氨酸和苏氨酸）；两种具有酰胺基的氨基酸（谷氨酰胺和天冬酰胺）和一种含巯基的氨基酸（半胱氨酸）。

3. 芳香族氨基酸 包括苯丙氨酸、酪氨酸和色氨酸。苯丙氨酸也属于非极性氨基酸，酪氨酸的酚羟基和色氨酸的吲哚基在一定条件下可解离。这类氨基酸具有紫外吸收的性质。

4. 碱性氨基酸 在生理条件下（pH 7.35 ~ 7.45），这类氨基酸带正电荷，包括赖氨酸、精氨酸和组氨酸。

5. 酸性氨基酸 天冬氨酸和谷氨酸都含有两个羧基，在生理条件下带负电荷。

20 种氨基酸中脯氨酸和半胱氨酸结构较为特殊。脯氨酸为亚氨基酸，但其亚氨基仍能与另一氨基酸的羧基形成肽键。两个半胱氨酸通过脱氢后以二硫键相结合，形成胱氨酸，蛋白质的半胱氨酸多以胱氨酸的形式存在，二硫键在稳定蛋白质结构中起重要作用。

此外，生物界还发现 150 多种非蛋白质氨基酸，不参与蛋白质的组成，但在某些生命活动中发挥重要作用。如 D - 丙氨酸参与细菌细胞壁肽聚糖的组成；D - 苯丙氨酸参与组成短杆菌肽 S；瓜氨酸和鸟氨酸是尿素合成的中间产物；γ - 氨基丁酸（GABA）在脑中含量较高，对中枢神经系统有抑制作用。目前，一些非蛋白质氨基酸已作为药物用于临床。

（三）氨基酸的理化性质

1. 两性解离　氨基酸的结构中既含有碱性的 α-氨基，又含有酸性的 α-羧基，因此氨基酸具有酸碱两性解离的特性。氨基酸的解离方式与其所在溶液的 pH 有关。当溶液的 pH 值为某一值时，氨基酸解离成阴离子和阳离子的趋势相等，成为兼性离子，净电荷为零而呈电中性。此时溶液的 pH 值称为该氨基酸的等电点（pI）。不同氨基酸具有不同的等电点，其是氨基酸的特征性常数。

2. 紫外吸收特性　色氨酸和酪氨酸由于含有共轭双键，在 280nm 附近有最大吸收峰。

3. 显色反应　氨基酸与茚三酮水合物共加热时，可生成蓝紫色的化合物，此化合物的最大吸收峰在 570nm 附近，且蓝紫色化合物颜色的深浅与氨基酸分解释放的氨量成正比，因此可据此进行氨基酸的定量分析。

第二节　蛋白质的分子结构

PPT

实例分析

实例　1958 年，胰岛素化学结构的解析工作获得诺贝尔化学奖。《自然》发表评论文章说：合成胰岛素将是遥远的事情。可就在同时，我国却正式开启了这个"遥远"的事情—人工合成胰岛素。

同年，由中国科学院上海生物化学研究所、中国科学院上海有机化学研究所和北京大学生物系联合，以钮经义为首，由龚岳亭、邹承鲁、杜百花等人共同组成的协作组联合攻关。最终，经过 6 年 9 个月的艰苦工作，经历六百多次失败、经过近二百步合成，1965 年 9 月 17 日，世界上第一个人工合成的蛋白质——牛胰岛素在中国诞生。1966 年，美国科学家在 Science 上发表文章，介绍这项工作领先于美国和德国。这一伟大的科学成就于 1978 年和 1982 年分别获得全国科学大会奖和国家自然科学奖一等奖。这是世界上第一次人工合成与天然胰岛素相同化学结构并具有完整生物活性的蛋白质，标志着人类在揭示生命本质征途上实现了里程碑式的飞跃。

分析　1. 胰岛素用于治疗什么疾病？

　　　　2. 胰岛素的合成体现了我国科研人员什么样的精神？

蛋白质分子是由许多氨基酸残基通过肽键聚合而成的生物大分子，结构极其复杂，其复杂而多样的结构赋予每种蛋白质特有的性质和生理功能，为了表示蛋白质结构的不同组织层次，将蛋白质的分子结构分为四个层次，即一级、二级、三级和四级结构。一级结构是指组成蛋白质的多肽链的氨基酸残基的排列顺序，称为初级结构；一级结构盘绕折叠成有规律的二级结构；二级结构进一步折叠形成更复杂空间结构的三级结构；两个以上折叠成三级结构的肽链组成四级结构。二级、三级和四级结构是指蛋白质肽链的空间排布，称为高级结构。由一条肽链形成的蛋白质只有一级、二级和三级结构，由两条或两条以上多肽链形成的蛋白质才可能有四级结构（图 2-1）。

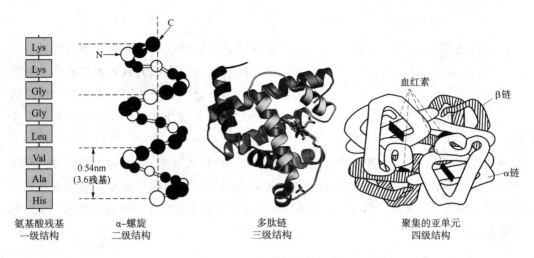

图 2-1 蛋白质的结构层次

一、蛋白质的一级结构

（一）肽键和肽键平面

一个氨基酸分子的 α-羧基与另一个氨基酸分子的 α-氨基之间脱水缩合所形成的共价键称为肽键。

$$H_2N - \overset{R_1}{\underset{H}{C}} - \overset{O}{\overset{\|}{C}} - [OH + H] - N - \overset{R_2}{\underset{H}{CH}} - COOH \xrightarrow{-H_2O} H_2N - \overset{R_1}{\underset{H}{C}} - \overset{O}{\overset{\|}{C}} - N - \overset{R_2}{\underset{H}{C}} - COOH$$

20 世纪 30 年代末，Pauling 和 Corey 应用 X 射线衍射技术研究发现，肽键中的 C-N键具有部分双键的性质，不能自由旋转，因此，组成肽键的四个原子（C、O、N、H）和与之相邻的两个 α-碳原子均位于同一个平面上，构成肽键平面或肽单位（图 2-2），但两个 α-碳原子单键是可以自由旋转的，其自由旋转的角度决定了两个相邻的肽键平面的相对空间位置。

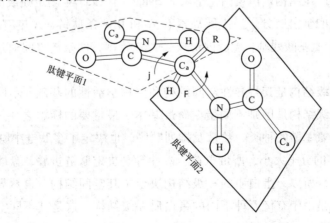

图 2-2 肽键平面

（二）肽和多肽链

请你想一想

肽键是怎样形成的？

氨基酸通过肽键相连形成的化合物称为肽。两个氨基酸之间脱水缩合形成的肽叫做二肽，二肽同样能借肽键与另一分子氨基酸缩合成三肽，如此进行下去，依次生成四肽、五肽……，一般十个以下氨基酸组成的肽，称为寡肽；十个以上氨基酸组成的肽，称为多肽。肽链分子中的氨基酸相互衔接，形成长链，称为多肽链。多肽链中的 α－碳原子和肽键的若干重复结构称为主链，而各氨基酸残基的侧链基团 R 多称为侧链。多肽链主链有自由的氨基和羧基，分别称为氨基末端或 N－末端和羧基末端或 C－末端。组成肽的氨基酸因脱水缩合已不是原来完整的氨基酸，所以称为氨基酸残基。

（三）天然存在的活性肽

人体内存在许多具有重要生物功能的肽，称为生物活性肽，有的仅三肽，有的为寡肽或多肽，在代谢调节、神经传导、生长发育等方面起着重要作用。

谷胱甘肽（GSH）是由谷氨酸、半胱氨酸和甘氨酸组成的三肽。GSH 分子中半胱氨酸残基侧链具有活性巯基（—SH）。还原性谷胱甘肽具有保护细胞膜结构及使细胞内酶蛋白处于活性状态的功能。临床常用谷胱甘肽作为解毒或治疗肝疾病的药物。

下丘脑分泌的促甲状腺素释放激素也是三肽（H_2N－焦谷氨酸－组氨酸－脯氨酸－COOH），其促进腺垂体分泌促甲状腺素，促甲状腺素促进甲状腺细胞增生、合成并分泌甲状腺激素。

脑垂体合成分泌一种类吗啡样多肽，称脑啡肽，与学习、记忆、睡眠、食欲、痛觉和情感都有密切关系。

（四）蛋白质的一级结构

蛋白质分子中氨基酸残基的排列顺序称为蛋白质的一级结构。一级结构是蛋白质的基本结构，维持一级结构的主要化学键是肽键，某些蛋白质的一级结构中还含有二硫键。

牛胰岛素的一级结构是由英国化学家 F. Sanger 于 1953 年测定完成的。这是第一个被测定一级结构的蛋白质分子。牛胰岛素有 A 和 B 两条肽链，A 链有 21 个氨基酸残基，B 链有 30 个氨基酸残基，A 链内形成一个二硫键，两条链之间通过两个二硫键相连（图 2－3）。

蛋白质的一级结构是其特异性空间结构和生物学活性的基础。不同的蛋白质其一级结构不同，一级结构是区别不同蛋白质最基本、最重要的标志之一。一级结构决定了多肽链序列中氨基酸的种类、数量及排列顺序，也决定了多肽链中氨基酸 R 侧链的位置，而 R 侧链的分子大小、所带电荷、极性等是决定肽链折叠、盘曲形成空间结构的重要因素之一。所以，蛋白质的一级结构决定了其空间结构。自然界有亿万种不同的蛋白质，首先是由于有亿万种不同的蛋白质一级结构，这是其不同空间结构与生理功能的分子基础。

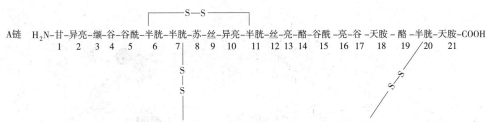

图 2-3　牛胰岛素一级结构

2014 年我国著名的结构生物学家施一公教授在世界上首次揭示了与阿尔茨海默症发病直接相关的人源 γ 分泌酶复合物的精细三维结构，这项研究成果让人类第一次看到了 γ 分泌酶复合物的真实形状、组成和几乎所有的蛋白质二级结构，为理解 γ 分泌酶复合物的工作机制以及阿尔茨海默症的发病机制提供了重要线索，解析 γ 分泌酶复合物的三维结构，并在此基础上理解其正常工作及致病机制，不仅具有重大科学意义，也对阿尔茨海默症的药物研发起到重要的指导作用。

二、蛋白质的空间结构

它是指蛋白质分子中原子和基团在三维空间上的排列、分布及肽链的走向。空间结构是以一级结构为基础的，是决定蛋白质性质和功能的结构基础。

（一）蛋白质的二级结构

蛋白质二级结构指多肽链主链骨架扭曲、盘旋、折叠形成的局部特定的空间结构，不涉及氨基酸残基 R 侧链的构象。二级结构中主要的空间构象类型主要有 α-螺旋、β-折叠、β-转角和无规则卷曲。这些有序的二级结构主要靠氢键维持其空间结构的相对稳定。

1. α-螺旋　蛋白质分子中多个肽键平面通过 α-碳原子的旋转，使多肽链的主链沿中心轴盘曲成稳定的 α-螺旋构象（图 2-4）。特征如下。

（1）多个肽键平面通过 α-碳原子旋转，相互紧密盘曲成稳固的右手螺旋。

（2）主链呈螺旋式上升，每隔 3.6 个氨基酸残基上升一圈，螺距是 0.54nm。

（3）相邻两圈螺旋之间形成的链内氢键，是 α-螺旋稳定的次级键。脯氨酸是亚氨基酸，形成肽键后 N 上无氢原子，不能形成氢键，故不能形成 α-螺旋。

（4）侧链 R 位于螺旋的外侧，其形状、大小及电荷影响 α-螺旋的形成。

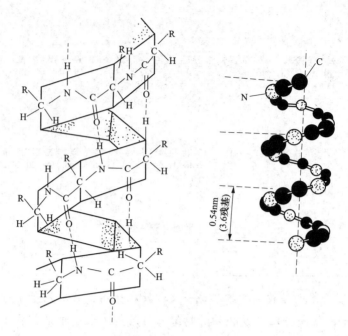

图 2 - 4　α - 螺旋结构

　　人体内肌红蛋白和血红蛋白分子中有很多 α - 螺旋结构，毛发的角蛋白、肌肉的肌球蛋白以及血凝块中的纤维蛋白，几乎全部卷曲为 α - 螺旋。

　　2. β - 折叠　β - 折叠也叫 β - 片层，是蛋白中常见的二级结构，β - 折叠中多肽链的主链相对较伸展，多肽链的肽平面之间呈手风琴状折叠（图 2 - 5）。蚕丝蛋白具较多 β - 折叠结构，故蚕丝有较好的柔软特性。β - 折叠结构特点如下。

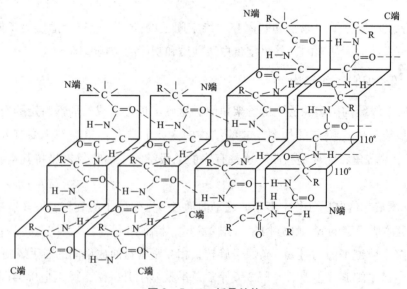

图 2 - 5　β - 折叠结构

　　（1）肽链的伸展使肽键平面之间一般折叠成锯齿状。

　　（2）两条以上肽链（或同一条肽链的不同部分）平行排列，相邻肽链之间的氢键是维持稳定的主要次级键。

（3）肽链平行的走向有顺式和反式两种，肽链的 N - 末端在同侧的为顺式，否则为反式，反式结构较顺式更加稳定。

（4）侧链 R 基团交错伸向片层的上下方。

3. β - 转角 蛋白质分子中，肽键经常会出现180°的回折。这种回折的构象就是 β - 转角（图2 - 6）。β - 转角通常由四个氨基酸残基组成，第二个氨基酸残基常为脯氨酸。β - 转角以第一个氨基酸残基的羧基氧与第四个氨基酸残基的亚氨基氢形成氢键稳定结构。

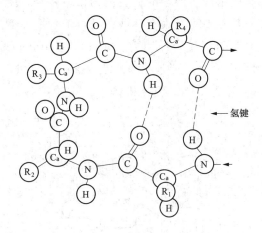

图2 - 6 蛋白质的 β - 转角

4. 无规则卷曲 多肽链的主链构象除上述三种构象以外，还有一些彼此各不相同、没有规律可循的那些肽段空间构象，称为无规则卷曲。

（二）蛋白质的三级结构

多肽链中所有原子或基团在三维空间的整体排布，称为蛋白质的三级结构。三级结构是在二级结构的基础上，通过侧链 R 基团的相互作用，多肽链进一步折叠、盘曲，形成的空间构象（图2 - 7）。维持三级结构的主要是各种次级键，如疏水键、氢键、盐键和范德华力，有时也有二硫键的参与。其中疏水键是维持三级结构的主要作用力。

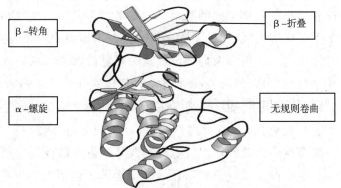

图2 - 7 常见蛋白激酶三级结构示意图

由一条多肽链构成的蛋白质，只有三级结构，三级结构是蛋白质具有生物活性的结构基础。若蛋白质的三级结构受到破坏，其生物学功能便会丧失。大多数蛋白质都只由一条肽链组成，形成的最高空间结构层次就是三级结构。

（三）蛋白质的四级结构

生物体内许多蛋白质是由两条或两条以上的多肽链组成，每条多肽链都具有完整的三级结构，这些具有独立三级结构的多肽链之间通过非共价键相连形成的更复杂的空间构象，称为蛋白质的四级结构。每一条具有完整三级结构的多肽链称为一个亚基，一个亚基一般由一条多肽链组成，但有的亚基由两条或两条以上肽链组成，这些肽链间以二硫键连接。一般亚基单独存在没有活性，只有聚合形成四级结构才有生物学功能，其中，疏水键是亚基聚合的主要作用力。如过氧化氢酶由四个相同的亚基构成；血红蛋白（图 2－8）则是由两个 α 亚基和两个 β 亚基组成的四聚体，如果一个亚基单独存在，虽可结合氧且亲和力增强，但在机体组织中难以释放，失去原有运输氧的功能。

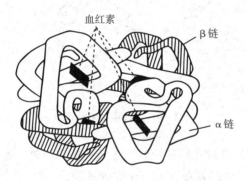

图 2－8　血红蛋白四级结构示意图

三、蛋白质结构与功能的关系

（一）蛋白质分子一级结构与生物学功能的关系

蛋白质一级结构是空间结构的基础，也是生物学功能的基础。一级结构相似也会具有相似的空间结构与功能。如不同哺乳动物的胰岛素都是由 A 和 B 两条肽链组成，且二硫键的位置和空间构象也极相似，都具有相似的调节血糖的生理功能。

在蛋白质一级结构中，一些非关键部位氨基酸残基的改变或缺失，不会影响蛋白质的生物活性。例如，人、猪、牛、羊等哺乳动物胰岛素分子中 A 链 8、9、10 位和 B 链 30 位的氨基酸残基各不相同，但并不影响它们降低血糖浓度的共同生理功能；细胞色素 C 中，某些位置即使置换数十个氨基酸残基，其功能依然不变。

另一方面，一级结构中起关键作用的氨基酸残基缺失或被替代，严重影响空间构象乃至生物学功能，甚至产生"分子病"。比如，正常人血红蛋白 β 亚基的第 6 位谷氨酸被缬氨酸替代，导致红细胞变成镰刀形而极易破碎，产生贫血（图 2－9）。

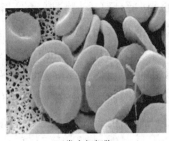
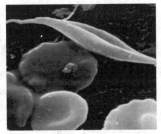

正常人红细胞　　　　　　　　　镰状红细胞

图 2-9　正常人红细胞和镰状红细胞

你知道吗

镰刀型细胞贫血病

镰刀型细胞贫血病是一种常染色体显性遗传血红蛋白病。正常成人血红蛋白（HbA）是由两条 α 链和两条 β 链相互结合成的四聚体，α 链和 β 链分别由 141 和 146 个氨基酸顺序连接构成。镰刀状细胞贫血患者因 β 链第 6 位氨基酸谷氨酸被缬氨酸所代替，形成了异常的血红蛋白（HbS），患者异常的血红蛋白使红细胞变得僵硬，在显微镜下看上去为镰刀状，这种红细胞不能通过毛细血管，加上血红蛋白的凝胶化使血液黏滞度增大，堵塞微血管，引起局部供血和供氧不足，产生脾大、胸腹疼痛等临床表现。镰刀状红细胞比正常红细胞更容易衰老死亡，从而导致贫血。

（二）空间结构与功能的关系

蛋白质的生物学功能不仅与一级结构有关，更重要的依赖于空间结构，没有适当的空间结构，蛋白质就不能发挥其生物学功能。如指甲和毛发中的角蛋白，分子中含有大量的 α-螺旋结构，使之既坚韧又富有弹性。

当蛋白质空间结构发生变化时，其生物学功能也随之发生变化。如血红蛋白是由四个亚基（两个 α 亚基和两个 β 亚基）组成的亲水性球状蛋白，每个亚基结合 1 分子血红素，每分子血红素能结合 1 分子氧。血红蛋白有两种构象：紧张态和松弛态。在血红蛋白尚未与氧结合时，其亚基间结合紧密为紧张态（T 态），此时与氧的亲和力小。在组织中，血红蛋白呈 T 态，使血红蛋白释放出氧供组织利用。在肺部血红蛋白各亚基间呈相对松弛状态即松弛态（R 态），此时与氧的亲和力大，当第 1 个亚基与氧结合后，就会促进第 2、3 个亚基与氧结合，而前 3 个亚基与氧的结合，又大大促进了第 4 个亚基与氧结合，这样有利于血红蛋白在氧分压高的肺中迅速与氧结合。这种小分子物质与大分子蛋白质结合，引起蛋白质分子构象及生物学功能变化的过程称为变构效应。引起变构效应的小分子物质称为变构效应剂。血红蛋白通过变构效应改变其分子构象，从而完成其运输氧和二氧化碳的功能。

蛋白质发生错误折叠，使其空间构象发生严重改变而导致的疾病，称为蛋白质构象病。疯牛病就是典型的蛋白质构象病。

疯牛病又称牛脑海绵状病，是由朊病毒蛋白引起的动物神经的退行性病变。导致疯牛病的分子机制是神经组织的朊病毒蛋白发生错误折叠，其蛋白质空间构象发生改变，产生过多的 β - 折叠，引起蛋白质构象病。正常的朊病毒蛋白含有 36.1% 的 α - 螺旋，11.9% 的 β - 折叠，异常的朊病毒含 30% 的 α - 螺旋，43% 的 β - 折叠。

临床症状是痴呆、丧失协调性以及神经系统障碍。此类疾病有遗传性、传染性和偶发性形式。以潜伏期长、病程缓慢，进行性脑功能紊乱，无缓解康复，终至死亡为特征。

第三节　蛋白质的功能和分类

PPT

没有蛋白质就没有生命。一切生命现象都是蛋白质的功能体现，生物的多样性体现了蛋白质功能的多样性。人体含有 10 万种以上不同的蛋白质，各具有不同的生物学功能，在生命活动过程中起着重要的作用。

一、蛋白质的生理功能

1. 生物催化作用　生命的基本特征是物质代谢，生物体内物质代谢的全部生化反应几乎都需要酶作为生物催化剂，多数酶的化学本质是蛋白质。

2. 代谢调节作用　生物体内存在精细有效的调节系统以维持正常的生命活动，参与代谢调节的许多激素是蛋白质或多肽，如胰岛素、胸腺素、生长素等。

3. 免疫保护作用　机体的免疫功能与抗体有关，抗体是一种免疫球蛋白，能与侵入机体的抗原（如细菌、病毒等）进行特异性结合，以免除抗原对机体的侵害。免疫球蛋白可用于许多疾病的治疗和预防。

4. 转运和贮存作用　体内许多小分子物质的转运和贮存可由一些特殊的蛋白质来完成。如血红蛋白具有运输 O_2 和 CO_2 的作用；血浆运铁蛋白转运铁，并在肝中形成铁蛋白复合物而贮存。许多药物（如氢化可的松）吸收后也常与血浆蛋白结合而转运。

5. 运动与支持作用　负责运动的肌肉收缩系统也是蛋白质。躯体运动、血液循环、呼吸与消化等功能活动主要靠肌动蛋白和肌球蛋白来完成；胶原蛋白、弹性蛋白和角蛋白可维持器官、细胞的正常形态，抵御外界伤害，保证机体的正常生理活动。

6. 控制生长和分化作用　生物体的生长、繁殖、遗传、变异等都与核蛋白密切相关，核蛋白是核酸和蛋白质组成的结合蛋白质；另外，遗传信息多以蛋白质的形式表达，同时，蛋白质对基因的表达有调节和控制作用，通过控制和调节基因的表达来保证机体正常的生长、发育和分化的进行。

7. 接收和传递信息的作用　完成这种功能的蛋白质为受体蛋白，受体蛋白包括跨膜蛋白和胞内蛋白，如蛋白质类激素受体、胞内甾体激素受体以及一些药物受体。受体和配基结合，接收信息，将信息放大、传递，引起细胞内一系列变化。

8. 参与生物膜组成作用　生物膜的基本成分是蛋白质和脂类，磷脂和蛋白质是生物膜的基本组成。与细胞内外物质的转运有关，也是能量转换的重要场所。

总之，蛋白质的生物学功能极其繁多，一切生命现象都是蛋白质的功能体现，蛋白质在生命过程中起着重要的作用。

二、蛋白质的分类

自然界中蛋白质结构复杂，种类繁多，所以分类方法也比较多。目前常见的是按照蛋白质分子的组成、形状和功能等差异进行划分。

（一）按分子组成分类

可分为单纯蛋白质和结合蛋白质。单纯蛋白质是指蛋白质分子组成中，除氨基酸外不含有其他组分的蛋白质；结合蛋白质是指由单纯蛋白质和非蛋白部分结合而成的蛋白质，非蛋白部分又称为辅基。按蛋白质辅基的不同，结合蛋白质可分为糖蛋白、核蛋白、脂蛋白、磷蛋白等。

（二）按分子形状分类

根据蛋白质天然形状的不同，可分为球状蛋白质及纤维状蛋白质。分子长短轴之比一般小于10的为球状蛋白质，生物界中绝大多数蛋白质属于球状蛋白质，多属功能蛋白，水溶性较好，如酶、免疫球蛋白等。蛋白质分子构象呈长纤维状，长短轴之比大于10的为纤维状蛋白质，这类蛋白具有较好的韧性，较难溶于水，多数为生物体组织的结构材料，作为细胞的支架或细胞、组织、器官之间的连接成分，如结缔组织中的胶原蛋白、毛发指甲中的角蛋白、蚕丝的丝心蛋白等。

（三）按功能分类

根据蛋白质的功能可以将蛋白质分为酶蛋白、调节蛋白、运输蛋白、结构蛋白等。

第四节　蛋白质的理化性质与应用

实例分析

PPT

实例　豆腐的原料黄豆中富含大豆蛋白，其蛋白质含量占总比重的36%～40%。黄豆经水浸、磨浆、除渣、加热系列工序后得到豆浆，豆浆是蛋白质胶体。豆腐的制作原理是蛋白质胶体（豆浆）在一定的温度下与一些凝固剂反应凝聚成块状的絮凝物。加入的凝固剂可以为氯化镁、葡萄糖酸、乳酸、柠檬酸等，凝固剂不同，其风味和口感不同。

分析　1. 请你想一下传统方法制作豆腐时加入石膏的作用是什么？
　　2. 通过豆腐的制作，推测一下蛋白质有哪些性质？

蛋白质的性质与其化学构成有着密切的联系。一方面蛋白质由氨基酸构成，表现出氨基酸的一些性质；另一方面蛋白质作为有机的生物大分子具有自身的独特性质。蛋白质这些特有的性质通常作为其分离纯化及性质鉴别的依据。

一、蛋白质的两性解离与等电点

（一）两性

蛋白质的两性就电解质性质而言，是指蛋白质本身具有既可带有正电荷又可带有负电荷的性质，这叫做蛋白质的两性。在不同的 pH 溶液中蛋白质可解离成正离子或负离子，这种性质称为蛋白质的两性解离。

蛋白质的一级结构是由许多氨基酸构成的，其中既有碱性基团（－NH₂），也有酸性基团（－COOH），因此氨基酸是两性的，而不同氨基酸通过酰胺键（肽键）连接而成的蛋白质也必然会具有两性解离的性质。此外，氨基酸分子中除两端的氨基和羧基可解离外，氨基酸残基侧链中某些基团，亦可发生解离。

（二）等电点

蛋白质在溶液里面的带电情况主要取决于其所在溶液的 pH 值。使蛋白质所带正、负电荷相等时溶液的 pH 值，叫做蛋白质的等电点（pI）。每种氨基酸所带的电荷不一，组成蛋白质的氨基酸的种类和数目不一，因此每一种蛋白质都有特定的等电点。等电点是一个值，其意义是当蛋白质处于该 pH 值的水溶液中，蛋白质本身恰好不带电荷，即此 pH 值时蛋白质中 －COOH 的 H^+ 恰好全部给了 －NH₂。而当溶液 pH 高于等电点时，蛋白质将释放质子，自身带负电荷，即发生酸式电离；当溶液 pH 低于等电点时，蛋白质将结合质子，自身带正电荷，即发生碱式电离。

$$Pr\begin{matrix} COOH \\ NH_3^+ \end{matrix} \underset{H^+}{\overset{OH^-}{\rightleftharpoons}} Pr\begin{matrix} COO^- \\ NH_3^+ \end{matrix} \underset{H^+}{\overset{OH^-}{\rightleftharpoons}} Pr\begin{matrix} COO^- \\ NH_2 \end{matrix}$$

pH<pI　　　　　　pH=pI　　　　　　pH>pI

在等电点状态下蛋白质的溶解度、导电性、黏度最低，可采用等电点沉淀法分离制备蛋白质，但此法一般结合其他沉淀法联合应用。另外，在一定的 pH 条件下，不同的蛋白质所带电荷不同，可用离子交换层析法和电泳法分离纯化。常见氨基酸和蛋白质的等电点如表 2 - 2。

表 2 - 2　常见氨基酸和蛋白质的等电点

氨基酸	等电点	蛋白质	等电点
甘氨酸	5.97	血清白蛋白	4.7 ~ 4.9
丙氨酸	6.02	珠蛋白	7.5
缬氨酸	5.97	卵白蛋白	4.1 ~ 4.59
亮氨酸	5.98	伴清蛋白	6.8 ~ 7.1
异亮氨酸	6.02	β 乳球蛋白	5.1 ~ 5.3
丝氨酸	5.68	卵黄蛋白	4.8 ~ 5.0
苏氨酸	6.53	肌球蛋白 A	5.1
天冬氨酸	2.97	原肌球蛋白	5.9

氨基酸	等电点	蛋白质	等电点
天冬酰胺	5.41	胎球蛋白	5.5 ~ 5.8
谷氨酸	3.22	角蛋白	4.6 ~ 4.7
谷氨酰胺	5.65	还原角蛋白	6.5 ~ 6.8
精氨酸	10.76	胶原蛋白	4.8 ~ 5.2
赖氨酸	9.74	鱼胶	4.7 ~ 5.0
组氨酸	7.59	白明胶	4.0 ~ 4.1
半胱氨酸	5.02	肌红蛋白	7.07
甲硫氨酸	5.75	人体血红蛋白	7.23
苯丙氨酸	5.48	血绿蛋白	4.6 ~ 6.4
酪氨酸	5.66	胃蛋白酶	8.1
色氨酸	5.89	甲状腺球蛋白	4
脯氨酸	6.3	α_1 - 黏蛋白	5.5

二、蛋白质的胶体性质

胶体是指分散质粒子直径在 1 ~ 100nm 之间的分散系，这是一种高度分散的多相不均匀体系。蛋白质是高分子化合物，分子量介于一万到百万之间，达到 1 ~ 100nm 的胶体范围，故蛋白质具有胶体性质。如布朗运动、电泳、不能透过半透膜以及具有吸附能力等胶体的一般性质。

> **请你想一想**
>
> 由表 2-2 可以看出，人体大多蛋白质的等电点是多少？人体血液的 pH 值为 7.35 ~ 7.45，蛋白质以正离子还是负离子形式存在？

蛋白质水溶液是一种稳定的胶体溶液。一方面蛋白质表面诸多的亲水基团有强烈的吸水性，使得蛋白质分子被多分子层包围，形成水化膜，阻止蛋白质相互聚集。另一方面蛋白质在非等电点时带同性电荷，同性电荷的相互排斥也阻止了蛋白质颗粒之间聚集。

蛋白质的胶体性质具有重要的生理意义，在生物机体中蛋白质与大量的水相结合形成不同流动性的胶体系统，生命活动的各种代谢作用在其中完成。蛋白质的胶体性质也是蛋白质分离纯化的重要依据。

蛋白质分子不能通过半透膜，利用这一性质可以分离纯化蛋白质。将混有小分子杂质的蛋白质溶液装入半透膜制成的袋（透析袋）中，置于适宜的缓冲液里或蒸馏水中，小分子杂质即可透过半透膜渗出袋外而与蛋白质分离，这种分离方法称为透析法。细胞膜是半透膜，当血液经肾小球滤过形成原尿时，蛋白质被半透膜逐个留在血液中，所以正常尿液中不含蛋白质，但是在一些病理情况下，如急性肾炎发作时，肾细胞通透性增大，血液流经肾小球时蛋白质也被滤出，尿液中出现蛋白质。

三、蛋白质沉淀

在某些理化条件下，蛋白胶体溶液的水化层或者电荷层被破坏，蛋白质粒子相互聚集而在溶液里析出的现象叫做蛋白质沉淀。让蛋白质沉淀的方法很多，主要有以下几种。

（一）盐析

盐析是指在蛋白质溶液中加入无机盐类，使其溶解度降低而析出的过程。一般向蛋白质溶液中加入某些无机盐溶液后，都可以使蛋白质凝聚而从溶液中析出。盐析的过程通常可复原，因此常被用于酶和激素等生物活性物质的制备中。蛋白质盐析常用的中性盐，主要有硫酸铵、硫酸镁、硫酸钠、氯化钠、磷酸钠等，其中应用最多的是硫酸铵。

（二）有机溶剂

一些有机溶剂能降低水溶液的介电常数，相当于吸收了蛋白质表面的水，破坏蛋白质表面稳定的水化膜，从而导致蛋白质聚集形成沉淀。诸如甲醇、乙醇、丙酮等能使蛋白质在水中的溶解度显著降低而形成沉淀。有机溶剂沉淀法常作为蛋白质分离纯化的有效方法。

（三）重金属盐

当溶液 pH 大于等电点时，蛋白质溶液带负离子。重金属盐离子能与蛋白质中的阴离子形成不溶于水的蛋白盐沉淀。临床抢救重金属中毒患者，通常可先让其服用大量的牛乳或者蛋清，与重金属离子结合，再通过催吐、洗胃把生成的不溶性蛋白盐排出体外。

（四）生物碱试剂或某些酸

当溶液 pH 小于等电点时，溶液呈正离子，加入某些生物碱试剂如苦味酸、鞣酸、钨酸、水杨酸、硝酸可与蛋白质的正离子结合成不溶性的盐沉淀。如中药注射剂中蛋白的检查过程中用30%的磺基水杨酸与制剂混合，就是利用该反应为依据。但是值得注意的是遇强酸强碱，蛋白质仅仅变性不会形成沉淀。

（五）加热

蛋白质加热导致其空间构象破坏使其变性形成沉淀。如生活中打鸡蛋花就是蛋白质遇热沉淀的典型例子。

四、蛋白质的变性和复性

（一）变性

由于外界因素的作用，使天然蛋白质分子的构象发生了异常变化，从而导致生物活性的丧失以及物理、化学性质的异常变化，这种现象称为蛋白质的变性。　📱 微课导致蛋白质变性的因素有很多。

1. 温度 温度是最常见的蛋白质变性因素。研究表明，50～60℃的溶液中，蛋白质开始热变性。天然蛋白质分子具有复杂的空间结构，受温度的影响，其空间结构的化学键破坏，会使有规则的螺旋、球状等空间结构变为无规则的伸展肽链，从而使蛋白质失去原有的生理活性。

2. 酸碱 向蛋白质中加入酸碱也会引起蛋白质变性。酸碱的加入改变了溶液的pH，从而影响肽链中氨基酸残基的解离度，从而影响蛋白质构象。但一般而言，在pH 4～6范围内，大部分蛋白是稳定的。

3. 变性剂 蛋白质在一些变性剂如尿素、甲基氨、盐酸胍的作用下，其内部结构产生构象变化，从而产生沉淀。

4. 表面活性剂 表面活性剂通俗地讲就是能降低其他化学物质表面张力的一类物质。由于其表面亲水亲油基团极强，能在蛋白质溶液的表面定向排列，使得蛋白质的表面张力显著下降，致使蛋白质变性。

84消毒液的主要成分除了次氯酸钠、氢氧化钠外还有表面活性剂，其杀菌性就是利用了这一变性原理。

5. 离子 离子使蛋白质变性的原因不一，某些离子（如：Ca^{2+}，SCN^-）能降低蛋白质构象的稳定性，也能提高蛋白质的溶解度（盐溶）；某些离子（如：S^{2-}）能提高蛋白质构象的稳定性，也能降低蛋白质的溶解度（盐析）。

6. 有机溶剂 有机溶剂可以影响静电力、氢键和疏水作用，导致蛋白质的构象变化，螺旋度增加，极性有机溶剂破坏蛋白质的氢键、非极性有机溶剂破坏蛋白质疏水作用。

此外，射线或剧烈震荡等物理因素也会导致蛋白质空间结构破坏而产生变性。

蛋白质变性的应用较为广泛，如高温蒸汽灭菌、紫外线酒精消毒等。

（二）复性

就蛋白质变性的程度而言，有些变性是可逆的，有些是不可逆的。在变性不剧烈，变性蛋白质内部结构变化不大时，除去变性因素后，在适当的条件下，该变性蛋白尚能恢复其天然构象和生物学活性，这一现象称为可逆变性，又称蛋白质的复性。例如胃蛋白酶加热至80～90℃时，失去溶解性，也无消化蛋白质的能力，如将温度再降低到37℃，则又可恢复溶解性和消化蛋白质的能力。实际上大多数蛋白质在变性后，其空间结构遭到严重破坏而不能复性。

生活中我们为保证肉和鱼虾类的新鲜将其放在冰箱里，等需要食用的时候放在外面解冻。解冻后的肉吃起来几乎和新鲜的一样，但在锅里煮熟后，其肉质就缩成一团，再也回不到原来的形状。

五、蛋白质颜色反应

蛋白质分子中的多种化学基团具有特定的化学性能，与某些试剂产生颜色反应。

蛋白质分子的显色反应和其所带官能团密切相关，蛋白质的显色反应可用于定性、定量分析。

（一）双缩脲反应

双缩脲是由两个分子尿素缩合而成的化合物，双缩脲在碱性溶液中能与硫酸铜反应生成紫色的络合物，此反应称为双缩脲反应。蛋白质分子中含有许多结构与双缩脲相似的肽键，因此也能发生双缩脲反应。此反应可用于蛋白质的定性或定量测定。

（二）茚三酮紫色反应

在加热条件下，蛋白质结构中的氨基酸或肽与茚三酮反应生成紫色化合物的反应。此反应非常灵敏，常用于检测和定量氨基酸。

此外蛋白质的显色反应还有许多，如在酸性溶液中蛋白质与考马斯亮蓝形成蓝色反应；酪氨酸含酚基，与米伦试剂生成白色沉淀，加热后变红色；含苯环的蛋白质与浓硝酸形成的黄色反应；Folin - 酚试剂与酪氨酸反应生成蓝色；色氨酸与乙醛酸反应，慢慢注入浓硫酸，出现紫色环等等。

六、蛋白质紫外吸收

蛋白质在紫外有两个特征吸收峰，分别是在 $200\sim220nm$ 波段处和 $280nm$ 处。不同的峰值与蛋白质自身的化学键相关，$200\sim220nm$ 波段处的吸收峰是因蛋白质含肽键存在而引起的；在 $280nm$ 处的吸收峰是由于蛋白质通常含色氨酸残基和酪氨酸残基，其分子内部存在着共轭双键而引起的。

由于大多数蛋白质均含有酪氨酸残基、色氨酸残基，所以测定蛋白质 $280nm$ 波长处的吸光度，是分析溶液中蛋白质含量的一种最快速简便的方法。

蛋白质的紫外可见吸收应用广泛，不仅可进行定量分析，还可利用吸收峰的特性进行定性分析和简单的结构分析。

第五节　多肽和蛋白质类药物

PPT

多肽和蛋白质是生物体广泛存在且具有重要生理意义的生物活性物质，也是一类重要的生物药物。随着生物技术的不断更新与运用，多肽和蛋白质类药物被广泛应用于预防、治疗和诊断临床疾病，其获得途径也日渐丰富与多元化。

一、多肽类药物

多肽是氨基酸以肽键连接在一起而形成的化合物，也是蛋白质水解的中间产物。多肽一般由 50 个或 50 个以下氨基酸残基组成。多肽只有一条肽链，一般只具备蛋白质的二级结构。作为蛋白质构成的中间物，其在人体和其他生物体内广泛存在并在生命活动中扮演着非常重要的作用。如多肽作为消化分子，在机体和细胞营养吸收中发挥重要作用；作为信号分子，多肽参与控制细胞分裂、生长、免疫力等诸多生命活动；

作为传输分子，多肽能辅助离子穿过细胞膜通道。

多肽类药物通常包括多肽激素、多肽类细胞生长调节因子和含有多肽成分的其他生化药物三个类别。

（一）多肽激素

多肽激素是最多见的多肽类药物。激素是由内分泌腺或器官的内分泌细胞所分泌，以体液为媒介，在细胞之间递送调节信息的高效能的生物活性物质。激素的化学本质实际上为氨基酸、多肽、蛋白质、类固醇或者脂肪酸衍生物。

多肽在生物体内的浓度很低，但生理活性很强，在调节生理功能时起着非常重要的作用。现已知人体内含有激素性多肽约千余种，仅大脑中就存在近 40 种，而人们还在不断地发现、分离、纯化新的活性多肽物质。

依据多肽类药物的作用和分泌部位，分为垂体多肽激素、下丘脑激素、甲状腺激素、胰岛激素、胃肠道激素、胸腺激素等。

你知道吗

降钙素

降钙素是由甲状腺内的滤泡旁细胞（C 细胞）分泌的一种调节血钙浓度的多肽激素，具有抑制破骨细胞活力，阻止钙从骨中释出，降低血钙的功能。降钙素为参与钙剂骨质代谢的一种多肽类激素，降钙素对破骨组织细胞有急性抑制作用，能减少体内钙由骨向血中的迁移量。临床用于骨质疏松症、甲状旁腺功能亢进、婴儿维生素 D 过多症、成人高血钙症、畸形性骨炎等，还用于诊断溶骨性病变、甲状腺的髓细胞癌和肺癌。最近有报道降钙素还能抑制胃酸分泌，治疗十二指肠溃疡。

（二）多肽类细胞生长调节因子

细胞生长因子由造血系统、免疫系统或炎症反应中的活化细胞产生，能调节细胞分化增殖和诱导细胞发挥功能，是高活性多功能的多肽、蛋白质或糖蛋白。现已发现细胞生长调节因子多达 100 余种。如表皮生长因子（EGF）、血小板来源生长因子（PDGF）、类胰岛素生长因子（IGF）、促红细胞生长素（EPO）等。多肽类细胞生长因子是一类能在细胞间传递信息、具有免疫调节功能的细胞生长因子，由 10~50 个氨基酸组成的肽。

多肽类细胞生长因子主要控制人体的生长发育、免疫调节和新陈代谢，在人体处于一种平衡状态，若多肽细胞因子减少后，人体的功能发生重要变化。多肽类生长因子具有重要的生理病理和治疗作用，如已知前列腺增生发生过程就与四个多肽类生长因子相关。

表皮生长因子（EGF），细胞生长因子的一种，由 53 个氨基酸残基组成的耐热单链低分子多肽。EGF 与靶细胞上的 EGF 受体特异性识别结合后，发生一系列生化反应，最终可促进靶细胞的 DNA 合成及有丝分裂。其广泛存在于体液和多种腺体中，主要由颌下腺、十二指肠合成，在人体的绝大多数体液中均已发现，在乳汁、尿液、精液中的含量特异性地增高，但在血清中的浓度较低。EGF作用广泛，对预测肿瘤预后，选择治疗方案以及胃溃疡、肝功能衰竭等的治疗均有重要意义。

（三）含有多肽成分的其他生化药物

含有多肽成分的其他生化药物也有较为广泛的运用，如骨宁是从动物胎骨中提取的含有多种骨肽的药物，具有抗关节炎、镇痛作用；蛇毒是复合多肽、蛋白类和毒素的生化药物具有抗血栓、镇痛等作用；谷胱甘肽几乎存在于每个细胞中，具有抗氧化、解毒作用。

目前全球批准上市的多肽药物已超过80余种，药物数量主要分布于肿瘤、糖尿病、感染、免疫、心血管、泌尿等等。如艾塞那肽是第一个肠降血糖素类似物，是人工合成的由39个氨基酸组成的肽酰胺，为皮下注射剂。作为改善血糖控制的辅助疗法，适用于正在服用二甲双胍或磺脲类复方药，却不能有效控制血糖的2型糖尿病患者。

多肽药物与一般的有机小分子药物相比，具有生物活性强、用药剂量小、毒副作用低和疗效显著等突出特点，然而其半衰期一般较短、不稳定，在体内容易被快速降解。活性多肽主要是从内分泌腺、组织器官、分泌细胞和体液中产生或获得的。近些年，多肽疫苗、抗肿瘤多肽、抗病毒多肽、多肽导向药物、细胞因子模拟肽、抗菌性活性肽、诊断用多肽以及其他药用小肽等越来越广泛地运用到临床医学领域。

二、蛋白质类药物

蛋白质具有比多肽更为复杂的分子构成和空间构象，蛋白质生化药物除了蛋白类激素和细胞生长调节因子外，还有像血浆蛋白质类、黏蛋白、胶原蛋白及蛋白酶抑制剂等大量的其他生化药物品种，各种不同的蛋白质不仅组成不同，其分子的立体结构、理化性质和生理功能也各不相同。其作用方式也从生化药物对机体各系统和细胞生长的调节扩展到被动免疫、替代疗法、抗凝血剂以及蛋白酶的抑制剂等多个领域。

（一）蛋白质激素

蛋白质激素和多肽激素并无绝对的界限，一般而言蛋白质激素较多肽激素分子量大，其空间结构也更为复杂。根据分泌的位置不同，又分为垂体蛋白激素、促性腺激素、胰岛素及其他蛋白质激素。

生长激素是由人体脑垂体前叶分泌的一种肽类激素，由191个氨基酸组成，能促进骨骼、内脏和肌肉生长，但其对大脑的发育无影响。生长激素在人的任何年龄段都起着重要作用，在幼年时期缺乏会引发侏儒症；在幼年时期分泌过多引发巨人症；在成年以后分泌过多会引发肢端肥大症。

胰岛素是一种蛋白质激素，由胰脏内的胰岛β细胞分泌。胰岛素参与调节碳水化合物和脂肪代谢，控制血糖平衡，可促使肝脏、骨骼肌将血液中的葡萄糖转化为糖原。

缺乏胰岛素会引起血糖过高，甚至导致糖尿病。因此胰岛素是临床用于治疗糖尿病的常见药物。

激素类蛋白药物一般来源于动植物代谢分泌，但随着生物技术的进步，基因重组技术被应用到许多重组激素类药物的研究中去。如重组人促红细胞生成素（rHuEPO），通常临床用于肾功能不全所致贫血。但因其能增高红细胞的含量，近些年来被滥用于一些耐力性运动项目中，所以重组人促红细胞生成素常常与兴奋剂相关联。

（二）蛋白质类生长因子

以干扰素、白细胞介素为代表的蛋白质生长因子，也是常见的蛋白质类药物之一，进入人体血液后，能促进下丘脑分泌人体生长素。

（三）白蛋白

白蛋白又称清蛋白，是人血浆中含量最多的蛋白质，约占总蛋白的55%。同种白蛋白制品无抗原性。主要功能是维持血浆胶体渗透压，用于失血性休克、严重烧伤、低蛋白血症等。此外血浆中还含有纤维蛋白溶酶原、血浆纤维结合蛋白、免疫丙种球蛋白、抗淋巴细胞免疫球蛋白、抗血友病球蛋白等诸多蛋白。

（四）黏蛋白

其是一类主要由黏多糖组成的糖蛋白，常见于膝盖滑膜液。黏蛋白是一族高分子量，重糖基化的蛋白（糖缀合物通常在大多数生物体的上皮组织中产生）。黏蛋白关键特征是其形成凝胶的能力，因此其是大多数凝胶状分泌物的关键组成部分，具有提供润滑、细胞信号通路及化学屏障的功能。

常见的黏蛋白有胃黏膜素、硫酸糖肽、内在因子、血型物质A和B等。

（五）胶原蛋白

胶原蛋白是一种生物高分子物质，一种细胞外蛋白质，白色、不透明、无支链的纤维性蛋白质。其可以补充皮肤各层所需的营养，使皮肤中胶原活性增强，有滋润皮肤、延缓衰老、美容、消皱、养发等功效。

常见的胶原蛋白有明胶、氧化聚合明胶、阿胶、新阿胶、冻干猪皮等。

（六）碱性蛋白

碱性蛋白一般是指等电点比通常的生理条件下偏碱的蛋白质，以精蛋白或组蛋白为其代表。

碱性蛋白如硫酸鱼精蛋白在体内可与强酸性的肝素结合，形成稳定的复合物，从而使肝素失去抗凝能力，且具有轻度抗凝血酶原激酶作用，临床一般不用于对抗非肝素所致抗凝作用。其能与一些蛋白质、多肽结合，用来与胰岛素、促皮质激素等形成络合物，以制备长效注射剂。

（七）蛋白酶抑制剂

蛋白酶抑制剂是一类能与蛋白酶分子活性中心上的一些基团结合，使蛋白酶活力下降或消失，但不使蛋白酶变性的物质。

在细胞破碎提取蛋白质过程中，加入蛋白酶抑制剂可以防止蛋白质水解。不同的蛋白酶抑制剂能抑制不同类别的蛋白质，如苯甲基磺酰氟能抑制丝氨酸蛋白酶和巯基蛋白酶类；EDTA能抑制金属蛋白酶；抑蛋白酶醛肽能抑制丝氨酸蛋白酶、巯基蛋白酶类。

（八）植物凝集素

植物凝集素是一类从植物中提取能够特异结合到糖类上的蛋白质。常见的植物凝集素如伴刀豆球蛋白、小麦芽凝集素、大豆凝集素等，其本身不具备酶活性，但是与糖特异性结合，具有凝结血红细胞、细菌细胞、植物细胞质、多糖和糖蛋白功能。多肽、蛋白质与糖结合可分别形成糖肽、糖蛋白，糖肽、糖蛋白在信号传导过程中起着重要的作用。

例如，膜上的糖蛋白可以作为信号传导中的受体，接收来自于体内的生物信号，并且将信号传导到体内，引起生物效应。这就像收音机上的天线，可以接收广播电台的无线电波，然后转变成人们能听到的声音。不同的收音机可以接收中高低不同波段的无线电波，各种各样的糖蛋白可分别识别并接收各自的信号，引起特异的生物学效应。

三、多肽和蛋白质类药物的来源

多肽和蛋白质为生物活性物质，多肽和蛋白类药物通常以动物、植物和微生物等天然生物材料为原料，直接提取或化学加工制得。20世纪以来，基因重组技术的研究与运用为多肽和蛋白质类药物的研发、生产提供了广阔的前景。

（一）生物提取法

生物提取法是直接从动物、植物、微生物原料中，将多肽或蛋白质成分提取出来，再进行分离纯化的过程。生物提取法是获取多肽和蛋白质类药物比较传统和比较普遍的来源。

生物提取法对原料的种属、年龄、发育情况、部位等都有严格的要求。同时要考虑多肽和蛋白质的含量、取得难易程度等。对胞外的生物活性物质提取可以直接提取，对胞内物质则要先对细胞进行破壁处理。蛋白质纯化的手段通常有沉淀、电泳、透析、层析、离心沉降等。

（二）化学合成法

化学合成法是把氨基酸按一定的顺序排列起来，利用氨基和羧基脱水形成肽键，进而形成所需要的结构。化学合成法在多肽和蛋白质类激素的研究开发中应用较为普遍。1953年，人类化学合成了具有生物活性的多肽催乳素。1965年，我国率先合成了蛋白质——牛胰岛素。化学合成法较生物提取法，难度和成本均较高，但是一些含非天然氨基酸的多肽和蛋白质类药物的合成必须用到化学合成法。

（三）基因工程法

基因工程是现代生物制药技术的一个重要发展。基因工程技术是在 DNA 水平将目的基因插入载体，使其在新的宿主细胞（工程菌）内进行复制和表达的技术。基因工程主要用于制造一些来源比较困难，或生物提取、化学合成无法生产的多肽和蛋白质药物，比如基因工程常用于一些激素、生长因子、疫苗的研发、生产中。

实训一 蛋白质含量的测定技术——紫外吸收法

一、实训目的

学习紫外吸收法测定蛋白质含量的原理；熟练掌握紫外分光光度计测定原理及使用方法；熟练使用移液器、离心机。

二、实训原理

由于蛋白质中存在含有共轭双键的酪氨酸、色氨酸和苯丙氨酸，因此蛋白质具有吸收紫外光的性质，吸收高峰在 280nm 处。在一定浓度范围内（0.1～1.0mg/ml），蛋白质溶液在 280nm 处光吸收值（A_{280}）与其浓度成正比，故可用作蛋白质含量的定量测定。

该测定方法简单、灵敏、快速，低浓度的盐类不干扰测定，同时在测定过程中无试剂加入，蛋白质可回收，特别适用于柱层析洗脱液的快速连续检测，因此在蛋白质和酶的分离纯化过程中广泛采用。

此法的缺点是：①对测定那些与标准蛋白质中酪氨酸和色氨酸含量差异较大的蛋白质，有一定的误差。②若待测样中含有嘌呤、嘧啶等吸收紫外光的物质，干扰较大。

三、实训器材

1. 试剂

（1）标准蛋白质溶液 准确称取经凯氏定氮法校正的结晶牛血清蛋白，配制成浓度为 1mg/ml 的溶液。

（2）样品蛋白质溶液 鸡蛋的球蛋白溶液，制备方法见下面的实训步骤。

（3）饱和硫酸铵溶液。

2. 器材 紫外分光光度计、移液管、离心机、试管架、试管 1.5cm×1.5cm。

四、实训方法和步骤

1. 样品蛋白质溶液的制备

（1）取鸡蛋清 10ml，加入 80ml 0.1mol/L NaOH 溶液，摇匀，作为蛋白质的母液。

（2）用移液枪移取 5ml 母液，加入 5ml 硫酸铵溶液，用离心机离心 8～10min，转速为 4000r/min。

（3）弃去上清液，得沉淀即为鸡蛋的球蛋白，将 10ml 1mol/L NaOH 溶液加入球蛋白中，摇匀，即为样品蛋白质溶液。

2. 标准曲线的制作　取 9 支试管，编号，按表 2-3 分别向每支试管内加入各种试剂，混匀。以光程为 1cm 的石英比色杯，在 280nm 波长处测定各管溶液的吸光度值 A_{280}。以蛋白质浓度为横坐标，吸光度值为纵坐标，绘出标准曲线。

表 2-3　标准曲线制作表

试管编号	1	2	3	4	5	6	7	8	9
标准蛋白质溶液（ml）	0	0.5	1.0	1.5	2.0	2.5	3.0	3.5	4
NaOH 溶液（ml）	4	3.5	3.0	2.5	2.0	1.5	1.0	0.5	0
蛋白质含量（mg/ml）	0	0.125	0.250	0.375	0.500	0.625	0.750	0.875	1.00
A_{280}									

3. 样品蛋白质含量测定　取待测蛋白质溶液 1ml，加入 1mol/L NaOH 溶液 2ml，混匀，以 1 号管为对照，按上述方法测定 280nm 处的光吸收值。

4. 结果与计算

（1）标准曲线的绘制。

（2）根据样品溶液的 A_{280} 值，从标准工作曲线上查出待测蛋白质溶液的浓度。根据蛋白质的稀释倍数，计算蛋白质含量。

（3）若样品中含有嘌呤、嘧啶等核酸类吸收紫外光的物质，在用 A_{280} 来测定蛋白质含量时会有较大的干扰。由于核酸在 260nm 的光吸收比 280nm 更强，因此可利用 280nm 及 260nm 的吸收差来计算蛋白质的含量。常用下列经验公式估算（假设蛋白质浓度为 1mg/ml 时的 A_{280} 为 1.0）：

$$蛋白质浓度（mg/ml）= 1.45A_{280} - 0.74A_{260}$$

式中　A_{280}——蛋白质溶液在 A_{280} 处测得的光吸收值；A_{260}——蛋白质溶液在 A_{260} 处测得的光吸收值。

五、思考题

1. 紫外吸收法与其他蛋白质含量测定方法相比，有何缺点及优点？
2. 若样品中含有核酸类杂质，应如何校正？

实训二　氨基酸的分离鉴定技术
——纸色谱法或薄层色谱法

一、实训目的

掌握氨基酸纸色谱法的基本原理，学会氨基酸纸色谱的操作技术，熟练掌握毛细管点样的操作。

二、实训原理

纸色谱法是生物化学上分离、鉴定氨基酸混合物的常用技术，可用于蛋白质氨基酸成分的定性鉴定和定量测定。

纸色谱法是用滤纸作为惰性支持物的分配色谱法，纸色谱所用展层溶剂大多由有机溶剂和水组成。其中滤纸纤维素上吸附的水是固定相，展层用的有机溶剂是流动相。因为滤纸纤维与水的亲和力强，与有机溶剂的亲和力弱，因此在展层时，水是固定相，有机溶剂是流动相。

在色谱时，将样品点在距滤纸一端 2~3cm 的某一处，该点称为原点；然后在密闭容器中展开溶剂沿滤纸的一个方向进行展层，溶剂由下向上移动的称上行法；由上向下移动的称下行法。这样混合氨基酸在两相中不断分配，由于分配系数（K_d）不同，即不同的氨基酸在相同的溶剂中溶解度不同，所以利用在滤纸上迁移速度不同分离氨基酸不同，氨基酸随流动相移动的速率就不同，结果它们分布在滤纸的不同位置上而形成距原点距离不等的色谱点。

物质被分离后在纸色谱图谱上的位置可用比移值（rate of flow，R_f）来表示。所谓 R_f，是指在纸色谱中，从原点至色谱点中心的距离（X）与原点至溶剂前沿的距离（Y）的比值：

$$R_f = \frac{原点到色谱点中心的距离（X）}{原点到溶液前沿的距离（Y）}$$

R_f 值的大小与物质的结构、性质、溶剂系统、色谱滤纸的质量和色谱温度等因素有关。在一定条件下，某种物质的 R_f 值是常数。

本实验采用纸色谱法分离氨基酸。氨基酸是无色的，利用茚三酮反应，可将氨基酸色谱点显色作定性、定量用。

三、实训器材

1. 试剂

（1）氨基酸溶液　5g/L 的赖氨酸、缬氨酸、亮氨酸、脯氨酸、混合氨基酸的异丙醇（10%）溶液各 5ml；其中 10% 异丙醇是体积分数。

（2）展层剂（扩展剂）　水合正丁醇：醋酸 = 4∶1，即将 20ml 正丁醇和 5ml 冰醋酸放入分液漏斗中，与 15ml 水混合，充分振荡，静置后分层，放出下层水层后备用。取漏斗内的扩展剂约 10ml 置于小烧杯中做平衡溶剂（暂不用），扩展剂 20ml。

（3）显色剂　0.1% 水合茚三酮正丁醇溶液。即 0.5g 茚三酮溶于 100ml 正丁醇，即得 0.5% 茚三酮 – 正丁醇溶液，贮于棕色瓶中备用。

2. 器材　色谱缸、色谱滤纸（新华 1 号）、毛细管（点样用 Φ0.5mm）、吹风机、烘箱（或真空干燥箱）、喉头喷雾器、刻度尺（直尺）、剪刀（一把）、一次性手套和铅笔、分液漏斗（250ml）、小烧杯（50ml）、培养皿和胶带纸。

四、实训方法和步骤

1. 准备滤纸　取色谱滤纸一张，裁剪成18cm×14cm大小。在纸的一端距边缘2cm处用铅笔划一直线，在直线上每间隔2cm做一记号，标出5个原点。裁剪滤纸时注意带一次性手套，以免手上的油迹污染色谱纸。

2. 点样　用毛细管将各氨基酸样品点在5个原点上，用量10～20μl，每点在纸上扩散的直径，最大不超过3mm，边点样边用电吹风吹干，越小越好。自然干后再点一次，且每次的点样点要重合。每次点样后，毛细管要清晰干净，用毛细管吸纯水，再用吸水滤纸吸干，反复3～4次。

3. 扩展　用胶带纸将滤纸胶合成筒状，纸的两边不能接触（更不能重叠）。将盛有约20ml扩展剂的培养皿迅速置于密闭的色谱缸中，并将滤纸直立于培养皿中（点样的一端在下，扩展剂的液面需低于点样线1cm）。待溶剂上升14～16cm时即取出滤纸，铅笔描出溶剂前沿界线，自然干燥或用吹风机热风吹干。

4. 显色　用喷雾器均匀喷上0.1%茚三酮－正丁醇溶液，然后置烘箱中烘烤5min（100℃）或用热风吹干，直至氨基酸斑点显色，用铅笔画出轮廓。

5. 计算　计算各种氨基酸的 R_f 值。

五、注意事项

1. 拖尾现象是指展层显色后在色谱分配图上，所看到的某一种氨基酸的分子位移，不是如标准图谱所示的那样，完整地显示在某一位置上，而是形成像笤帚似的那样，前端粗圆而逐渐细小下来，宛如拖着一个尾巴。其图所呈颜色也是由浓渐淡。

样品点不要吹的太干燥，否则，样品物质的分子会牢吸在色谱纸的纤维上，出现"拖尾"现象。不要用热风吹，最好用冷风或自然干燥。

2. 为节省时间，本实验只饱和展开缸，不饱和点样滤纸，此步骤可最先做。在色谱缸饱和的1.5h内，再做点样准备和点样操作。

3. 点样设计时，一般将混合样设计在中间位置较好，以免边沿效应影响混合样的分离。

4. 显色时一定要在通风橱内进行，并将色谱滤纸至于干净大白瓷盘内，再喷洒显色剂，以免污染工作台。

六、思考题

1. 纸色谱法的原理是什么？
2. 何谓 R_f 值？影响 R_f 值的主要因素是什么？
3. 怎样制备扩展剂？
4. 色谱缸中平衡溶剂的作用是什么？
5. 为什么要用10%的异丙醇来溶解氨基酸？

目标检测

一、选择题

（一）单项选择题

1. 蛋白质的基本结构单位是（　　）

    A. 肽键平面　　　　B. 核苷酸　　　　　C. 肽　　　　　　　D. 氨基酸

2. 蛋白质变性（　　）

    A. 由肽键断裂而引起　　　　　　　　B. 都是不可逆的

    C. 可使其生物活性丧失　　　　　　　D. 紫外吸收能力增强

3. 分子病主要是（　　）异常

    A. 一级结构　　　　B. 二级结构　　　　C. 三级结构　　　　D. 四级结构

4. 下列有关肽的叙述，错误的是（　　）

    A. 肽是两个以上氨基酸借肽键连接而成的化合物

    B. 组成肽的氨基酸分子都不完整

    C. 多肽与蛋白质分子之间无明确的分界线

    D. 氨基酸一旦生成肽，完全失去其原有的理化性质

5. 蛋白质在电场中移动的方向取决于（　　）

    A. 蛋白质的分子量和它的等电点　　　B. 所在溶液的 pH 值和离子强度

    C. 蛋白质的等电点和所在溶液的 pH 值　D. 蛋白质的分子量和所在溶液的 pH 值

6. 蛋白质分子中的主要化学键是（　　）

    A. 肽键　　　　　　B. 酯键　　　　　　C. 二硫键　　　　　D. 氢键

7. 蛋白质变性是由于（　　）

    A. 肽键断裂，一级结构遭到破坏　　　B. 蛋白质中的一些氨基酸残基受到修饰

    C. 蛋白质分子沉淀　　　　　　　　　D. 次级键断裂，天然构象解体

8. 下列关于蛋白质结构叙述中，不正确的是（　　）

    A. 所有蛋白质都有四级结构　　　　　B. α - 螺旋为二级结构的一种形式

    C. 一级结构决定空间结构　　　　　　D. 亚基单独存在，没有活性

9. 从组织提取液中沉淀活性蛋白质而又不使其变性的方法是加入（　　）

    A. 硫酸铵　　　　　B. 强酸　　　　　　C. 氯化汞　　　　　D. 三氯醋酸

10. 能够参与蛋白质合成的氨基酸的构型为（　　）

    A. 除甘氨酸外均为 L 型　　　　　　　B. 除丝氨酸外均为 L 型

    C. 均只含 α - 氨基酸　　　　　　　　D. 旋光性均为左旋

11. 抢救误服重金属盐中毒者，早期（　　）

    A. 用稀醇洗胃　　　　　　　　　　　B. 用生理盐水洗胃

    C. 口服蛋清、牛奶后洗胃或催吐　　　D. 大量饮水稀释胃内的毒物

12. 测定 100g 生物样品中含氮量是 2g，该样品中蛋白质含量大约是（　　）g

    A. 6.25　　　　　　B. 12.5　　　　　　C. 20　　　　　　D. 2

13. 胰岛素分子 A 链和 B 链的交联是靠（　　）

    A. 盐键　　　　　　B. 氢键　　　　　　C. 二硫键　　　　　　D. 疏水键

14. 蛋白质中的 α – 螺旋和 β – 折叠都属于（　　）

    A. 一级结构　　　　B. 二级结构　　　　C. 三级结构　　　　D. 四级结构

15. 以下氨基酸中没有旋光性的是（　　）

    A. 甘氨酸　　　　　B. 色氨酸　　　　　C. 苏氨酸　　　　　D. 丙氨酸

（二）多项选择题

1. 下列关于蛋白质结构叙述中，不正确的是（　　）

    A. 一级结构决定二、三级结构　　　　B. 二、三级结构决定四级结构

    C. α – 螺旋为二级结构的一种形式　　　D. 所有蛋白质都有四级结构

    E. 三级结构是指蛋白质分子内所有原子的空间排列

2. 处于等电点的蛋白质（　　）

    A. 分子不带电荷　　　　　B. 分子净电荷为零　　　　　C. 分子易变性

    D. 易被蛋白酶水解　　　　E. 易沉淀析出

3. 下列氨基酸中，属于酸性氨基酸的是（　　）

    A. 天冬氨酸　　　　　　　B. 谷氨酸　　　　　　　　C. 赖氨酸

    D. 色氨酸　　　　　　　　E. 精氨酸

4. 蛋白质分子中引起 280nm 光吸收的主要成分是（　　）

    A. 苯丙氨酸　　　　　　　B. 酪氨酸　　　　　　　　C. 赖氨酸

    D. 色氨酸　　　　　　　　E. 精氨酸

5. 蛋白质变性会导致（　　）

    A. 蛋白质空间构象破坏　　B. 蛋白质水解　　　　　　C. 蛋白质生物活性丧失

    D. 肽键断裂　　　　　　　E. 氨基酸的组成改变

二、思考题

    12 月龄儿童发烧，持续高烧（40℃ 以上），家长急忙带孩子去医院就医。医生首先采用冷敷法进行降温，同时进行了其他相关生化检查。

    请从生物化学角度阐述物理降温的必要性。

书网融合……

　　e微课　　　　　　划重点　　　　　自测题

▶▶ 第三章 核酸的化学

学习目标

知识要求

1. **掌握** 核酸及核苷酸的分类、分子组成和结构特点。
2. **熟悉** 核酸的理化性质、生理特点及其应用。
3. **了解** 各类核酸衍生物、核酸类药物的提取及分离纯化方法。

能力要求

1. 依据核酸的理化性质，学会核酸分离纯化、含量测定的基本方法和技术。
2. 知道核酸类药物及其用途。

核酸是由核苷酸聚合成的重要生物大分子，是生命的遗传物质。最早从脓细胞的细胞核中提取，呈酸性，因此被称为核酸。天然核酸根据组成不同，分为核糖核酸（RNA）和脱氧核糖核酸（DNA）。

地球上已知的一切生物均含有核酸。原核细胞中，DNA 分布于核区。真核细胞中，DNA 主要分布于核内，组成染色体（染色质），少量存在于线粒体、叶绿体等细胞器中。DNA 作为主要的遗传物质，具有储存遗传信息的功能。RNA 主要分布于细胞质中，具有多种生物学功能，其核心功能是参与基因表达的信息加工与调节，包括信使核糖核酸（mRNA）、转运核糖核酸（tRNA）、核糖体核糖核酸（rRNA）三类。病毒只含有 DNA 或 RNA 一种核酸，未发现同时具有两种核酸的病毒。

核酸不仅与生物的生长繁殖、遗传变异、细胞分化等正常生命活动密切相关，而且与肿瘤形成、病毒感染、代谢疾病、遗传疾病等生命异常活动息息相关。

⬛ 第一节　核酸的化学组成

PPT

一、核酸的元素组成

核酸主要由 C、H、O、N、P 等元素组成，其中 P 元素含量比较恒定，平均为 9%~10%，为核酸的特征元素。可根据样品中的含磷量推算出该样品中核酸的含量。

二、核酸的基本结构单位

核酸为多聚核苷酸，其基本结构单位是单核苷酸。DNA 由几千至几千亿个单核苷酸组成，RNA 由几十至几千个单核苷酸组成。通过降解，可将核酸分解为单核苷酸，单核苷酸可进一步降解为核苷和磷酸，核苷再进一步降解生成碱基和戊糖（图3-1）。

$$\text{核酸} \xrightarrow{\text{水解}} \text{单核苷酸} \xrightarrow{\text{水解}} \begin{cases} \text{磷酸} \\ \text{核苷} \begin{cases} \text{戊糖} \\ \text{含氮碱基} \end{cases} \end{cases}$$

图3-1 核酸的降解产物

可见核酸的组成成分包括磷酸、碱基和戊糖。

（一）基本成分

1. 碱基 核酸中的碱基包括嘌呤碱和嘧啶碱两类。

（1）嘌呤碱 嘌呤碱是母体化合物嘌呤的衍生物，常见的嘌呤碱有腺嘌呤（A）和鸟嘌呤（G），RNA和DNA分子中均含有腺嘌呤和鸟嘌呤。

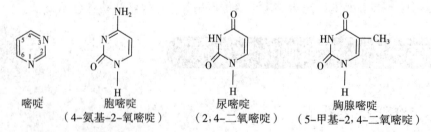

嘌呤   腺嘌呤   鸟嘌呤
        （6-氨基嘌呤）   （2-氨基-6-氧嘌呤）

自然界中还有很多重要的嘌呤衍生物，黄嘌呤（2,6-二羟嘌呤）临床上主要用于缓解哮喘症状。黄嘌呤的衍生物有咖啡碱（1,3,7-三甲基黄嘌呤）、茶叶碱（1,3-二甲基黄嘌呤）、可可碱（3,7-二甲基黄嘌呤）等。一些植物激素，如激动素（N^6-呋喃甲基腺嘌呤）等也为嘌呤衍生物。

（2）嘧啶碱 嘧啶碱由母体化合物嘧啶衍生而来。常见的嘧啶碱有胞嘧啶（C）、尿嘧啶（U）和胸腺嘧啶（T）。其中胞嘧啶为DNA和RNA均含有的碱基，而胸腺嘧啶主要存在于DNA中，tRNA中有少量胸腺嘧啶；尿嘧啶只存在于RNA中。

嘧啶   胞嘧啶   尿嘧啶   胸腺嘧啶
        （4-氨基-2-氧嘧啶） （2,4-二氧嘧啶）   （5-甲基-2,4-二氧嘧啶）

（3）稀有碱基 除上述五种基本的碱基之外，核酸中还有一些碱基，含量甚少，被称为稀有碱基。稀有碱基种类极多，大多数为甲基化碱基，如5,6-二氢尿嘧啶、5-甲基胞嘧啶、1-甲基鸟嘌呤、次黄嘌呤等。

2. 戊糖 RNA和DNA中所含戊糖不同，分别为 β-D-核糖和 β-D-2'-脱氧核糖。核酸就是根据戊糖不同而进行分类的。为与碱基编号相区别，核酸中的戊糖在编号时，碳原子杵号右上角都带有'，即 C-1'、C-2'…C-5'表示。

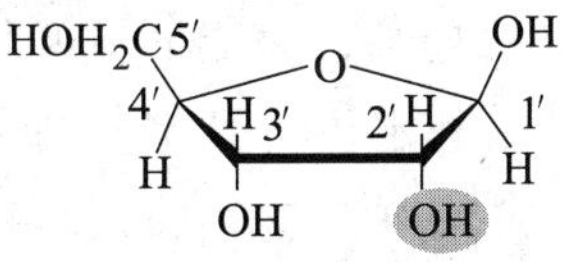

β-D-核糖 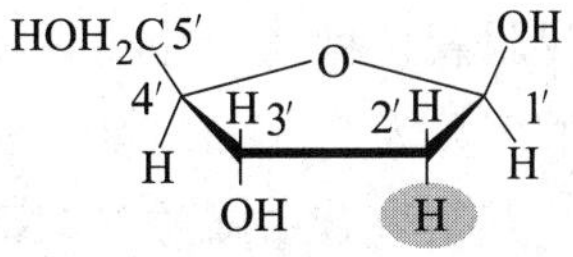   β-D-2'脱氧核糖

3. 磷酸 DNA 及 RNA 中都含有磷酸。两类核酸的组成成分列于表 3-1 中。

表 3-1 核酸的组成成分

	DNA	RNA
碱基	腺嘌呤（A） 鸟嘌呤（G） 胞嘧啶（C） 胸腺嘧啶（T）	腺嘌呤（A） 鸟嘌呤（G） 胞嘧啶（C） 尿嘧啶（U）
戊糖	β-D-2'-脱氧核糖	β-D-核糖
磷酸	磷酸	磷酸

（二）核苷

核苷为一种糖苷，由碱基和戊糖通过糖苷键缩合而成。糖苷键通过戊糖的第 1 位碳原子（C_1）的羟基与嘌呤碱的第 9 位氮原子（N_9）或嘧啶碱的第 1 位氮原子（N_1）的氢脱水缩合而成。根据核苷形成时戊糖不同，将核苷分为核糖核苷和脱氧核糖核苷。对核苷进行命名时，通常先冠以碱基的名称，如腺嘌呤核苷（简称腺苷）、腺嘌呤脱氧核苷（简称脱氧腺苷）等。

tRNA 和 rRNA 中含有少量的假尿嘧啶核苷，其结构很特殊，核糖不是与尿嘧啶的第一位氮（N_1）相连接，而是与第五位碳（C_5）相连接。

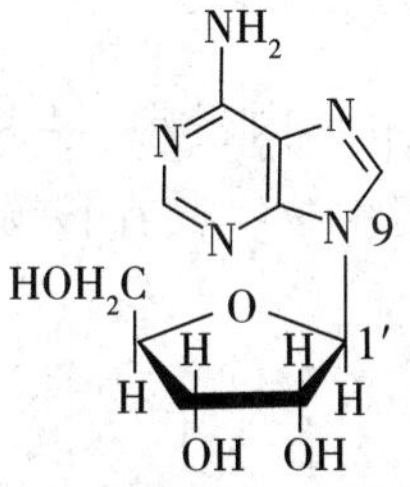

腺嘌呤核苷 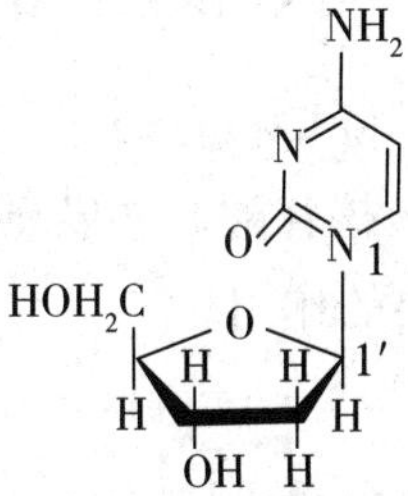   胞嘧啶脱氧核苷 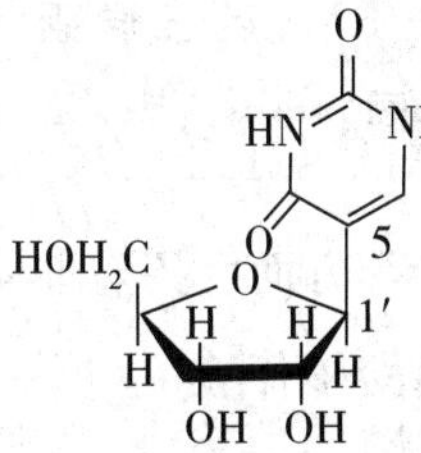   假尿嘧啶核苷

表 3-2 为两类核酸中常见核苷的名称。

表 3-2 核酸中的常见核苷

DNA	RNA
腺嘌呤脱氧核苷（脱氧腺苷）	腺嘌呤核苷（腺苷）
鸟嘌呤脱氧核苷（脱氧鸟苷）	鸟嘌呤核苷（鸟苷）
胞嘧啶脱氧核苷（脱氧胞苷）	胞嘧啶核苷（胞苷）
胸腺嘧啶脱氧核苷（脱氧胸苷）	尿嘧啶核苷（尿苷）

（三）核苷酸

单核苷酸是核苷中的戊糖被磷酸化而形成的磷酸酯。核糖核苷中有三个自由羟基，可形成三种核苷酸，脱氧核糖核苷中有两个自由羟基，只能形成两种核苷酸，生物体内游离存在的核苷酸多数为 5′ - 核苷酸，常省略其定位符号 5′。命名时根据核苷及磷酸残基数量命名为"某某核苷一磷酸"（NMP 或 dNMP），如腺嘌呤核苷一磷酸（简称腺苷酸，AMP）、脱氧胞嘧啶核苷一磷酸（简称脱氧胞苷酸，dCMP）。

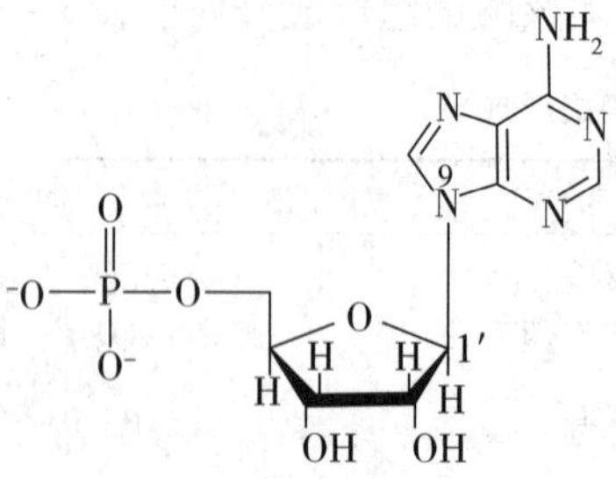

腺嘌呤核苷一磷酸 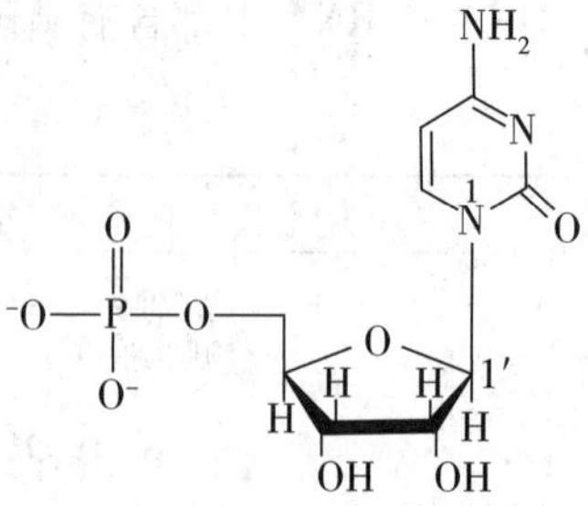　　　　　　脱氧胞嘧啶核苷一磷酸

两类核酸的基本组成单位列于表 3 - 3 中。

表 3 - 3　核酸的基本组成单位

DNA	RNA
脱氧腺苷酸（dAMP）	腺苷酸（AMP）
脱氧鸟苷酸（dGMP）	鸟苷酸（GMP）
脱氧胞苷酸（dCMP）	胞苷酸（CMP）
脱氧胸苷酸（dTMP）	尿苷酸（UMP）

请你想一想

DNA 和 RNA 的化学组成有哪些异同？

三、核苷酸的衍生物

除单核苷酸外，生物体内还有一些游离存在的多磷酸核苷酸和核苷酸衍生物，其在核酸合成、能量载体、信号传导等方面发挥着非常重要的作用。

（一）多磷酸核苷酸

核苷一磷酸在一定条件下进一步磷酸化，5′ - 位连接两或三个磷酸基团形成多磷酸核苷酸。核苷二磷酸（NDP 或 dNDP）是核苷的焦磷酸酯，核苷三磷酸（NTP 或 dNTP）是核苷的三磷酸酯。最常见的为腺苷二磷酸（ADP）和腺苷三磷酸（ATP）。

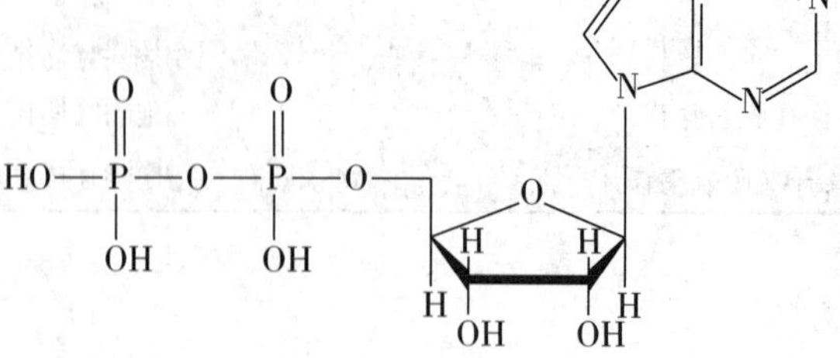

ADP

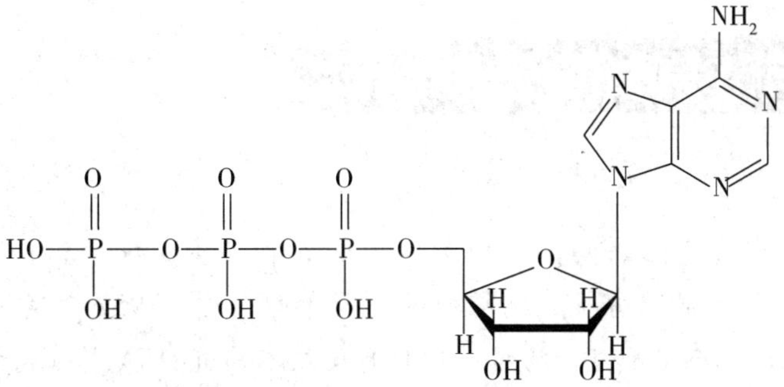

ATP

（二）环化核苷酸

3′,5′-环化核苷酸是核苷酸的磷酸基与戊糖 C-3′上的羟基脱水缩合形成的内酯环结构。重要的有 3′,5′-环化腺苷酸（cAMP）和 3′,5′-环化鸟苷酸（cGMP），都是调节细胞功能的信号分子。

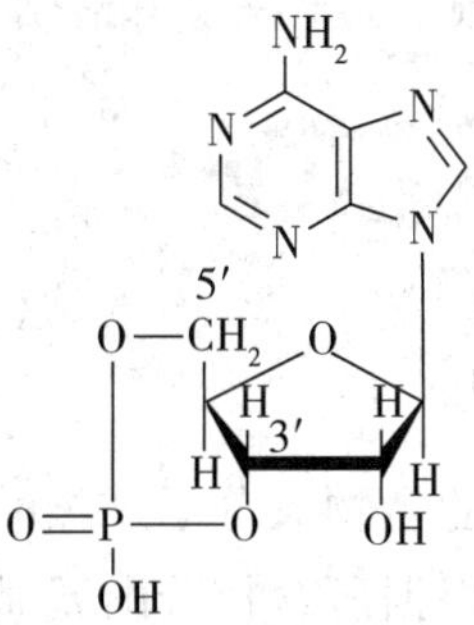

3′,5′-环化腺苷酸 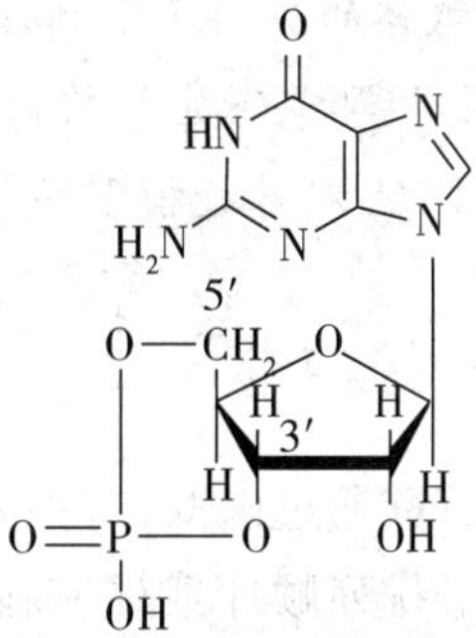　　　　　3′,5′-环化鸟苷酸

（三）辅酶类核苷酸

细胞内一些核苷酸衍生物是重要的辅酶或辅基，参与新陈代谢。常见的有：辅酶 I（NAD⁺，烟酰胺腺嘌呤二核苷酸）、辅酶 II（NADP⁺，烟酰胺腺嘌呤二核苷酸磷酸）、黄素腺嘌呤二核苷酸（FAD）、黄素单核苷酸（FMN）、辅酶 A（CoA-SH）等。

你知道吗

第二信使

美国生物学家萨瑟兰于 1965 年首先提出了第二信使学说，该学说认为激素等是第一信使，与靶细胞受体结合后，便激活了细胞膜上的腺苷酸环化酶，产生 cAMP，即第二信使。之后 cAMP 激活蛋白激酶，引起某种特异蛋白质的磷酸化作用，细胞内发生一系列反应，产生生理效应。之后很多学者在多种组织细胞中证实了依赖于 cAMP 的蛋白激酶和腺苷酸环化酶的存在。第二信使是指在胞内产生的非蛋白类小分子，通过其浓度变化（增加或者减少）应答胞外信号与细胞表面受体的结合，调节胞内酶的活性和非酶蛋白的活性，从而在细胞信号转导途径中行使携带和放大信号的功能。

第二节 核酸的分子结构

PPT

实例分析

实例 1868 年从细胞核中分离出核酸，20 世纪初弄清核酸的基本化学结构，1950 年发现腺嘌呤的量等于胸腺嘧啶，鸟嘌呤的量等于胞嘧啶，1952 年通过观察噬菌体侵染细菌的过程，确定 DNA 是遗传物质。但此时仍然不知道 DNA 是如何排列的，直到 X 射线衍射技术对大分子物质结构分析的成功应用。

1951 年 9 月，女物理化学家富兰克林得到了相对湿度为 90% 以上，后来被称作 B 型 DNA 的 X 射线衍射图。

1953 年 3 月 18 日，沃森从富兰克林那获得完美的 DNA 晶体数据，通过衍射照片，成功搭建 DNA 双螺旋分子模型。其完全符合 DNA 当时已知的理化性状，完美解释 DNA 作为遗传信息载体的原因及复制、突变等机制。而富兰克林曾离破解 DNA 结构仅一步之遥，却没有利用那些不完整的数据来建模。

分析 你知道 DNA 双螺旋模型的结构要点吗？

一、核酸的一级结构

核酸是由单核苷酸通过磷酸二酯键聚合而成的生物大分子，核酸的一级结构通常指核酸分子的核苷酸排列顺序或碱基排列顺序。根据所含核苷酸残基数不同，分别被称为寡核苷酸和多核苷酸，寡核苷酸的核苷酸残基数一般不超过 50。不同核酸分子中核苷酸数量不同且差异很大。

多核苷酸链的结构特点如下。

1. 核苷酸分子之间通过 3′,5′-磷酸二酯键相连，前一核苷酸戊糖上的 3′-羟基与后一核苷酸的 5′-磷酸基团脱水缩合形成 3′,5′-磷酸二酯键。

2. 主链为无分支的长链，含有多个戊糖-磷酸相连的重复结构单元。

3. 侧链为碱基，不同核酸分子的碱基序列不同，蕴藏着不同的生物信息，通常可直接用 A、G、C、U、T 等缩写字母代表核苷酸。

4. 核酸分子具有方向性，在多核苷酸长链的一端为 5′-磷酸末端（5′-P），具有游离的 5′-磷酸基；另一端为 3′-羟基末端（3′-OH），具有游离的 3′-羟基。原则上将多核苷酸链的 5′-端写在左侧，3′-端写在右侧，磷酸二酯键的走向为 3′→5′。

> **请你想一想**
> 核酸的基本结构单位——单核苷酸之间是以什么样的方式连接？

5. 核酸一级结构的表示方法有多种（图 3-2），线条式可用垂线表示戊糖的碳链，P 代表磷酸基团，A、T、C、G 代表不同的碱基，碱基写在垂线的上端，垂线间由 P 引出的斜线代表 3′,5′-磷酸二酯键，一端与戊糖 C-5′相连，另一端与相邻核苷酸的戊糖 C-3′相连。文字式中 P 在碱基的左侧时表示磷酸基连在此核苷酸戊糖的 C-5′上，P 在碱基的右侧时表示磷酸基与相邻核苷酸的戊糖 C-3′相连。有时可将表示方法进一步简化，省略磷酸二酯键中的 P 或只保留最左端的 P。

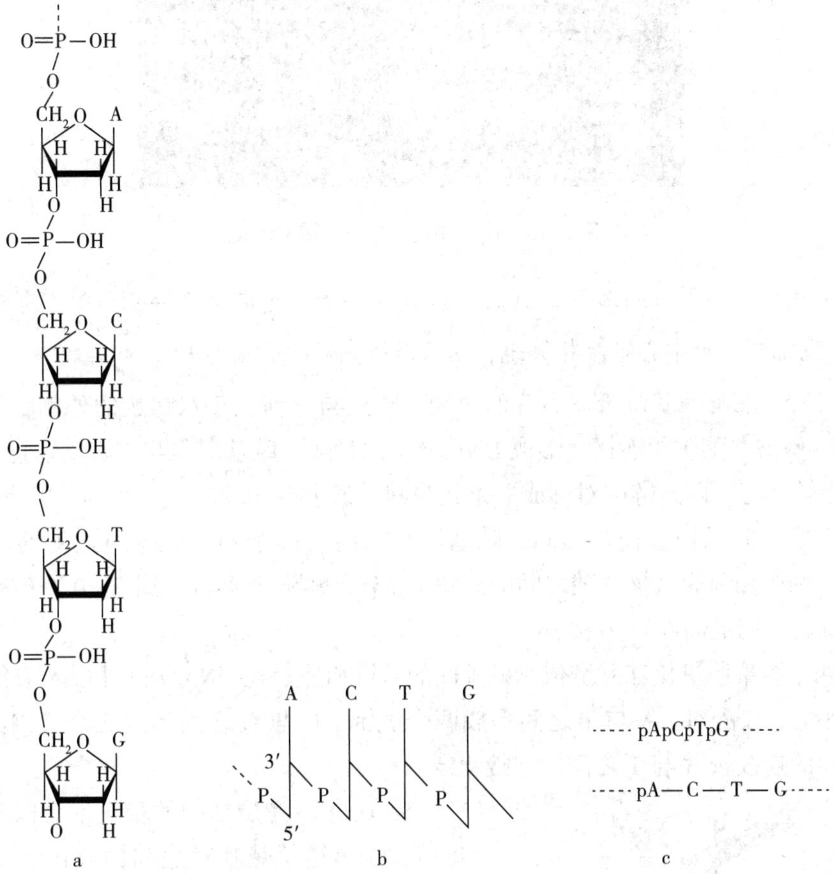

图 3-2　核酸一级结构的表示方法

二、DNA 的空间结构

（一）DNA 碱基组成的 Chargaff 法则

1. DNA 的碱基组成具有种属特异性，不同物种的 DNA 具有不同的碱基组成，同一个体的不同组织和器官的 DNA 碱基组成是相同的，不受营养状况、生长发育等影响。

2. 在一生物个体中，DNA 碱基组成具有规律性，即腺嘌呤残基数与胸腺嘧啶残基数相等（A＝T），鸟嘌呤残基数与胞嘧啶残基数（G＝C）相等。

这一规律的提出为 DNA 双螺旋结构提供了重要依据。

（二）DNA 分子的二级结构

1953 年，在前人研究工作的基础上 Watson 和 Crick（图 3-3）提出 DNA 分子的双螺旋结构模型，特征如下。

图 3-3　研究中的 Watson 和 Crick

1. 两条呈反向平行的多聚脱氧核苷酸链（一条链走向为 3′→5′，另一条链走向为 5′→3′）围绕同一个中心轴互相缠绕，两条链均为右手螺旋结构。🅔微课

2. 嘌呤与嘧啶残基位于双螺旋的内侧，磷酸与戊糖位于双螺旋的外侧，彼此间通过 3′,5′-磷酸二酯键相连接，形成 DNA 分子的骨架。碱基平面与中心轴垂直，戊糖平面与中心轴平行。两条链配对形成一条大沟和一条小沟。

3. 双螺旋的平均直径为 2nm。碱基堆积距离（两个相邻碱基对之间的高度）为 0.34nm，两个相邻脱氧核苷酸之间的夹角为 36°。螺旋每旋转一周有 10 个碱基对，螺距（每旋转一周的高度）为 3.4nm。

4. 两条多聚脱氧核苷酸链依靠碱基间的氢键相连。在 DNA 分子中，A 只能与 T 配对，G 只能与 C 配对。A 与 T 之间形成两个氢键，G 与 C 之间形成三个氢键，因此 G 与 C 之间的连接较 A 与 T 之间的连接稳定。

5. DNA 双螺旋结构的稳定依靠以下作用力维持。①氢键：碱基对之间的氢键使两条链缔合形成空间平行关系，是维系双螺旋结构横向稳定的主要作用力。②碱基堆积力：碱基之间层层紧密堆积使 DNA 分子内部形成疏水核心，碱基堆积力是维系双螺旋结构纵向稳定的主要作用力。③离子键：DNA 分子中的磷酸残基具有负电荷，可与介质中阳离子的正电荷之间形成离子键，从而降低 DNA 双链间的静电排斥力，可对双螺旋结构起一定的稳定作用。

DNA 双螺旋结构模型如图 3-4 所示。

（三）DNA 分子的三级结构

DNA 分子为生物大分子，生物体的 DNA 双螺旋长链经过盘绕与折叠方可容纳进入细胞核中。DNA 的三级结构即指 DNA 的双螺旋结构进

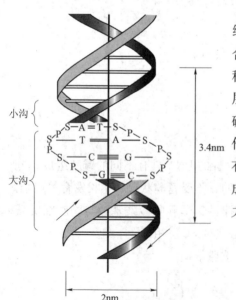

图 3-4　DNA 的双螺旋结构模型

一步扭曲、折叠所形成的特定构象。

1. 超螺旋结构 当 DNA 双螺旋分子每周含有 10 个碱基对时，双螺旋处于松弛状态，此时能量最低。如果双螺旋分子的两端固定或形成闭合环状分子，DNA 分子会发生扭曲，用以抵消内部形成的张力，这种扭曲为螺旋的双螺旋，称为超螺旋。超螺旋具有更加致密的结构，可使很长的 DNA 分子压缩在极小的空间内。生物体的 DNA 分子绝大多数以超螺旋的形式存在，超螺旋结构为 DNA 三级结构的主要形式。按照螺旋的方向不同，超螺旋结构分为正超螺旋和负超螺旋，正超螺旋中双螺旋圈数增加，负超螺旋中双螺旋圈数减少。图 3 – 5 为 DNA 的超螺旋结构示意图。

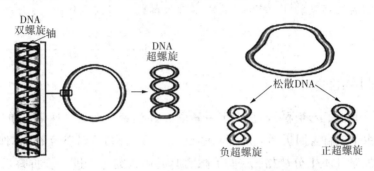

图 3 – 5 DNA 的超螺旋结构

原核生物的 DNA 大多为双链闭合环状 DNA，某些病毒 DNA、噬菌体 DNA 等也为环形。

2. 核小体、染色质和染色体 生物体的核酸通常与蛋白质结合，以核蛋白的形式存在，真核生物 DNA 与蛋白质结合形成染色体或染色质。

> **请 你 想 一 想**
> 己知 DNA 分子一条链的碱基序列，根据碱基互补规律能否得出其互补链的碱基序列？

细胞分裂间期，基因组以染色质形式存在，染色质的基本结构单位是核小体（图 3 – 6）。核小体含核心颗粒和连接区两个部分，核心颗粒由组蛋白 H2A、H2B、H3 和 H4 各两分子形成的八聚体和盘绕于组蛋白上的 DNA 构成，其中 DNA 以左手螺旋在组蛋白核心上盘绕 1.8 圈。核小体之间由结合组蛋白 H1 的 DNA 相连接，犹如一串念珠。核小体进一步盘绕成染色质纤丝，每圈含 6 个核小体。染色质纤丝可进一步组装成螺线圈，由螺线圈再组装成染色质。在细胞分裂期，染色质可进一步折叠螺旋化组装成染色体。

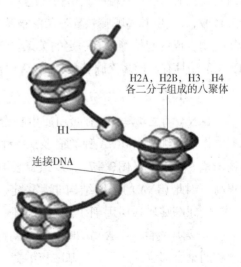

H2A、H2B、H3、H4 各二分子组成的八聚体

H1

连接DNA

图 3 – 6 核小体

人类基因组计划和我国基因组测序技术的进步

人类基因组计划和曼哈顿原子弹计划、阿波罗登月计划一起，被称为 20 世纪影响世界的三大科学工程。1990 年正式启动，我国于 1999 年加入，并承担 1%，即 3 号染色体短臂约 3000 万个碱基的测序任务。2001 年人类基因组序列草图公布，2003 年计划正式完成。第一个人类的基因组测序，美、英、法、德、日、中 6 个国家用了 13 年，花费约 38 亿美元才完成。

如今我国自主研发的 T7 测序仪将成本大大降低。只需 500 美元，最快 8 小时就能完成一个人的基因组测序，是当今全世界公开发售的通量最高的测序仪。

三、RNA 的空间结构

RNA 分子由核糖核苷酸通过 3′,5′-磷酸二酯键聚合而成，通常为单链线形分子。某些区域可由单链自身回折形成局部双螺旋（二级结构），碱基互补配对时 A 与 U 配对，G 与 C 配对（不十分严格），非互补区形成环状突起。进一步折叠后形成三级结构。除 tRNA 外，几乎所有 RNA 都与蛋白质结合形成了核蛋白复合物，发挥重要的生物学作用。

（一）mRNA 的空间结构

mRNA 为细胞内最不稳定的一类 RNA，其种类多，分子含有几百至几千个核苷酸残基不等。mRNA 作为指导蛋白质生物合成的直接模板，可通过转录将细胞核中的遗传信息携带出来。原核生物的 mRNA 转录后不需要加工，可直接指导蛋白质的生物合成。真核生物的 mRNA 需由其前体 hnRNA（核不均一 RNA）剪接后得到，成熟 mRNA 的结构特点有：①5′-端帽式结构，绝大多数真核生物 mRNA 5′端为 7-甲基鸟嘌呤核苷三磷酸，7-甲基鸟嘌呤核苷三磷酸被称为"帽子"。此结构与 mRNA 的稳定性及蛋白质生物合成的起始等都有一定的关系。②3′-端多聚腺苷酸尾巴，绝大多数真核生物 mRNA 3′端具有一段多聚腺苷酸（polyA）片段，该结构与 mRNA 的稳定性等有关。

（二）tRNA 的空间结构

1. tRNA 的二级结构　在蛋白质生物合成过程中，tRNA 具有识别密码子和转运氨基酸的作用。细胞内 tRNA 种类很多，每种氨基酸都有对应的 tRNA。所有 tRNA 的二级结构均呈三叶草形（图 3-7），双螺旋区构成臂，单链部分形成环，其中双螺旋结构比例很高，因此 tRNA 的二级结构非常稳定。三叶草结构由五部分组成，分别为氨基酸臂、二氢尿嘧啶环（DHU 环）、反密码环、TψC 环和可变环。

（1）氨基酸臂　富含鸟嘌呤，由 7 对碱基组成，末端序列总是 CCA-OH，是活化氨基酸的结合部位，又称为氨基酸接纳臂。

（2）二氢尿嘧啶环　由 8~12 个核苷酸组成，含有两个二氢尿嘧啶，故得名。另有 3～4 对碱基组成的双螺旋区与 tRNA 分子的其余部分相连。

（3）反密码环 由 7 个核苷酸组成。环中部的 3 个碱基可以与 mRNA 的密码子形成碱基互补配对，构成反密码子。次黄嘌呤核苷酸常出现于反密码子中。反密码环通过由 5 对碱基组成的双螺旋区与 tRNA 分子的其余部分相连。

（4）TψC 环 由 7 个核苷酸组成，靠近 3′-端的环结构，含有胸腺嘧啶（T）、假尿嘧啶（ψ）和胞嘧啶（C）而得名。除个别 tRNA 外，几乎所有 tRNA 在此环中均含有胸腺嘧啶（T）、假尿嘧啶（ψ）和胞嘧啶（C）序列。此环与核糖体的大亚基起作用，与自身三级结构折叠有关。

（5）可变环 在 TψC 环和反密码环之间，由 3～8 个核苷酸组成。不同 tRNA 具有不同大小的可变环，是 tRNA 分类的重要指标。

2. tRNA 的三级结构 tRNA 在三叶草结构的基础上进一步折叠形成三级结构，tRNA 具有"倒 L"形的三级结构（图 3-8）。在此结构中，氨基酸臂与反密码环分别位于"倒 L"形结构的两端，DHU 环与 TψC 环位于"倒 L"形结构的拐角上。

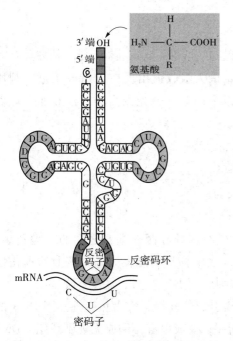

图 3-7 tRNA 的二级结构

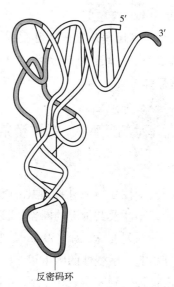

图 3-8 tRNA 的三级结构

第三节 核酸的理化性质

PPT

一、核酸的一般性质

1. 分子大小 核酸为高分子化合物，相对分子质量较大，分子大小通常用碱基数（b）与碱基对数（bp）表示。不同物种和不同类别的 DNA 与 RNA 的分子大小均有很大的差异。乙肝病毒 DNA 只有 3.2Kb 大小，痘病毒 DNA 有 300Kb 之大，是最大的一类 DNA 病毒。

请你想一想

核酸分子大小与物种的等级有无直接关系？

2. 溶解度 核酸均为极性化合物，微溶于水，不溶于乙醚、乙醇等有机溶剂。RNA 可溶于 0.14mol/L 的 NaCl 溶液中，DNA 可溶于 1mol/L 的 NaCl 溶液中。

3. 黏度 天然 DNA 为线形分子，即使很稀的 DNA 溶液也具有非常大的黏度。当 DNA 变性时，空间长度变短，黏度下降。黏度变化可作为 DNA 变性的指标。RNA 的黏度较 DNA 小。

4. 酸碱性 核酸分子中同时含有酸性的磷酸基与碱性的碱基，属于两性物质，在溶液中可发生两性电离，因磷酸基团酸性较强，碱基碱性较弱，多表现为酸性。DNA 双螺旋结构中配对碱基之间氢键的形成受其解离状态影响，pH 在 4.0～11.0 范围内时碱基对的结合最稳定。在此范围外，氢键容易断裂，DNA 会发生变性。

二、核酸的紫外吸收

请你想一想

能否利用紫外分光光度法判断核酸样品的纯度？依据是什么？

因嘌呤碱与嘧啶碱中含有共轭双键，核酸具有紫外吸收特征，最大吸收值出现在 260nm 附近。利用该特性，可以采用紫外分光光度法对核酸加以定性及定量分析。

三、核酸的变性、复性及杂交

（一）核酸的变性

核酸的变性是指在某些理化因素影响下，核酸双螺旋区碱基对之间的氢键断裂，变成单链，不涉及共价键的断裂。核酸变性后，除生物学功能丧失外，核酸的理化性质会发生一系列变化，如 260nm 紫外吸光度值增加（增色效应），黏度下降。

能够引起核酸变性的因素很多。由温度升高引起的变性，称为热变性。当 DNA 的稀盐溶液被加热到 80～100℃时，双螺旋氢键断裂，变成单链，形成无规则线团。DNA 变性作用往往发生在一个很窄的温度范围内，突然快速完成。通常把加热变性时 DNA 解链一半时的温度称为该 DNA 的熔点或熔解温度（Tm）。Tm 值的高低与 DNA 的均一性、G～C 含量、介质中的离子强度有关。

RNA 也可变性，但由于 RNA 只具有局部双螺旋区，因此双螺旋到线团之间的转变不如 DNA 明显。

（二）核酸的复性

核酸的复性是指在适当条件下，变性 DNA 可使彼此分开的两条链通过氢键重新缔合为双螺旋结构。DNA 复性后可恢复很多理化性质。热变性的 DNA 在缓慢冷却时，可复性，该过程称为退火。DNA 片段越小，浓度越大，复性越快。若将热变性的 DNA 骤然冷却至 4℃ 以下，DNA 几乎不可能复性。

（三）核酸的杂交

将不同来源核酸分子，经热变性后缓慢冷却，在复性过程中可发生杂交，结合形成杂交双链核酸。杂交不仅可发生在 DNA 与 DNA 之间，也可发生在 DNA 与互补的 RNA 之间。核酸杂交在分子生物学及分子遗传学研究中应用十分广泛。

四、聚合酶链式反应

聚合酶链式反应又称 PCR，是目前应用最广泛、最流行的体外扩增 DNA 技术。自然状态下提取的 DNA 样本浓度一般较低，通常都要通过 PCR 扩增后，才能进行测序、对比、转基因等后续操作。PCR 循环主要分为三步，变性、退火、延伸。每经历一轮循环，DNA 的数量便会增加一倍。

PCR 过程需要进行几十个循环，因此耐高温、可反复利用的 DNA 聚合酶成为该过程的关键。除此之外该反应体系还需要适量 DNA 模板、特异性引物及 4 种 dNTP 原料等。热循环的三个温度分别为：变性 94℃、45 ~ 60 秒，退火（引物与模板的 $Tm - 2℃$）1 分钟，延伸 72℃、1 分钟。开始热变性 5 ~ 10 分钟，最后延伸 10 分钟。几十个循环结束，便可扩增出大量 DNA。扩增完成后取一定量反应产物进行检测，通常先进行凝胶电泳，再用溴化乙锭染色后进行紫外检测。20 世纪 80 年代 PCR 自动化热循环仪的出现，让 PCR 过程实现自动化；如今 PCR 操作已经非常简单，加样完毕放入 PCR 仪一段时间后，便可得到大量目标 DNA。

PCR 技术主要可应用于遗传病和某些疑难病的诊断及孕妇的产前检查、病原体的检测、法医和刑侦鉴定、癌基因的检查、基因组测序、基因突变分析、基因探针的制备、基因的分离和克隆、DNA 重组等。

你知道吗

2019 年新冠病毒（COVID – 19）核酸检测全流程

一套完整的 COVID – 19 核酸检测流程包括预处理、逆转录、PCR。预处理过程主要是将各咽拭子样本管分装到有保存液的孔板里进行灭活。逆转录过程是把每份咽拭子里的病毒 RNA 提取出来，转化为 DNA。最后通过 PCR 仪检测判断是阳性或是阴性。

考虑到成本和收益，需要对检测对象进行分类。如密接人群做单管，非密接做"3 混 1"或"5 混 1"。混检分干混与湿混。干混指若干人的咽拭子样本放到 1 个采样管里，检测 1 个管，相当于检测了这些人的样本。如果出现阳性，需要再用单管检测一遍。湿混指每个人的采样管到实验室内再进行混样和检测。

核酸检测的原理是通过 PCR，大约做 40 个循环后辨别所达到的荧光强度阈值，反推核酸样本中的起始浓度。越早达到阈值的样品病毒浓度最高，以此鉴别其中的阳性或阴性。

第四节　核酸类药物

PPT

一、核酸类药物概述

随着人们对核酸类物质的深入研究，核酸类药物得到了迅猛发展。核酸类药物为具有预防、治疗、诊断作用的碱基、核苷、核苷酸、核酸及其类似物或衍生物的统称，主要通过参与代谢，增强正常的机体活动或干扰某些异常的机体活动而发挥作用。

核酸类药物主要有两大类。一类为具有天然结构的核酸类物质，其为生物体合成的原料或体内物质合成或代谢过程中的辅酶，可改善机体的物质与能量代谢，加速受损组织的恢复，促进病态组织恢复正常的生理功能，可用于血小板减少症、急慢性肝炎、白细胞减少症等疾病的治疗。另一类为核苷酸、核苷、碱基的结构类似物或聚合物，与天然核酸类物质结构相似，可拮抗病毒体内天然核酸发挥作用，使病毒复制终止，此类药物在治疗病毒感染、恶性肿瘤等方面应用广泛。

核酸类药物根据化学结构与组成不同，可分为以下四类。

1. 碱基及其衍生物　多数是经过人工化学修饰的碱基衍生物，主要有氟尿嘧啶、氟胞嘧啶、别嘌呤醇、氯嘌呤等。

2. 核苷及其衍生物　按照核苷中的碱基或戊糖的不同分为以下几类。①脱氧核苷类：有脱氧硫鸟苷、氮杂脱氧胞苷、三氟胸苷等。②腺苷类：有腺苷、阿糖腺苷、腺苷甲硫氨酸、嘌呤霉素等。③胞苷类：有阿糖胞苷、氮杂胞苷、氟环胞苷等。④尿苷类：有尿苷、氮杂尿苷、氟苷、碘苷等。⑤肌苷类：有肌苷、异丙肌苷、肌苷二醛等。

3. 核苷酸及其衍生物　①单核苷酸类：有腺苷酸、尿苷酸、环腺苷酸、辅酶A等。②核苷二磷酸类：有胞二磷胆碱、尿二磷葡萄糖等。③核苷三磷酸类：有腺苷三磷酸、鸟苷三磷酸、胞苷三磷酸、尿苷三磷酸等。④核苷酸类混合物：有5′-核苷酸、脱氧核苷酸、2′,3′-核苷酸等。

4. 多核苷酸　①二核苷酸类：主要有黄素腺嘌呤二核苷酸、辅酶Ⅰ等；②多核苷酸类：DNA、RNA、聚肌胞苷酸、聚腺尿苷酸等。

部分常见核酸类药物的用途见3-4。

表3-4　部分常见核酸类药物的用途

药物	用途
肌苷	抢救变异型心绞痛和急性心肌梗死、心力衰竭等，参与糖代谢、蛋白质合成，提高各种酶活力，提高肺功能，促进受损肝脏修复
阿糖腺苷	对单纯疱疹Ⅰ、Ⅱ型，带状疱疹、牛痘等DNA病毒在体内有明显的抑制作用；临床上用于治疗疱疹性角膜炎、单纯疱疹脑炎等疾病
阿糖胞苷	用于急性粒细胞白血病和急性淋巴细胞白血病
腺苷三磷酸	用于心力衰竭、心肌炎、心肌梗死、脑动脉硬化、冠状动脉硬化、急性脊髓灰质炎、进行性肌肉萎缩、急慢性肝炎、耳鸣的治疗

续表

药物	用途
别嘌呤醇	用于慢性痛风病，尤其是痛风性肾病的治疗
5-氟尿嘧啶	对乳房、结肠、直肠的腺癌及卵巢癌有确切疗效，对肺腺癌、宫颈癌、胰腺癌等有一定疗效
聚肌胞苷酸	用于肿瘤、血液病、病毒性肝炎等多种疾病治疗

二、核酸的提取制备、分离纯化和含量测定

为保持核酸在生物体内的天然状态，防止核酸的降解与变性，核酸提取制备过程中，应采用温和的条件，防止过酸、过碱，避免剧烈搅拌，尤其应注意避免核酸酶的作用。

（一）核酸的提取

真核生物中天然核酸大多数与碱性蛋白（组蛋白）结合后以核蛋白的形式存在。核酸提取时首先应破碎细胞，利用两类核蛋白在不同浓度的氯化钠溶液中溶解度的不同将核蛋白从破碎后的细胞匀浆中提取出来，之后用常用蛋白质变性剂（苯酚）、去垢剂（十二烷基硫酸钠 SDS）或蛋白酶等处理，去除蛋白成分得到核酸溶液。最后用乙醇等沉淀核酸，进行纯化。

核酸的糖苷键及磷酸酯键可被酸、碱和核酸酶水解，因此为保持核酸的天然状态，在提取核酸过程中通常加入核酸酶抑制剂，同时应避免过高的酸碱度，以防止核酸的降解。此外，核酸分子的完整性可被高温、搅拌等因素破坏，因此提取核酸时应在低温（0℃左右）下进行，且不可剧烈搅拌。

（二）核酸的制备

核酸类药物可通过发酵法制备。发酵法制备核酸时，首先应进行菌种制备，发酵后去除蛋白成分，最后通过离心获得核酸溶液。

（三）核酸的分离纯化

核蛋白经提取得到后，需纯化去除其中的蛋白成分。

1. DNA 的分离纯化 可采用以下方法。

（1）苯酚法 将 Tris 饱和苯酚与 DNP（DNA 与碱性蛋白结合的核蛋白）混合振荡后冷冻离心。分层时，水层在上，苯酚层在下。DNA 存在于上层水相中，不溶性变性蛋白质残留物位于中间界面，一部分变性蛋白质存在于苯酚层内。如此反复操作多次以完全除去蛋白质，之后在有盐存在的条件下，加入冷乙醇沉淀 DNA，用乙醚和乙醇洗涤沉淀后可得纯化后的 DNA。

（2）去垢剂法 利用十二烷基硫酸钠等去垢剂使蛋白质变性后将 DNA 与蛋白质分离。

（3）酶法 利用蛋白酶使蛋白质水解，从而将 DNA 与蛋白质分离。利用核糖核酸

酶使 RNA 水解，去除 DNA 制品中的少量 RNA 杂质。

2. RNA 的分离纯化　可采用以下方法。

（1）苯酚法　将水饱和苯酚与 RNA 蛋白液混合，离心后，RNA 存在上层水相中，蛋白质和 DNA 存在酚层内，之后进一步分离。

（2）去垢剂法　利用十二烷基硫酸钠等去垢剂使蛋白质变性后将 RNA 与蛋白质分离。

（3）盐酸胍法　盐酸胍为核酸酶的强抑制剂，可将 RNA 从富含 RNA 的组织中提取出来。

（四）核酸的含量测定

1. 紫外吸收法　利用核酸的紫外吸收特性，测定 DNA 或 RNA 溶液在 260nm 波长下的 A_{260} 值，计算得到样品中的核酸含量。

2. 定磷法　核酸分子磷的含量比较恒定（DNA 含磷量约 9.2%，RNA 含磷量 8.5% ~ 9.0%），通过测定其磷含量计算得到样品中的核酸含量。磷的测定常用钼蓝比色法。首先用强酸将核酸分子中的有机磷水解为无机磷，在酸性条件下，无机磷与钼酸作用生成磷钼酸，在还原剂作用下磷钼酸被还原成钼蓝，其最大吸收峰在 660nm 处，用比色法即可测定出 RNA 样品中的含磷量。

3. 定糖法　RNA 和 DNA 中含有戊糖，利用戊糖的颜色反应可对核酸进行定量测定。当 RNA 与浓硫酸一起加热时，RNA 分子中的核糖转化为糠醛。糠醛与地衣酚（甲基苯二酚）在 Fe^{3+} 催化下反应呈鲜绿色，其最大吸收峰在 670nm 处。DNA 分子在酸性环境下与二苯胺一起加热时，分子中的脱氧核糖可与二苯胺反应生成蓝色化合物，其最大吸收峰在 595nm 处。

实训三　植物组织中 DNA 的提取和纯度鉴定

一、实训目的

掌握从植物组织中提取 DNA 的原理；熟悉从植物组织中提取 DNA 的方法；掌握 DNA 纯度鉴定的原理；熟悉 DNA 纯度鉴定的方法。

二、实训原理

脱氧核糖核酸（DNA）是所有生物细胞中重要的大分子物质。植物组织中 DNA 与蛋白质结合成核蛋白（DNP），存在于细胞核中。提取分离核酸时，需将核酸与蛋白质分离，去除蛋白质、多糖等杂质。DNA 分离纯化时可采用去垢剂法，利用十二烷基硫酸钠等去垢剂使蛋白质变性后将 DNA 与蛋白质分离。

因破碎细胞时，脱氧核糖核酸酶会被释放到提取液中降解 DNA，影响 DNA 提取率，在提取缓冲液中可加入适量的柠檬酸盐和 EDTA，其既可抑制酶的活性又可使蛋白质变性而与核酸分离。之后加入十二烷基硫酸钠（SDS）或氯仿 – 异戊醇除去蛋白，离心后得到的上清液中含有核酸。然后用 95% 的预冷乙醇把 DNA 从除去蛋白质的提取液中沉淀出来。

DNA 的纯度鉴定采用紫外分光光度法，主要利用核酸具有紫外吸收特征，其最大吸收值出现在 260nm 附近，而蛋白质的最大吸收值出现在 280nm 附近，根据 A_{260} 与 A_{280} 的比值判断蛋白质杂质是否去除干净。

三、实训器材

1. 试剂

（1）研磨缓冲液 称取 59.63g NaCl，13.25g 柠檬酸三钠，37.2g EDTA – Na 分别溶解后合并为一，用 0.2mol/L 的 NaOH 调至 pH 7.0，并定容至 1000ml。

（2）十二烷基硫酸钠（SDS）化学试剂的重结晶 将 SDS 放入无水酒精中达到饱和为止，然后在 70~80℃ 的水浴中溶解，趁热过滤，冷却之后即将滤液放入冰箱，待结晶出现再置室温下晾干待用。

（3）氯仿 – 异戊醇 按 24ml 氯仿和 1ml 异戊醇混合。

（4）5mol/L 高氯酸钠溶液 称取 $NaClO_4 \cdot H_2O$ 70.23g，先加入少量蒸馏水溶解再定容至 100ml。

（5）95% 乙醇。

（6）10×SSC 溶液 称取 87.66gNaCl 和 44.12g 柠檬酸三钠，分别溶解，一起定容至 1000ml。

（7）1×SSC 溶液 用 10×SSC 溶液稀释 10 倍。

（8）0.1×SSC 溶液 用 1×SSC 溶液稀释 10 倍。

（9）核糖核酸酶（Rnase）溶液 用 0.14mol/L NaCl 溶液配制成 25mg/ml 的酶液，用 1mol/L HCl 调节 pH 至 5.0，使用前经 80℃ 水浴处理 5min，以破坏可能存在的 Dnase。

（10）0.14mol/L NaCl。

（11）1mol/L HCl。

（12）0.2mol/L NaOH。

（13）1.0mol/L 高氯酸溶液（$HClO_4$）。

（14）0.5mol/L 高氯酸溶液。

（15）0.05mol/L NaOH。

（16）DNA 标准液 称取标准 DNA 25mg 溶于少量 0.05mol/L NaOH 中，再用 0.05mol/L NaOH 定容至 25ml，然后用移液管吸取此液 5ml 至 50ml 容量瓶中，加 5.0ml 1mol/L $HClO_4$，混合冷却后用 0.5mol/L $HClO_4$ 定容至刻度，则得 $100\mu g/ml$ 的标准溶液。

2. 器材 研钵等器皿、具塞刻度试管、磨口三角瓶、UV – 120 分光光度计、离心机、水浴锅。

3. 材料 新鲜植物（去胚乳的小麦芽、新鲜花椰菜等）。

四、实训方法和步骤

1. DNA 的提取与纯化

（1）称取去胚乳小麦芽 10g（或其他植物幼嫩组织）剪碎置研钵中，加 10ml 预冷研磨缓冲液并加入 0.1 g 左右的 SDS，置冰浴上研磨成糊状。

（2）将匀浆无损转入 25ml 刻度试管中，加入等体积的氯仿 – 异戊醇混合液，加上塞子，剧烈振荡 0.5min，转入离心管，静置片刻以除去组织蛋白质。接着以 4000r/min 离心 5min。

（3）离心后，形成三层，小心地吸取上层清液至刻度试管中，弃去中间层的细胞碎片、变性蛋白质及下层的氯仿。

（4）将试管置 72℃ 水浴中保温 3min（不超过 4min），以灭活组织的 Dnase，然后迅速取出试管置冰水浴中冷却到室温，加 5mol/L 高氯酸钠溶液（提取液与高氯酸钠溶液体积比为 4 : 1），使溶液中高氯酸钠的最终浓度为 1mol/L。

（5）再次加入等体积氯仿 – 异戊醇混合液至大试管中，振荡 1min，静置后在室温下离心（4000r/min）5min 后，取上清液置小烧杯中。

（6）用滴管吸取 95% 的预冷乙醇，慢慢地加入烧杯中上清液的表面，直至乙醇的体积为上清液的两倍，用玻璃棒轻轻搅动。此时核酸迅速以纤维状沉淀缠绕在玻璃棒上。

（7）将核酸沉淀物在烧杯内壁上轻轻挤压，以除去乙醇，先用 5ml 的 0.1×SSC 溶液溶解，然后加入 0.5ml 左右的 10×SSC，使最终浓度为 1×SSC。

（8）重复第（6）步骤和第（7）步骤即得到 DNA 的粗制品。

（9）加入已处理的 Rnase 溶液，并在 37℃ 水浴中保温 30min，以除去 RNA。

（10）加入等体积的氯仿 – 异戊醇混合液，在三角瓶中振荡 1min，再除去残留蛋白质及所加 Rnase 蛋白，在室温下以 4000r/min 离心 5min，收集上层水溶液。

（11）再按（6）、（7）步骤处理即可得到纯化的 DNA 液（若不做（8）–（11）步，得到的是粗制品）。

2. DNA 的纯度鉴定 核酸类物质含有嘌呤碱和嘧啶碱，这些碱基中都有共轭双键，在紫外区 260nm 处有最高吸收峰，230nm 处有最低吸收峰，纯化的 DNA 在 UV – 120 紫外分光光度计测得 $A_{260}/A_{230} \geq 2$ 即为 DNA 的典型吸收峰，表示 RNA 已经除净；测得 $A_{260}/A_{280} \geq 1.8$ 表示蛋白质含量不超过 0.3%。只要将第（7）步提出的 DNA 粗制品溶解并定容至 5ml，即可上机测定。

五、思考题

1. 去垢剂法提取 DNA 时，除可选用 SDS 作为去垢剂外，还可以选择哪些去垢剂？

2. 在提取 DNA 时为何通常采用 1mol/L NaCl 溶液？

目标检测

一、选择题

（一）单项选择题

1. 组成核酸的基本结构单位是（   ）

    A. 碱基   B. 核苷   C. 单核苷酸   D. 多核苷酸

2. 只存在于 RNA 中的碱基是（   ）

    A. 腺嘌呤   B. 鸟嘌呤   C. 胞嘧啶   D. 尿嘧啶

3. 单核苷酸之间的连接键是（   ）

    A. 3′,5′–磷酸二酯键   B. 氢键

    C. 糖苷键   D. 二硫键

4. DNA 的二级结构为（   ）

    A. 三叶草形   B. 双螺旋结构   C. 倒 L 形   D. 超螺旋结构

5. 已知某 DNA 片段的一段碱基序列为 5′–CATGCTA–3′，互补的另一段为（   ）

    A. 3′–GTACGAT–5′   B. 3′–GTTCGAT–5′

    C. 3′–GTACGAG–5′   D. 3′–GUACGAT–5′

6. 核酸的最大吸收波长为（   ）

    A. 260nm   B. 270nm   C. 280nm   D. 290nm

7. tRNA 的三级结构为（   ）

    A. 双螺旋结构   B. 超螺旋结构   C. 三叶草形   D. 倒 L 形

8. DNA 变性后会发生的变化是（   ）

    A. 磷酸二酯键断裂   B. 黏度增高

    C. A_{260} 减小   D. 双链间氢键断裂

9. 催化聚合酶链反应的酶是（   ）

    A. DNA 聚合酶   B. Tap DNA 聚合酶

    C. RNA 聚合酶   D. 逆转录酶

10. DNA 与 RNA 完全水解后，产物特点为（   ）

    A. 戊糖不同，碱基相同   B. 戊糖相同，碱基不同

    C. 戊糖不同，部分碱基不同   D. 戊糖相同，碱基相同

11. 核酸具有紫外吸收能力，是因为（   ）

    A. 嘌呤和嘧啶环中有共轭双键   B. 嘌呤和嘧啶环中有 N 原子

    C. 核酸分子中有磷酸基团   D. 嘌呤和嘧啶环与戊糖相连

12. DNA 和 RNA 的区别不包括（   ）

    A. 碱基不同   B. 戊糖不同   C. 含磷量不同   D. 功能不同

13. 可用于测定生物样品中核酸含量的元素为（   ）

A. P 元素　　　　　B. N 元素　　　　　C. O 元素　　　　　D. H 元素

14. 核酸分子中储存、传递遗传信息的关键部分是（　　）

A. 核苷　　　　　B. 戊糖　　　　　C. 磷酸　　　　　D. 碱基序列

15. DNA 变性是指（　　）

A. DNA 分子由超螺旋变为双螺旋　　　B. 分子中磷酸二酯键断裂

C. 互补碱基之间氢键断裂　　　　　　D. DNA 分子中碱基水解

（二）多项选择题

1. DNA 二级结构具有的特点是（　　）

A. 两条 DNA 链的反向平行　　　　　B. 两条链的互补碱基通过氢键相连

C. 螺旋每周含有 10 个碱基对　　　　D. 双螺旋的直径大约为 2nm

E. 为单链结构，但局部可形成双螺旋

2. 核酸中的稀有碱基有（　　）

A. 5,6 – 二氢尿嘧啶　　　　　　　　B. 5 – 甲基胞嘧啶

C. 1 – 甲基鸟嘌呤　　　　　　　　　D. 尿嘧啶

E. 次黄嘌呤

3. DNA 和 RNA 分子中共有的碱基为（　　）

A. 腺嘌呤　　　　　B. 鸟嘌呤　　　　　C. 胞嘧啶

D. 尿嘧啶　　　　　E. 胸腺嘧啶

4. 下列药物中属于核酸类药物的是（　　）

A. 阿糖腺苷　　　　　B. 别嘌呤醇　　　　　C. 核酸酶

D. 腺嘌呤　　　　　　E. 聚肌胞苷酸

5. 下列有关 RNA 的叙述，正确的是（　　）

A. RNA 分子局部有双螺旋

B. RNA 不具有三级结构

C. RNA 不需要形成高级结构就可发挥其活性

D. RNA 主要分布于细胞核中

E. RNA 参与蛋白质生物合成

二、思考题

35 岁患者因腹泻入院检查，医生采用基因探针技术对病原菌进行检测，试利用核酸化学的知识阐述基因探针检测技术的原理。

书网融合……

微课

划重点

自测题

第四章 酶

学习目标

知识要求

1. **掌握** 酶的概念，酶的化学本质，酶促反应的特点，酶的化学组成，酶的活性中心与必需基团，影响酶促反应的因素。

2. **熟悉** 酶原及酶原激活的概念及意义，同工酶的概念及应用，共价修饰酶和变构酶的概念，酶催化作用的基本原理。

3. **了解** 酶的命名与分类，酶的催化机制，酶类药物。

能力要求

能够运用酶学知识解释一些疾病的诊断和治疗机制。

几千年前，人们已经开始利用酶（enzyme，E），如酿酒、制作饴糖和酱、治疗消化不良等。但到 1878 年，"酶"的概念才被 Kuhne 提出。1926 年，Sumner 从刀豆中分离获得了脲酶结晶，并证明了脲酶的化学本质是蛋白质。1981 年，Cech 又发现 RNA 也具有酶的催化活性，提出"核酶"的概念。1994 年，Breaker 和 Cuenoud 等又报道了具有催化活性 DNA 片段，称为脱氧核酶。

目前，关于酶的研究已得到飞速发展。相关的研究成果在指导医疗实践、工农业生产等方面发挥了巨大作用，为催化剂的设计、药物的设计、药物的转化、疾病的诊断和治疗、农作物选育种等方面的研究提供了理论依据和新的思路。

第一节 概 述

PPT

实例分析

实例 患者，女，4 岁半。因消化不良就诊，医生给予多酶片治疗。多酶片是胃蛋白酶和胰酶制成的复方制剂，在酸性条件下可被破坏，医生嘱其家长不可研碎服用。

分析 1. 酶的本质是什么？

2. 为什么多酶片不能研碎服用？

一、酶的概念

酶是由活细胞产生的，能够在体内外起催化作用的一类生物催化剂。除少数具有催化活性的核酸之外，大多数酶的化学本质都是蛋白质。在生物体内，无时无刻不在进行着新陈代谢，而构成新陈代谢的各种各样、复杂而有规律的化学反应，都是在酶的催化下进行的。生物的生长发育、繁殖、遗传、运动、神经传导等各项生命活动都离不开酶的催化作用，酶含量或酶活性的改变，都会引起体内代谢的异常甚至生命活动的停止。

请你想一想

1. 为什么长时间咀嚼馒头就会觉得有甜味？

2. 为什么采摘后的玉米放几天后甜味会下降？

其中，酶所催化的化学反应称为酶促反应，所催化的物质称为底物（substrate，S），酶促反应生成的物质称为产物（product，P）。酶所具有的催化能力称为酶活性，酶活性的高低可以用酶促反应的快慢即酶促反应速度来表示，酶促反应速度越大，酶活性越高。某些理化因素的存在可以导致酶的构象被破坏，使酶失去催化能力，称为酶的失活。

二、酶促反应的特点

（一）酶与一般催化剂的共性

与一般催化剂一样，酶只能催化热力学允许的化学反应，缩短反应达到平衡的时间，而不改变反应的平衡常数。在化学反应前后，酶本身没有变化。

（二）酶作为生物催化剂的特点

酶作为生物催化剂，除具有一般催化剂的共性外，还有其自身的特点。

1. 具有高度的专一性　酶对所催化的底物具有一定的选择性，一种酶只能催化一种或一类化合物，或一定的化学键，促进一定的化学变化，生成一定的产物。这种酶对底物的选择性称为酶的专一性或特异性。酶作用的专一性是酶最重要的特点之一，也是酶区别于一般化学催化剂的一个重要特征。

根据对底物选择性的严格程度，酶的专一性可分为绝对专一性、相对专一性和立体异构专一性三种类型。

（1）绝对专一性　具有绝对专一性的酶对底物有严格的选择性，只能作用于一种特定的底物。如脲酶只能催化尿素水解生成 CO_2 和 NH_3，但不能催化甲基尿素等其他一切尿素的衍生物；麦芽糖酶只能作用于麦芽糖，而对其他二糖均不起作用。

（2）相对专一性　具有相对专一性的酶对底物的选择性不太严格，可以作用于一类化合物或一种化学键。如胰蛋白酶专一水解赖氨酸或精氨酸羧基形成的肽键，而对肽键的氨基部分没有严格要求。

（3）立体异构专一性　当底物具有立体异构体时，具有立体异构专一性的酶只能作用于其中一种立体异构体。如 L-乳酸脱氢酶只能催化 L-乳酸脱氢，而对 D-乳酸不起作用。

为解释酶的专一性，科学家提出了一系列学说。其中 Fischer 提出的"锁钥学说"认为，酶与底物结合时，底物的结构和酶活性中心的结构必须互补，就好像一把钥匙开一把锁一样。酶这种固定不变的互补形状，使其只能与对应的底物契合，从而排斥了那些形状、大小不适合的化合物。但科学家后来发现，当底物与酶结合时，酶分子上的某些基团常常发生明显的变化；另外，酶常常能够催化同一个化学反应中正逆两向反应。因此，"锁钥学说"把酶的结构看成是固定不变的，是不符合实际的。于是，又有科学家提出，酶是通过"诱导契合"作用实现与底物的结合的，酶的结构并不是固定不变的，这就是 Koshland 提出的"诱导契合学说"。该学说认为，酶分子的结构最初并不与底物完全吻合，而是在酶与底物相互接近时，酶分子受到底物的诱导，构象发生了相应的变化后才能与底物互补契合，形成酶－底物中间复合物，并引起底物发生相应反应。这种方式就如同一只手伸进手套之后，才诱导手套的形状发生变化一样。反应结束，当产物从酶上脱落下来后，酶的活性中心又恢复了原来的构象。后来，科学家对羧肽酶等进行了 X 射线衍射研究，研究的结果有力地支持了这一学说，证明酶与底物结合时，的确有显著的构象改变。

2. 具有极高的催化效率   酶的催化效率非常高。通常，酶促反应速率比一般催化剂的反应速率高 $10^7 \sim 10^{13}$ 倍，比无催化剂的反应速率高 $10^8 \sim 10^{20}$ 倍。如刀豆脲酶催化尿素水解时，其反应速率比无催化剂时的反应速率快 10^{14} 倍。碳酸酐酶在催化 CO_2 与 H_2O 反应生成 H_2CO_3 时，其反应速率比非酶催化时的反应速率快 10^7 倍。

3. 具有高度不稳定性   因为大多数酶的化学本质是蛋白质，比较容易受到外界条件的影响，凡是能使它们变性的因素如高温、强酸、强碱、重金属盐、紫外线、X 射线等，都容易使酶失活。所以酶所催化的反应，一般都是在比较温和的条件下进行的，如常温、常压、接近中性的酸碱度等。

4. 活性可调节   酶的活性受到多种因素的调控，以使机体适应内外环境的变化，维持正常的生命活动。一旦失去调控，就会导致机体的代谢紊乱，产生疾病，甚至死亡。细胞内酶活性调节的方式有很多，主要有变构调节、抑制剂或激活剂调节、反馈调节、激素调节和酶浓度调节等。

（1）变构调节   一些代谢物可以与某些酶分子活性中心外的部位进行可逆地非共价结合，从而调节酶的活性。

（2）抑制剂或激活剂调节   酶的抑制剂可以降低酶活性，激活剂可以提高酶活性。

（3）反馈调节   许多小分子物质的合成是一系列化学反应组成的，催化此物质生成的第一步的酶的活性，往往被它们的终端产物所抑制。

（4）激素调节   激素通过与细胞膜或细胞内受体相结合而引起一系列生物学效应，进而调节酶的催化活性。

（5）酶浓度调节   机体可以通过诱导或抑制酶的合成或控制酶的降解来调节酶的浓度，进而调节酶活性。

三、酶的命名与分类

目前，在生物体内发现的酶已有数千种，有数百种已得到结晶。随着生命科学的发展，还会有更多的酶被发现。为了方便对为数众多的酶进行研究和使用，需要对酶进行命名和分类。

（一）酶的命名

1961 年，国际酶学委员会提出了酶的命名原则，每一种酶有系统名称和习惯名称。

1. 习惯命名法

（1）根据其所催化的底物来命名，如催化蛋白质水解的酶称为蛋白酶，催化淀粉水解的酶称为淀粉酶等。有时还会在底物的名称前冠以酶的来源或其他特点，如唾液淀粉酶、胃蛋白酶和碱性磷酸酶等。

（2）根据其所催化的反应性质来命名，如催化底物水解的酶称为水解酶，催化底物间氨基转移的酶称为转氨酶，催化底物氧化脱氢的酶称为脱氢酶等。

（3）综合上述两方面来命名，如乳酸脱氢酶是催化乳酸脱氢反应的酶。

习惯命名法简单易记，使用方便，应用历史较长。但由于缺乏系统性，有时会出现一酶多名或一名多酶的现象。

2. 系统命名法　系统命名法是以酶所催化的整体反应为基础的，规定酶的名称应标明酶的底物名称、构型及酶所催化的化学反应的性质，如果底物不止一个，则各底物间用"："隔开。如催化下列反应的酶命名是 ATP：D - 葡萄糖磷酸转移酶，表示该酶催化从 ATP 中转移一个磷酸到葡萄糖分子上的反应。

$$ATP + D - 葡萄糖 \longrightarrow ADP + D - 葡萄糖 - 6 - 磷酸$$

系统命名法命名严谨，一种酶只有一种名称；但名称一般长且繁杂，使用起来较不方便。一般叙述时常采用习惯名称。

（二）酶的分类

国际酶学委员会按照酶促反应的类型，将酶分为以下六大类，分别用数字 1、2、3、4、5、6 来表示。

1. 氧化还原酶类　指催化底物进行氧化还原反应的酶类，如琥珀酸脱氢酶、黄嘌呤氧化酶等。

2. 转移酶类　指催化底物之间进行某种基团的交换或转移的酶类，如氨基转移酶、甲基转移酶等。

3. 水解酶类　指催化底物发生水解反应的酶类，如淀粉酶、蛋白酶、脂肪酶等。

4. 裂合酶类（或裂解酶类）　指催化从底物中移去一个基团而形成双键的非水解性反应或其逆反应的酶类，如柠檬酸合成酶、醛缩酶等。

5. 异构酶类　指催化同分异构体间相互转化的酶类，如磷酸己糖异构酶、顺乌头酸酶等。

6. 合成酶类（或连接酶类）　指催化两种物质合成一种新物质反应的酶类，且该反应有 ATP 的消耗。如氨酰 tRNA 连接酶、丙酮酸羧化酶等。

另外，根据底物中被作用的基团或化学键的特点，再将上述每一大类分为若干亚类，用数字 1、2、3……编号；每一个亚类又可再分为亚亚类，仍用数字 1、2、3……

编号，每一亚亚类中可以包含若干个具体的酶。这样每一个酶的分类编号就由 4 个数字组成，数字中间用"."隔开，前面再冠以 EC。

如上述 ATP：D – 葡萄糖磷酸转移酶的分类编号是：EC2. 7. 1. 1。EC 代表按国际酶学委员会的规定命名，第 1 个数字"2"代表酶的分类名称（转移酶类），第 2 个数字"7"代表亚类（磷酸转移酶类），第 3 个数字"1"代表亚 – 亚类（以羟基作为受体的磷酸转移酶类），第 4 个数字"1"代表该酶在亚 – 亚分类中的排号（D – 葡萄糖作为磷酸基的受体）。

你知道吗
_____

喝酒易脸红的原因

酒精，也就是乙醇，进入人体后主要在肝脏中进行代谢。首先在乙醇脱氢酶的催化下，乙醇被氧化成为乙醛，然后在乙醛脱氢酶的催化下转化为乙酸，最后乙酸以乙酰 CoA 的形式进入三羧酸循环，彻底氧化生成 CO_2 和 H_2O，同时释放出大量能量。喝酒易脸红的人通常拥有高效的乙醇脱氢酶，能迅速将乙醇转化成乙醛，但体内的乙醛脱氢酶不足或活性较低，乙醛代谢较慢，所以体内乙醛迅速累积。乙醛能刺激体内肾上腺素和去甲肾上腺素的分泌，出现面部潮红、心跳加快等。

乙醇在体内代谢时，其代谢产物和产生的高热量，可导致一系列的代谢紊乱等，严重危害身体健康，所以在日常生活中要注意适度饮酒。

第二节 酶的化学组成

PPT

不同的酶，其化学组成也不同。根据其化学组成，可将酶分为以下两类。

1. 单纯酶 这类酶结构简单，仅由蛋白质组成，除蛋白质外，不含其他成分。如蛋白酶、淀粉酶、脂肪酶、核糖核酸酶、纤维素酶、脲酶等。

2. 结合酶 这类酶由蛋白质部分和非蛋白质部分组成，也称为全酶。如转氨酶、大多数氧化还原酶类等。

结合酶中，蛋白质部分称为酶蛋白，非蛋白质部分称为辅助因子，二者结合在一起，形成全酶。只有全酶才具有催化活性，酶蛋白与辅助因子分开均无催化功能。

辅助因子主要包括一些金属离子和小分子的有机化合物，金属离子常见的有 K^+、Ca^{2+}、Mg^{2+}、Fe^{2+}、Fe^{3+} 等（表 4 – 1），小分子有机化合物主要是维生素及其衍生物等（表 4 – 2）。按照与酶蛋白结合的牢固程度，辅助因子可分为辅酶和辅基两种。其中辅酶与酶蛋白结合疏松，可用透析、超滤等方法除去，如辅酶Ⅰ、辅酶Ⅱ等；而辅基常常以共价键与酶蛋白结合紧密，不易用透析、超滤等方法除去，需要经过一定的化学处理才能与酶蛋白分开，如细胞色素氧化酶中的铁卟啉、丙酮酸氧化酶中的黄素腺嘌呤二核苷酸等。

表 4 - 1　金属离子作为酶分子中的辅助因子

金属离子	酶
K^+	丙酮酸激酶（也需要 Mg^{2+}）
Na^+	质膜 ATP 酶（也需要 K^+ 和 Mg^{2+}）
Ca^{2+}	α - 淀粉酶（也需要 Cl^-）
Mg^{2+}	己糖激酶
Zn^{2+}	羧基肽酶
Mn^{2+}	精氨酸酶
Fe^{2+} 或 Fe^{3+}，Cu^{2+}	细胞色素氧化酶
Mo^{3+}	黄嘌呤氧化酶
Se	谷胱甘肽过氧化物酶

表 4 - 2　小分子有机化合物作为酶分子中的辅助因子

小分子有机化合物	酶
焦磷酸硫胺素	α - 酮酸脱羧酶
二硫辛酸	α - 酮酸脱氢酶复合体
辅酶 A（CoA）	乙酰化酶等
黄素单核苷酸（FMN）	各种黄酶
黄素腺嘌呤二核苷酸（FAD）	各种黄酶
磷酸吡哆醛	转氨酶
生物素	羧化酶
四氢叶酸	甲基转移酶

　　生物体中，酶的种类繁多，而辅助因子却很少。故一种辅酶或辅基可以与多种酶蛋白结合，表现出不同的催化作用；而一种酶蛋白只能与一种辅酶或辅基结合。如 3 - 磷酸甘油醛脱氢酶、乳酸脱氢酶都需要辅酶Ⅰ，但各自催化不同的底物脱氢。这说明在酶蛋白与辅酶或辅基结合形成的具有催化活性的全酶中，酶蛋白决定酶催化的专一性。而辅酶或辅基在反应中主要是起到传递质子、电子或某些化学基团的作用，决定了酶促反应的种类和性质。

第三节　酶的分子结构与催化机制

PPT

实例分析

　　实例　患者，男，46 岁。一天前酒席宴会后，出现腹痛，疼痛呈持续性胀痛，并伴有频繁恶心、呕吐。入院检查，腹部 CT 显示胰腺肿胀；血淀粉酶、尿淀粉酶升高。诊断为急性胰腺炎。

　　分析　1. 胰腺炎是什么原因导致的？

　　　　　2. 正常情况下，胰腺为什么不会被消化？

一、酶的分子结构

酶的分子结构是酶能够发挥催化活性的物质基础。当酶的分子结构发生改变时，其相应的催化活性通常也会丧失。

（一）酶的活性中心

研究表明，酶的催化活性只局限于酶分子的特定区域，并非所有分子上的基团都与其活性有关。在酶分子中，与其活性直接相关的基团称为必需基团。这些基团，在一级结构上可能相距很远，甚至在不同的肽链上，但在经盘曲、折叠后形成的空间结构上彼此靠近，从而形成一个具有一定空间构象的区域，该区域能与底物特异性结合并将底物转化为产物，这一区域称为酶的活性中心（图4-1）。如 α-糜蛋白酶其活性中心内的 His^{57}、Asp^{102}、Ser^{195} 在一级结构中位置相距较远，但当形成空间结构时，这些关键氨基酸残基互相靠近，集中于活性中心起催化作用。对于单纯酶，多肽链上的某几个氨基酸残基或这些残基的某些基团组成了酶的活性中心。对于结合酶而言，除了某些氨基酸残基外，其辅助因子也是活性中心的重要组成部分。酶活性中心一般是位于酶分子表面的一个裂缝或凹穴。不同的酶具有不同的活性中心，故酶对其底物具有严格的选择性。具有相似催化作用的酶往往具有相似的活性中心，如多种蛋白质水解酶的活性中心均含有丝氨酸和组氨酸残基，处于这两个氨基酸附近的氨基酸残基顺序也十分相似。

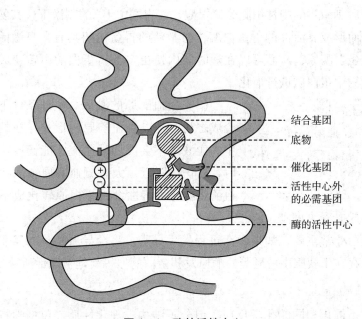

图 4-1 酶的活性中心

酶活性中心内的必需基团可分为结合基团和催化基团两种，结合基团能与底物结合，催化基团能催化底物发生化学变化生成产物。但二者并不是各自独立存在的，酶能否很好地发挥催化作用，很大程度上取决于底物与酶结合的位置是否合适。另外在酶的活性中心以外还有些必需基团，不直接参与底物的结合或催化过程，但却是维持酶活性中心的空间构象所必需的，这些基团称为酶活性中心外的必需基团。

（二）酶原与酶原的激活

1. 酶原　酶原即无活性的酶的前体。生物体内有许多酶在细胞内合成或分泌之初时都是以酶原的形式存在。其必须在一定条件下，由其他物质激活后，才能表现出催化活性。

2. 酶原激活　这种无活性的酶原转变成有活性酶的过程称为酶原的激活。酶原激活主要是分子内部一个或多个肽键断裂，引起分子构象改变，从而形成酶的活性中心，或者使原本被包裹的活性中心暴露出来的过程。

3. 酶原激活的意义　酶原只有在特定的部位、环境和条件下才能被激活，表现出催化活性。这一特点一方面保证了合成酶的细胞自身不被消化破坏；另一方面使酶只有在特定的条件和部位中才被激活并发挥作用，保证了生物体内代谢的正常进行。

（1）胰蛋白酶原的激活　胰蛋白酶刚由胰腺细胞分泌时，是以酶原的形式存在，使胰腺细胞免受胰蛋白酶水解而破坏；当被分泌到小肠后，在肠激酶的催化下其氨基端被水解掉一个六肽，分子构象发生改变，形成酶的活性中心，无活性的胰蛋白酶原被激活成为有活性的胰蛋白酶。

（2）胃蛋白酶原的激活　胃蛋白酶刚由胃细胞分泌时，也是以酶原的形式存在。当食物进入胃后刺激胃的中柱细胞分泌胃酸，在胃酸中 H^+ 的刺激下，其氨基端被切去六段多肽，从而形成有活性的胃蛋白酶，已激活的胃蛋白酶具有自身激活作用，还可以再去激活胃蛋白酶原，从而可以在短时间内使更多的胃蛋白酶原转变成有活性的胃蛋白酶，对食物中蛋白质进行消化。

请你想一想

当受伤流血时，过一会伤口就不再出血了，这是什么原因呢？

（3）凝血酶原的激活　生理条件下，凝血酶在合成之初，是以凝血酶原的形式存在的，所以血管中的血液才不会凝固，血流才能畅通。当创伤出血时，在伤口附近，大量凝血酶原被激活，激活的凝血酶将催化可溶性纤维蛋白原转化成不可溶的纤维蛋白，进而形成血凝块止血。

酶原的激活非常重要，如果激活过程发生异常，将会导致疾病的发生。如急性胰腺炎就是因为存在于胰腺中的糜蛋白酶原及胰蛋白酶原等就地被激活所致。

（三）同工酶

同工酶是指催化相同的化学反应，但分子结构、理化性质、免疫学特性等方面都不同的一组酶。同工酶通常由两个以上的亚基聚合而成，其分子结构的不同之处主要是所含亚基组合的情况不同、非活性中心部分的组成不同，但与酶活性有关的部分均相同。同工酶不仅存在于同一个体的不同组织中，也存在于同一组织细胞内的不同亚细胞结构中，在代谢调节上起着重要的作用。

目前发现的同工酶已有 500 多种，如乳酸脱氢酶、天冬氨酸激酶、核糖核酸酶、胆碱酯酶等，其中研究比较多的是乳酸脱氢酶（LDH）。其是一个四聚体，包含 H 型、M 型两种亚基，这两种亚基以不同比例组成五种不同的形式：LDH_1（H_4）、LDH_2（H_3M）、LDH_3（H_2M_2）、LDH_4（HM_3）、LDH_5（M_4）（图 4-2），它们都能催化如下化学反应，但在各组织和器官中的分布和含量却各不相同，在功能上也各有差异。如心肌中以 LDH_1 为主，骨骼肌和肝中以 LDH_5 为主。心肌中 LDH_1 的主要作用是使乳酸脱氢生成丙酮酸，有利于心肌利用乳酸氧化供能；骨骼肌中 LDH_5 的主要作用是催化丙酮酸还原成乳酸，有利于骨骼肌无氧酵解生成乳酸。

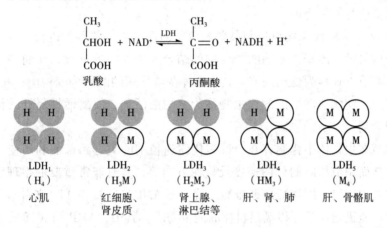

图 4-2 乳酸脱氢酶的同工酶组成

近年来，同工酶的测定广泛应用于临床实践。正常情况下，血清中 LDH 活性很低，当某组织或器官病变时，LDH 同工酶释放出来进入血液，血清的 LDH 同工酶谱就会发生变化，分析其同工酶谱可以进行疾病诊断。如心肌梗死患者 LDH_1 活性明显升高，肝病患者 LDH_5 活性明显升高（图 4-3）。

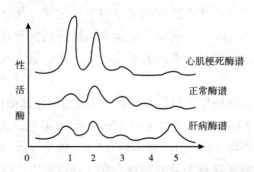

图 4-3 心肌梗死和肝病病人血清 LDH 同工酶谱的变化

（四）调节酶

调节酶是指在代谢调节中发挥重要作用的酶类。包括共价修饰酶和变构酶。

1. 共价修饰酶 能在其他酶的催化下，通过共价键与某种化学基团进行可逆地结合，从而改变自身活性状态的一类酶，称为共价修饰酶。如动物体内的糖原磷酸化酶，可以通过酶分子与磷酸基的共价连接与去除，使酶的活性得到调节，有活性较高的磷酸化酶 a 和活性较低的磷酸化酶 b 两种共价修饰形式。磷酸化酶 b 多肽链上丝氨酸残基的羟基与磷酸基共价结合形成活性较高的磷酸化酶 a，而磷酸化酶 a 可以在磷酸化酶和磷酸酶的作用下水解去掉磷酸基而转变为活性较低的磷酸化酶 b。绝大多数共价修饰酶都有无活性（或低活性）和有活性（或高活性）两种形式。酶的共价修饰方式除了最常见的磷酸化与去磷酸化之外，还有甲基化与去甲基化、乙酰化与去乙酰化、腺苷酰化与去腺苷酰化、尿苷酰化与去尿苷酰化、S－S 与 －SH 等。

共价修饰在生物体内的代谢过程中具有非常重要的意义，目前已发现数百种酶在被翻译后需要进行共价修饰。

2. 变构酶　一些代谢物可以与某些酶分子活性中心外的部位进行可逆地非共价结合，使酶的构象发生改变，影响酶与底物的结合及对底物的催化，从而调节酶的活性状态，这种调节方式称为变构调节。具有这种调节作用的酶称为变构酶，又叫别构酶。在变构调节中，使酶活性增加的代谢物称为变构激活剂，使酶活性降低的代谢物称为酶的变构抑制剂。

变构调节在生物体中普遍存在，许多代谢途径中的关键酶都要利用变构调节来改变酶活性，从而调节物质的代谢速度及代谢方向等，具有非常重要的生理意义。如糖酵解过程中的关键酶，即磷酸果糖激酶，就需要 AMP、ADP 和 ATP 来调节其活性，进而对糖氧化供能进行调节，以满足机体的能量需求。其中，AMP 和 ADP 是该酶的变构激活剂，ATP 是变构抑制剂。

二、酶的催化机制

（一）酶催化作用的基本原理

化学反应中，只有那些能量达到或超过一定限度的"活化分子"，才能发生变化形成产物。分子由常态转变为活化态所需的能量称为活化能。化学反应速度与反应体系中活化分子的浓度成正比。反应所需活化能越少，能达到活化状态的分子就越多，其反应速度也就越大。酶之所以具有极高的催化效率，就是因为其能显著降低反应所需的活化能。

中间复合物学说很好地解释了酶是如何降低反应的活化能而促进酶促反应进行的。即在酶促反应中，酶（E）首先与底物（S）结合，生成不稳定的酶－底物中间复合物（ES），然后 ES 再生成产物（P）和原来的酶（E），酶又可以与底物结合，继续发挥催化作用，所以少量的酶可催化大量的底物。这一过程所需的活化能远低于没有酶催化时反应所需的活化能（图 4－4）。如 H_2O_2 分解成 O_2 和 H_2O 的过程，没有催化剂存在时所需的活化能为 75.36kJ/mol，用化学催化剂无机物胶状钯催化时，活化能下降到 48.99kJ/mol，而用过氧化氢酶催化时，活化能只需 7.12kJ/mol，反应速度加快 10^{11} 倍以上。由此可见，酶能大大降低反应所需的活化能，催化效率极高。

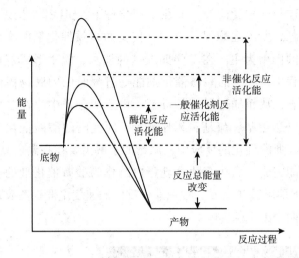

图 4 - 4　酶促反应活化能的改变

(二) 酶催化作用的机制

研究表明，不同的酶有不同的作用机制，并可多种机制共同作用。

1. "趋近" 和 "定向" 效应　"趋近" 效应是指底物分子结合在酶分子表面的某一狭小局部区域，其反应基团互相靠近，大大增加了底物的有效浓度，提高了反应速度。如曾有研究发现某底物在溶液中的浓度为 0.001mol/L，而在某酶表面局部范围的浓度高达 100mol/L，比溶液中浓度高 10^5 倍左右。酶的这种 "趋近" 效应使得化学反应中底物分子间的反应变成类似于分子内的反应，从而使化学反应高速进行。

"定向" 效应是指有些酶可以使底物在其表面对着特定的基团几何地定向，从而可以用 "正确的方式" 互相碰撞而发生反应，提高了反应速度。

2. 变形与张力作用　当酶与底物结合后，底物分子发生 "变形"，更接近于过渡态，降低了反应所需的活化能，使反应更容易发生。另外，底物还能诱导酶分子构象发生变化，酶分子构象的改变又会对底物产生张力作用，使底物进一步扭曲，从而形成一个互相契合的酶 – 底物复合物，更易于转换成过渡态。

3. 共价催化作用　有些酶能放出或吸取电子并作用于底物的缺电子中心或负电子中心，迅速形成一个反应活性很高的酶 – 底物共价结合的中间复合物，更易转变成过渡态，大大降低了反应的活化能，使反应快速完成。

根据酶与底物作用的不同，共价催化作用可分为亲核催化作用和亲电子催化作用两类。酶分子中常见的亲核基团主要有丝氨酸的羟基、半胱氨酸的巯基以及组氨酸的咪唑基，它们都有孤对电子作为电子供体，能与底物的亲电子基团以共价键结合，形成共价中间复合物；酶分子中常见的亲电子基团有亲核碱基被质子化的共轭酸，有时也由酶的辅助因子充当，如一些金属阳离子。与亲核基团正相反，亲电子基团能从底物中吸取一个电子对，进而形成共价的中间复合物。

4. 酸碱催化作用　酸碱催化剂有两种，一种是狭义的，即 H^+、OH^-。另一种是广义的，即质子供体与质子受体。一般在生理条件下，pH 都是接近中性的，即 H^+ 和 OH^- 的浓度都比较低，所以在酶促反应中，狭义的酸碱催化剂的作用比较有限，而以广义的酸碱催化剂的作用为主。在一些如羰基的加水、脱水形成双键、各种分子的重排及取代反应等过程中，广义的酸碱催化剂能通过瞬时的向底物提供质子或从底物接受质子以稳定过渡态，从而加速反应的进行。由于酶分子中存在多种提供质子或接受质子的基团，如氨基、羰基、巯基、咪唑基等，因此酶的酸碱催化效率要远远高于一般酸碱催化剂。如在非酶催化的反应中，肽键的水解需要在高温、高浓度的 H^+ 或 OH^- 条件下较长时间才能完成，而在有胰凝乳蛋白酶作为酸碱催化剂的反应中，只需要常温、中性 pH 条件下即可迅速完成。酸碱催化反应的速度主要受酸碱的强度、提供质子或接受质子的速度两个因素的影响。

第四节　酶促反应动力学

PPT

实例分析

　　实例　患者，女，26 岁。因误服敌敌畏，1 小时后入院。体检：神志昏迷，脸色苍白，皮肤湿冷，面部肌肉抽搐，一侧瞳孔缩小，两肺散在湿啰音，全血胆碱酯酶活力为零。确诊为急性有机磷中毒。

　　分析　1. 有机磷中毒患者的发病机制是什么？

　　　　　　2. 临床上常用什么药物救治有机磷中毒患者？

　　酶促反应动力学是研究酶促反应速度及各种因素对反应速度影响的科学。该研究对了解酶的结构与功能的关系、酶的作用机制等方面有着非常重要的意义。

　　酶促反应速度通常用单位时间内底物的减少量或产物的增加量表示。酶活性的高低通常用酶促反应的快慢即酶促反应速度来表示。

　　影响酶促反应速度的因素有很多，主要包括底物浓度、酶浓度、温度、pH、激活剂和抑制剂等。在研究某一因素对酶促反应速度的影响时，应注意单一变量原则，要保持其他因素不变，只改变被研究的因素。

一、底物浓度对酶促反应速度的影响

1. 底物浓度对酶促反应速度的影响作图呈矩形双曲线　研究表明，对于简单的酶促反应，在其他条件不变的情况下，底物浓度（$[S]$）的变化对酶促反应速度（V）的影响呈矩形双曲线（图 4–5）。

从该曲线可以看出：

（1）当底物浓度较低，酶未被饱和时，增加底物浓度，反应速度随之迅速加快，且反应

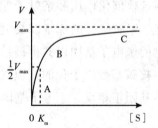

图 4–5　底物浓度与酶促反应速度的关系

速度与底物浓度成正比，表现为一级反应（A段）。

（2）随着底物浓度的继续增加，酶逐渐被底物饱和，反应速度继续不断加快，但增加的幅度不断下降，不再与底物浓度成正比，表现为混合级反应（B段）。

（3）当底物浓度继续增加至一定程度时，所有的酶分子均已被底物饱和，此时反应速度趋于相对恒定，达到最大 V_{max}，再继续增加底物浓度，反应速度也不再增加，表现为零级反应（C段）。

2. 米氏方程　根据中间复合物学说，1913年 Michaelis 和 Menten 经过大量的实验，提出了表示酶促反应中反应速度和底物浓度关系的数学方程式——米-曼氏方程式（简称米氏方程）：

$$V = \frac{V_{max}[S]}{K_m + [S]}$$

式中，V 为酶促反应速度，V_{max} 为最大反应速度，$[S]$ 为底物浓度，K_m 为米氏常数。根据上式可知，当底物浓度很低时，$[S] \ll K_m$，则 $V \approx V_{max}[S]/K_m$，反应速度与底物浓度成正比。当底物浓度很高时，$[S] \gg K_m$，则 $V \approx V_{max}$，反应速度达到最大，此时再增加底物浓度，反应速度也不再加快。

3. 米氏常数　K_m 值等于酶促反应速度为最大反应速度一半时的底物浓度，单位与底物浓度一样，为 mol/L。这可从上述米氏方程式得出：当 $V = 1/2V_{max}$ 时，$K_m = [S]$。

K_m 值的特点及意义如下。

（1）K_m 值是酶的特征常数。K_m 值只与酶的性质、底物的种类、酶促反应条件有关，而与反应中酶的浓度无关。酶不同，K_m 也不同；同一种酶，催化不同底物时 K_m 也不同。

（2）K_m 值可用来表示酶与底物的亲和力。K_m 值越小，表示用很低浓度的底物就能达到最大反应速度的一半，说明酶与底物的亲和力比较大；K_m 值越大，表示用很高浓度的底物才能达到最大反应速度的一半，说明酶与底物的亲和力比较小。如乙醇脱氢酶的底物有乙醇、甲醇、视黄醇等，但酶与这几个底物的亲和力并不相同，其中乙醇的 K_m 值最小，说明该酶与乙醇的亲和力最大。

（3）K_m 值可以判断酶的最适底物。如果一种酶有几个底物，那么也就有几个 K_m 值，其中 K_m 值最小的底物，就是该酶的最适底物或天然底物。

（4）K_m 值可以计算某一底物浓度时的反应速度。已知某个酶的 K_m 值，根据米氏方程可以计算出某一底物浓度下，反应速度相当于 V_{max} 的百分比。

二、酶浓度对酶促反应速度的影响

在底物浓度足够大时，酶促反应速度与酶浓度成正比（图4-6）。这是因为在酶促反应中，酶首先要与底物形成酶-底物中间复合物。当底物浓度足够大时，底物浓度远远大于酶浓度，酶被底物饱和，酶促反应速度达到最大，这时增加酶浓度可相应增加酶促反应的速度。细胞内，常通过改变酶浓度来调节酶促反应速度。

三、温度对酶促反应速度的影响

温度对酶促反应速度的影响具有双重性。温度较低时，酶促反应速度也较低，这是因为低温使酶活性降低或被抑制，但并未失活。随着温度升高（0~40℃），酶活性逐步增加，酶促反应速度逐渐加快。但酶的本质是生物大分子蛋白质或核酸，随着温度的继续升高，它们会逐渐变性失活（大多数酶在60℃以上就会开始变性），酶促反应速度也因酶的变性而降低，甚至停止。其中，酶促反应速度达到最大时的温度称为酶的最适温度（图4-7）。

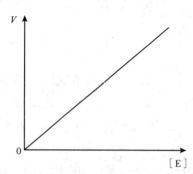

图4-6 酶浓度与酶促反应速度的关系

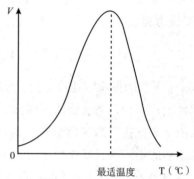

图4-7 温度与酶促反应速度的关系

请你想一想

1. 用加酶洗衣粉洗衣服时，为什么最好用温水洗涤？

2. 请问怎么可以保持鲜玉米的甜味？为什么？

不同的酶有不同的最适温度，如动物体内酶的最适温度为35~40℃；植物体内酶的最适温度稍高一些，一般在40~50℃；微生物中酶的最适温度差别较大，有的酶最适温度可高达70℃。最适温度不是酶的特征常数，常受到底物浓度、pH、离子强度、作用时间等因素的影响。

酶在低温条件下活性较低，但一般不会变性失活，当温度回升后，酶活性又会恢复；但高温易使酶变性失活，温度回升后，酶活性也不再恢复。临床上的低温麻醉、菌种和酶制剂的低温保存、高温灭菌等都是利用酶的这一性质。

你知道吗

低温麻醉

低温麻醉，是指在全身麻醉的基础上，用物理降温法将患者的体温下降至预定范围。旨在通过降低体内酶的活性，以减慢细胞代谢速率，提高机体对氧和营养物质缺乏的耐受性，利于手术治疗及帮助患者渡过危险期。根据临床的不同要求，低温麻醉有浅低温麻醉（29~35℃）、中低温麻醉（23~28℃）及深低温麻醉（22℃以下）。不过由于低温引起的生理变化很大，实施技术也较为复杂，术中渗血较多、降温过低又可能会出现严重并发症，故目前临床上低温麻醉多用于较复杂的心血管和颅脑手术。

四、pH 对酶促反应速度的影响

pH 对酶促反应速度的影响极为显著。只有在一定 pH 范围内酶才有催化活性，其中催化活性最大时的 pH 称为酶的最适 pH。高于或低于该 pH，酶的活性都会降低，酶促反应速度也会相应减慢；并且偏离最适 pH 越远，酶促反应速度越慢（图 4 - 8）。

各种酶在一定条件下都有其最适 pH，如植物和微生物酶的最适 pH 一般在 4.5 ~ 6.5；动物酶的最适 pH 一般在 6.5 ~ 8.0，但胃蛋白酶的最适 pH 约为 1.8，精氨酸酶的最适 pH 约为 9.8。最适 pH 不是酶的特征常数，会随底物浓度、缓冲液的种类以及酶的浓度等因素的不同而改变。

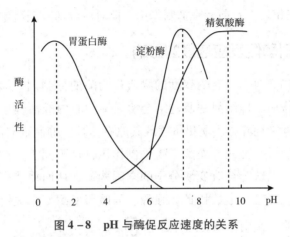

图 4 - 8　pH 与酶促反应速度的关系

pH 对酶促反应速度的影响主要有以下两个原因。

1. pH 可以影响酶和底物的解离　pH 会影响酶活性中心上有关基团的解离，也会影响底物的解离状态，进而影响底物和酶的结合，或者结合后不能生成产物。因此，使酶和底物解离程度最大的 pH 最有利于酶促反应的进行。pH 对不同酶和底物的影响不同，对酶促反应速度的影响也不同。

2. pH 可以影响酶分子的构象　过高或过低的 pH 都会改变酶活性中心的构象，甚至会改变整个酶分子的结构使其变性失活。

五、激活剂对酶促反应速度的影响

凡是能提高酶活性的物质，都称为酶的激活剂。酶的激活剂主要有以下几类。

1. 无机离子　一些简单的无机离子如 K^+、Na^+、Mg^{2+}、Ca^{2+}、Zn^{2+}、Cl^-、Br^-、I^- 等可以提高酶的活性，如 Cl^- 能提高唾液淀粉酶的活性。无机离子提高酶活性主要是通过以下机制实现的。可以作为辅酶或辅基的重要组成部分，协助酶发挥催化功能；可以与酶分子中的氨基酸侧链基团结合，稳定酶活性所需的空间构象；可以充当底物、辅酶或辅基与酶蛋白之间联系的桥梁。

2. 简单的有机化合物　一些小分子有机化合物如半胱氨酸、维生素 C、还原型谷胱甘肽等可以提高某些巯基酶的活性，如半胱氨酸能增强木瓜蛋白酶的活性。这是由于这些巯基酶中的巯基必须处于还原状态下才具有催化活性，而它们又极易被氧化成二硫键而使酶活性降低，当加入半胱氨酸等小分子有机化合物后，其二硫键又会被还原成巯基，从而提高了酶活性。

3. 去除酶抑制剂的物质　酶的抑制剂能降低酶的活性，而有些物质能去除酶的抑制剂，使酶活性得以提高，如乙二胺四乙酸（EDTA）能螯合金属离子，解除重金属对酶的抑制作用，提高酶的活性。

酶激活剂的作用是相对的，一种酶的激活剂对另一种酶可能没有激活作用，甚至可能会产生抑制作用。如 Ca^{2+} 对肌球蛋白腺三磷酸酶有激活作用，但对脱羧酶却有抑制作用；而 Mg^{2+} 正相反，对前者有抑制作用，但对后者却有激活作用。

六、抑制剂对酶促反应速度的影响

凡能使酶活性降低但不引起酶变性的物质称为酶的抑制剂。抑制剂对酶促反应所起的作用称为抑制作用。抑制剂是通过结合酶活性中心内或活性中心外的必需基团而抑制酶活性的。将抑制剂除去，酶仍可表现其原有活性。抑制剂对酶有一定的选择性，通常一种抑制剂只能对一种或一类酶产生抑制作用，这不同于变性作用。引起酶变性失活的因素如强酸、强碱等会改变酶分子的空间构象，从而使酶变性失活，去除这些变性因素，酶活性也无法恢复，因此，强酸、强碱等使酶变性失活的理化因素，不属于抑制剂范畴，对酶的作用也没有选择性。　微课

很多药物都是酶的抑制剂，是通过抑制体内某些酶的活性而发挥其疗效的，因此了解酶的抑制剂对阐明药物作用机制和新药设计具有非常重要的意义。

根据抑制剂与酶作用方式的不同及抑制作用是否可逆，将抑制作用分为不可逆抑制和可逆抑制两大类。

（一）不可逆抑制

抑制剂以共价键的方式与酶分子中的必需基团结合，从而使酶失去活性。因结合比较牢固，不能用透析、超滤等物理的方法除去而恢复酶的活性。这种抑制作用称为不可逆抑制。这种抑制作用随着抑制剂浓度的增加而逐渐增加，当抑制剂的量大到足以和所有的酶结合，则酶的活性会被完全抑制。

例如，二异丙基氟磷酸（DIFP）、有机磷杀虫剂（敌敌畏、敌百虫）等能专一性地与胆碱酯酶活性中心丝氨酸残基的羟基（—OH）结合，使酶失去活性，导致乙酰胆碱不能及时分解，该物质积累过多会造成一系列神经过度兴奋症状，如呕吐、流涎、抽搐，严重时可导致昏迷甚至死亡，因此这类化合物又叫做神经毒剂。解磷定（PAM）等药物可与有机磷杀虫剂结合，解除其对胆碱酯酶的抑制作用，使酶恢复活性，故在临床上常用于抢救农药中毒的患者。

青霉素可以与糖肽转肽酶活性中心的丝氨酸羟基结合，使酶失去活性，而该酶可

以催化细菌细胞壁合成中的肽聚糖交联。该酶一旦失活，就会使细菌细胞壁合成受阻，细菌生长受到抑制而死亡。因此，在临床上青霉素常用作抗菌药物。

低浓度的重金属离子（Hg^{2+}、Cu^{2+}、Pb^{2+}、Ag^+等）、有机汞化合物（如对氯汞苯甲酸）、有机砷化合物（如路易斯毒气）等可与巯基酶（以巯基为必需基团的酶）中的巯基（—SH）结合，使酶失去活性，引起巯基酶中毒。二巯基丙醇（BAL）、二巯基丁二钠等巯基化合物可解除该抑制作用，使酶恢复活性，故在临床上常用于汞化合物、砷化合物及重金属中毒的解毒剂。

你知道吗

重金属中毒与解救

重金属中毒是指相对原子质量大于65的重金属元素或其化合物引起的中毒，如汞中毒、铅中毒等，其会和酶活性中心的必需基团作用而使酶失活，从而影响细胞的正常生命活动，进而危害人体健康。

轻微的重金属中毒，可饮用含大量蛋白质的纯牛奶来结合重金属离子，使其尽可能少地与人体的功能蛋白质结合。如果中毒太重，必须紧急就医。

重金属中毒常用的解毒药物就是二巯基丙醇。二巯基丙醇能夺取已与细胞酶系统结合的重金属，使酶恢复活性，并形成不易解离的无毒性络合物随尿排出。

（二）可逆抑制

抑制剂以非共价键的方式与酶结合，从而使酶活性降低或失去活性。因结合不太牢固，可用透析、超滤等物理方法将抑制剂除去而恢复酶的活性。这种抑制作用称为可逆抑制。根据抑制剂与底物的关系及与酶结合位置的不同，将可逆抑制分为竞争性抑制、非竞争性抑制和反竞争性抑制三种类型。

1. 竞争性抑制 抑制剂（I）与底物（S）的结构相似，因此其会与底物分子竞争酶（E）的活性中心，从而阻碍酶与底物的结合，减少酶与底物的作用机会，降低酶的活性，这种抑制作用称为竞争性抑制作用（图4-9）。在该抑制作用中，E与S结合后，就不能与I结合；E与I结合后，也不能与S结合，且二者结合形成的EI复合物也不能释放出P。竞争性抑制的抑制程度取决于E与I的相对亲和力及底物浓度，可通过增加底物浓度来降低或解除抑制作用。

许多药物都是依据竞争性抑制作用的原理设计的，如磺胺类药物及磺胺增效剂，抗癌药物阿糖胞苷及5-氟尿嘧啶等。磺胺药的结构与对氨基苯甲酸（PABA）类似。细菌能利用环境中的对氨基苯甲酸和二氢蝶呤、谷氨酸在体内二氢叶酸合成酶的催化作用下合成二氢叶酸（FH_2），FH_2在二氢叶酸还原酶的催化下生成四氢叶酸（FH_4），FH_4是细菌合成核酸所必需的辅酶，而核酸是细菌生长繁殖所必需的。磺胺药能与PABA竞争二氢叶酸合成酶，影响FH_2的合成，使细菌的核酸合成受阻，生长繁殖受到抑制而死亡。而人体可以直接利用食物中的叶酸，故核酸合成不受影响。磺胺增效剂

TMP 的结构与 FH_2 类似，可与 FH_2 竞争二氢叶酸还原酶，抑制酶的活性，与磺胺药配合使用，可增强磺胺药的抑菌作用。5 - 氟尿嘧啶的结构与尿嘧啶十分相似，尿嘧啶能在胸腺嘧啶合成酶的催化下合成胸腺嘧啶，在癌细胞核酸合成代谢过程中，需要大量的胸腺嘧啶。5 - 氟尿嘧啶能与尿嘧啶竞争胸腺嘧啶合成酶，阻碍胸腺嘧啶的合成代谢，使体内核酸不能正常合成，癌细胞的增殖受阻，起到抗癌作用。

2. 非竞争性抑制　抑制剂与底物结构不相似，与酶的结合部位也与底物不同，对底物与酶的结合没有影响，E 与 S 结合后，还可以与 I 结合，E 与 I 结合后，也可以再与 S 结合，但三者结合形成的 ESI 复合物不能释放出 P，因此降低了反应速率，这种抑制作用称为非竞争性抑制作用（图 4 - 10）。如某些重金属离子对酶的抑制作用就属于非竞争性抑制。非竞争性抑制剂与底物并无竞争关系，不能通过增加底物浓度来降低或解除抑制作用。

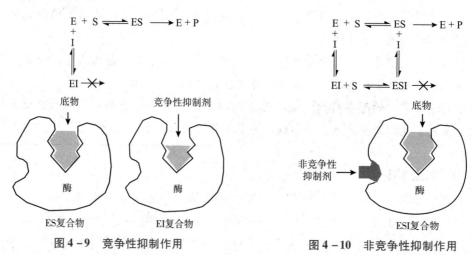

图 4 - 9　竞争性抑制作用　　　　　　图 4 - 10　非竞争性抑制作用

3. 反竞争性抑制　抑制剂不与游离的酶结合，而只能与酶和底物分子形成的中间复合物 ES 结合形成 ESI，但 ESI 不能释放出产物，所以 ES 的有效量下降，反应速度降低，这种抑制作用称为反竞争性抑制作用。

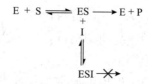

PPT

第五节　酶类药物

酶作为非常重要的生物催化剂，在机体的物质代谢以及生命活动过程中发挥着至关重要的作用，如果酶在体内的合成或作用出现障碍，就会导致疾病的发生。目前已发现的人类遗传病中，有 200 余种都是由于体内酶的结构、功能或含量的改变而引起的。如体内酪氨酸酶缺乏会引起白化病，这类患者的酪氨酸不能转化为黑色素，导致皮肤、毛发中黑色素缺乏而呈白色；体内苯丙氨酸羟化酶缺乏会引起苯丙酮尿症，这类患者体内会蓄积苯丙氨酸、苯丙酮酸等，从而导致智力低下，色素减少等；红细胞内6-磷酸葡萄糖脱氢酶缺乏会引起蚕豆病，这类患者红细胞膜较容易破裂，常因食用蚕豆或服用一些药物而诱发溶血性贫血。因此临床上酶常作为药物用于疾病的诊断和治疗。

一、酶在疾病的诊断和治疗上的应用

（一）酶在疾病诊断上的应用

正常人体液中酶的含量和活性相对稳定，当某些疾病发生时，由于组织细胞受损或代谢异常，就会使得体液中某些酶的活性或含量发生一定变化。因此临床上常通过检查体液中酶的变化，来协助疾病的诊断。据统计，临床上酶测定占化学检验总工作量的1/4～1/2，已成为当前临床检验科重要的测定项目。

1. 酶活性的改变与疾病的诊断　血浆中酶活性的变化是临床上常用的诊断指标，以下几种情况可以导致血浆中酶的活性发生改变，如当细胞损伤或通透性增高时，细胞内酶释放入血，血浆中一些酶的活性就会增高；当酶的合成或诱导增强时，进入血液中的酶的含量就会增加，相应的酶活性就会增高；当酶合成障碍时，进入血液中的酶的含量就会减少，血浆中酶的活性就会降低；当细胞的转换率增高或细胞的增殖过快时，其特异的标志酶就会释放入血，在血浆中就可以检测到这些酶。表4-3列出了临床上常见的有关酶活性的测定项目。

表4-3　临床检验常见的酶活性的测定项目

酶	主要变化
胃蛋白酶	胃癌，活性升高；十二指肠溃疡，活性下降
淀粉酶	胰脏、肾脏疾病，活性升高；肝脏疾病，活性下降
脂肪酶	急性胰腺炎、胰腺癌、胆管炎，活性升高
天冬氨酸氨基转移酶（AST）	急性心肌疾病，活性升高
丙氨酸氨基转移酶（ALT）	急性肝病，活性升高
磷酸葡萄糖变位酶	肝炎、肝癌时，活性升高
胆碱酯酶	肝病、肝硬化、有机磷中毒、风湿等，活性下降
端粒酶	癌细胞中有端粒酶活性，正常细胞中没有
碳酸酐酶	坏血病、贫血时，活性升高
亮氨酸氨肽酶	阻塞性黄疸、肝癌、阴道癌时，活性明显升高

2. 酶作为诊断试剂与疾病的诊断　有些酶可以作为试剂，来测定体内与疾病有关的代谢物质的浓度变化，利用该物质浓度的变化程度可以作为诊断某种疾病以及其病情严重程度的重要指标。表4-4列出了临床上常见的酶的诊断试剂。

表 4 - 4　临床检验常见的酶的诊断试剂

酶	测定的物质	主要作用
葡萄糖氧化酶	葡萄糖	测定血糖、尿糖，诊断糖尿病
尿素酶	尿素	测定血液、尿液中尿素的含量，诊断肝脏、肾脏病变
谷氨酰胺酶	谷氨酰胺	测定脑脊液中谷氨酰胺的含量，诊断肝昏迷、肝硬化
胆固醇氧化酶	胆固醇	测定胆固醇含量，诊断高血脂等
DNA 聚合酶	基因	通过基因扩增、基因测序，诊断基因变异、检测癌基因

（二）酶在疾病治疗上的应用

临床上许多药物是通过抑制人或病原体中酶的活性或酶分子的合成，从而阻断某一代谢途径来发挥药效，达到疾病治疗的目的。如抗癌药物 5 - 氟尿嘧啶能竞争性抑制胸腺嘧啶合成酶的活性，阻碍胸腺嘧啶的合成代谢，使癌细胞的增殖受阻，起到抗癌作用；抗菌药物磺胺药能竞争性抑制二氢叶酸合成酶的活性，阻碍细菌核酸的合成，起到抗菌作用；抗抑郁药单胺氧化酶抑制剂能抑制单胺氧化酶的活性，继而减少单胺的降解，起到治疗抑郁症的作用。

另外，有些酶是可以直接作为药物用于临床疾病治疗的。通过补充这些外源性的酶类药物，可以治疗因机体自身酶含量不足或酶活性降低而导致的疾病。常见的酶类药物主要有以下几类。

1. 助消化酶　主要有胃蛋白酶、胰酶、淀粉酶、纤维素酶等。

（1）胃蛋白酶　又称胃液素、胃蛋白酵素、蛋白酵素。主要用于治疗由胃蛋白酶缺乏或消化功能减退引起的消化不良症。

（2）胰酶　又称胰液素、胰酵素、消得良，主要包括胰蛋白酶、胰淀粉酶、胰脂肪酶，在中性或弱碱性条件下活性较强。主要用于治疗由胰液缺乏引起的消化不良症。

（3）淀粉酶　又称淀粉酵素、淀粉糖化酶、麦芽浸膏、糖化酵素、糖化素。主要用于治疗消化不良，食欲不振等。

2. 消炎酶　这类酶大多都是蛋白水解酶，主要有溶菌酶、菠萝蛋白酶、木瓜蛋白酶、凝乳蛋白酶等。

（1）溶菌酶　又叫新溶君美、来索锐。该酶能水解细菌细胞壁的黏多糖，具有杀菌作用；还能与诱发炎症的酸性物质结合，使其失活，并能够增强抗生素和其他药物的疗效，改善黏多糖代谢，起到消炎、修复组织的作用。主要用于慢性鼻炎、急慢性咽喉炎、口腔溃疡、水痘、带状疱疹和扁平疣等。

（2）菠萝蛋白酶　又叫菠萝酶、凤梨酶、凤梨酵素。该酶具有抗炎、消肿作用，主要用于手术后感染、乳腺炎、腮腺炎、蜂窝织炎、慢性血栓静脉炎、支气管炎、肾盂肾炎等。

（3）木瓜蛋白酶　该酶具有消炎、利胆、止痛、助消化、提高免疫力等作用。

3. 防治冠心病用酶　主要有胰弹性蛋白酶、激肽释放酶等。

（1）**胰弹性蛋白酶** 该酶具有 β 脂肪酶的作用，能降低血脂、防止动脉粥样硬化。

（2）**激肽释放酶** 该酶有舒张血管的作用，主要用于治疗高血压和动脉粥样硬化。

4. 止血酶和抗血栓酶 止血酶有凝血酶和凝血酶激活酶。抗血栓酶有纤溶酶、尿激酶、链激酶、葡激酶。

（1）**凝血酶** 该酶能促使血中纤维蛋白原转变成不溶性纤维蛋白，并促进血小板聚集和释放，加速血液凝固，有效防止微血管出血。主要用于局部外伤、外科出血及消化道出血。

（2）**凝血酶激活酶** 该酶可以激活凝血酶原生成凝血酶来促进血液凝固。

（3）**纤溶酶** 该酶能降解纤维蛋白，从而避免纤维蛋白的过多凝聚，从而起到溶解血块的作用。主要用于脑梗死、高凝血状态及血栓性脉管炎等外周血管疾病。

（4）**尿激酶** 又叫嘉泰、尿活素。该酶可以激活纤溶酶原生成有活性的纤溶酶，发挥溶栓作用。主要用于血栓性疾病的溶栓治疗。

（5）**链激酶** 该酶同尿激酶一样，也可以激活纤溶酶原转变为纤溶酶，临床用于血栓性疾病治疗。

5. 抗肿瘤酶 此类药物可以诊断和治疗某些肿瘤，包括 L - 天冬酰胺酶、神经氨酸苷酶、米曲溶栓酶等。

L - 天冬酰胺酶能水解破坏肿瘤细胞生长所需的 L - 天冬酰胺，临床上用于治疗淋巴肉瘤和白血病。谷氨酰胺也有类似作用。

6. 其他酶类药物

（1）**细胞色素 C** 又叫细胞色素丙。该酶主要用于各种组织缺氧急救的辅助治疗，如一氧化碳中毒、催眠药中毒、氰化物中毒、新生儿窒息、严重休克期缺氧、脑外伤、脑震荡后遗症、麻醉及肺部治疗引起的呼吸困难和各种心脏疾患引起的心肌缺氧的治疗。

（2）**超氧化物歧化酶** 该酶主要针对炎症患者，尤其治疗类风湿关节炎、慢性多发性关节炎、心肌梗塞、心血管病、肿瘤患者以及放射性治疗炎症患者。

（3）**青霉素酶** 该酶能够分解青霉素分子中的 β - 内酰胺环，使之变成青霉噻唑酸，消除因注射青霉素引起的过敏反应。用青霉素酰化酶可以合成各种新型的 β - 内酰胺抗生素，包括青霉素和头孢霉素。

（4）**透明质酸酶** 该酶可分解黏多糖，有助于组织通透性增加，可作为药物扩散剂并治疗青光眼。

（5）**核酸类酶** 包括核酶和脱氧核酶。这类酶具有通过剪切等作用抑制人体细胞某些不良基因和某些病毒基因的复制和表达等功能。主要用于基因治疗、病毒性疾病治疗。

核酶又称催化 RNA、核糖酶、类酶、酶性 RNA，是具有催化功能的 RNA 分子。核酶作用的底物可以是不同的分子，也可以是同一 RNA 分子中的某些部位。核酶的功能很多，有的能够切割 RNA，有的能够切割 DNA，还有些具有 RNA 连接酶、磷酸酶等活性。核酶的这些功能，使之在一些疾病的治疗方面具有巨大的潜力。例如，针对人类免疫缺陷病毒（HIV）的 RNA 序列和结构，可以设计出专门裂解 HIV RNA 的核酶，其能够能专一识别被病毒感染的细胞内的 HIV RNA，并在特定位点切断 RNA，使失去活性，而这种核酶对正常细胞 RNA 则没有影响，可以用于艾滋病的治疗。

脱氧核酶是指具有催化功能的 DNA 分子，可以切割 RNA、DNA，有些还具激酶、连接酶等活性。

（6）抗体酶　又叫催化抗体。这类酶能与特异性抗原反应，清除各种致病性抗原。抗体酶具有较高的催化活性和较好的专一性，人们能够根据意愿设计出天然蛋白酶所不能催化的反应，用以催化在结构上有差异的底物，为研究开发特异性强的治疗药物开辟了广阔的前景。例如，可以设计对特定的肽键进行水解的抗体酶，如可以设计出专一性使病毒外壳蛋白肽键水解的抗体酶，可以防止病毒与靶细胞结合，治疗一些病毒性疾病。

（三）其他

作为药物，必须具有较高的稳定性、较高的纯度等特点。但酶作为生物催化剂，具有高度不稳定性，而且在酶促反应中不易与产物分离，不利于产品的纯化。所以酶在制造成药物的过程中，常采用酶法生产来改善上述问题。酶法生产是指利用酶的催化作用，将前体物质转变为药物的技术。现已有不少酶类药物是通过酶法生产的，如阿糖胞苷、氢化可的松、多巴等。在药物的酶法生产中，常常用到固定化酶。

1. 固定化酶的概念及优点　通常酶在催化化学反应时，都是在水溶液中进行的，而固定化酶是将水溶性的酶用物理或化学方法处理，使之成为不溶于水的，但仍具有催化活性的状态。经过固定化的酶，不仅仍具有较高的催化效率和高度的专一性，还弥补了酶的很多不足，如经固定化后，酶对酸碱和温度的稳定性大幅提高，酶的使用寿命增长；酶极易与产物分离，减小了纯化的难度，简化了纯化工艺，提高了酶的产量和质量，同时酶也可以被反复利用，降低了成本。

2. 固定化酶的应用　固定化酶是近代酶工程技术的主要研究领域，在药物的生产、医学等方面均有广泛用途。如青霉素酰化酶、谷氨酸脱羧酶、L-天冬氨酸酶、延胡索酸酶等都已制成相应的固定化酶用于药物生产。还有新型的人工肾也是用固定化酶的方法制造的，由微胶囊的脲酶和微胶囊的离子交换树脂的吸附剂组成，其中脲酶可以催化尿素水解生成氨，吸附剂可以将其吸附去除，从而可以降低患者血液中过高的非蛋白氮。

3. 固定化酶的制备方法　制备固定化酶的方法很多，主要有吸附法、结合法、交联法、包埋法等。

（1）吸附法　将酶分子吸附于水不溶性的多孔性载体上而使酶固定的方法。通常有物理吸附法和离子吸附法。常用的载体有活性炭、氧化铝、硅藻土、多孔陶瓷、多孔玻璃等。

采用吸附法固定酶，其操作简便、条件温和，不会引起酶变性或失活，且载体廉价易得，可反复使用。

（2）结合法　主要有离子键结合法和共价键结合法两种，其中共价键结合法是最常用的，该法指的是将酶通过化学反应以共价键结合于载体的固定化方法，是固定化酶研究中最多的一大类方法。酶分子中可以形成共价键的基团有氨基、羧基、巯基、咪唑基、酚基、羟基、甲硫基、吲哚基、二硫键等，常用的载体有天然高分子、人工合成的高聚物等。

（3）交联法　依靠双功能团试剂使酶分子之间发生交联凝集成网状结构，使之不溶于水从而形成固定化酶的方法。常采用的双功能团试剂有戊二醛、顺丁烯二酸酐等。酶分子中参与交联反应的基团有游离的氨基、酚基、咪唑基及巯基等。

（4）包埋法　将酶包裹在凝胶的细格子中或半透性的聚合物膜中，而使酶固定的方法。分为格子型和微胶囊型两种，其中使用较多的是微胶囊型。

二、酶类药物的分离纯化

1. 选材　在提取某一酶时，首先应当根据需要，选择含此酶最丰富的材料。受到原料限制，从动植物中提取酶制剂的成本较大。因此，目前工业上大多采用微生物发酵的方法来获得大量的酶制剂。

2. 提取　由于发酵产物中除含有目标产物酶之外，还会有其他杂质，如其他酶或蛋白质、残余的培养基组分等，因此在制备酶类药物时必须对其进行分离纯化。除核酸类酶外，绝大多数酶的化学本质都是蛋白质，因此可用蛋白质分离纯化的方法对大多数酶类药物进行提纯。

酶有细胞内酶和细胞外酶之分，细胞内酶是指在细胞内合成，合成后不分泌到细胞外，而直接在细胞内发挥催化作用的酶，如氧化还原酶。细胞外酶是指在细胞内合成，合成后分泌到细胞外，在细胞外发挥催化作用的酶，如胃蛋白酶、胰蛋白酶等。

对于细胞外酶，只需要用水或缓冲溶液浸泡发酵液，过滤去除不溶物，即可进行后续提纯。对于细胞内酶，在提取时还需要对细胞进行破碎，使酶释放到发酵液中，然后才能进行提纯。

因为酶具有高度不稳定性，所以酶的提取要在温和的条件下进行，如低温（一般在$0 \sim 5℃$）、合适的pH（在酶的pH稳定范围内，并且远离等电点，防止酶发生等电点沉淀）等。

3. 纯化　纯化过程就是去除杂质的过程。在该过程中，在提高酶纯度的同时，也要尽可能地避免酶的总量的损失。大多数酶的纯化方法与蛋白质相同，可以先采用盐析沉淀、等电点沉淀等方法从抽提液中进行初步分离，然后再用凝胶过滤色谱、离子交换色谱等色谱技术进行精纯，最后可以用超滤等技术将酶浓缩到一定程度，从而得到较纯的酶制品。

4. 结晶　酶提纯到一定纯度以后（通常纯度应达50%以上），可使其结晶。

5. 保存　通常纯化后的酶，还要进行透析除盐、冻干处理，最后制成酶粉，置于低温下保存，可存放较长时间；也可将纯化后的酶制成25%或50%的甘油溶液置于低温下保存。因为酶溶液越稀越容易变性，所以在保存酶时，要注意尽量避免保存稀溶液。

实训四　酶的专一性

一、实训目的

了解酶对底物催化的专一性；掌握验证酶专一性的实验方法。

二、实训原理

酶对所催化的底物具有高度的专一性，即一种酶只能催化一种、一类底物或一定的化学键。这是酶区别于一般化学催化剂的一个重要特征。

唾液淀粉酶只能催化淀粉水解生成麦芽糖和少量葡萄糖，二者均是还原性糖，均能与班氏试剂反应，生成砖红色沉淀。但该酶不能催化其他物质如蔗糖等水解。蔗糖与淀粉均无还原性，不能使班氏试剂发生颜色变化。因此可以通过该方法验证酶的专一性。

三、实训器材

1. 试剂

（1）1%淀粉溶液。

（2）1%蔗糖溶液。

（3）pH 6.8缓冲溶液　量取0.2mol/L Na_2HPO_4溶液772ml、0.1mol/L柠檬酸溶液228ml，混匀，即成。

（4）班氏试剂　称取柠檬酸钠173g、无水碳酸钠100g，溶于700ml蒸馏水中，加热促溶，冷却后慢慢倾入17.3%硫酸铜溶液100ml（溶解17.3g $CuSO_4 \cdot 5H_2O$于100ml蒸馏水中），边加边摇，最后定容至1000ml。可长期保存。

（5）稀唾液　漱口后，含蒸馏水15~30ml做咀嚼动作2分钟，然后将稀释唾液收集于小烧杯中。

2. 器材　试管、试管架、小烧杯、滴管、量筒、恒温水浴箱、沸水浴箱。

四、实训方法和步骤

1. 取稀唾液约5ml，沸水浴中煮沸几分钟，冷却后备用。

2. 取3支试管，编号后，按表4-5依次加入相关试剂。

表 4 – 5　酶的专一性实训加样表

试管号	pH 6.8 缓冲溶液	1% 淀粉溶液	1% 蔗糖溶液	稀唾液	煮沸唾液
1	20 滴	10 滴	—	4 滴	—
2	20 滴	—	10 滴	4 滴	—
3	20 滴	10 滴	—	—	4 滴

3. 混匀后，置于 37℃ 水浴中 10 分钟。

4. 依次加入班氏试剂 20 滴。

5. 混匀后，置于沸水浴中约 10 分钟后，观察、记录各试管中的颜色变化，并解释实验现象。

五、思考题

设置 3 号试管的原因是什么？

实训五　酶的高效性

一、实训目的

了解酶对底物催化的高效性；掌握验证酶高效性的实验方法。

二、实训原理

作为生物催化剂，酶具有极高的催化效率。通常情况下，酶所催化的化学反应速率比一般催化剂的高 $10^7 \sim 10^{13}$ 倍，比无催化剂的反应速率高 $10^8 \sim 10^{20}$ 倍。过氧化氢酶和 Fe^{3+} 均能催化 H_2O_2 分解释放出 O_2，但反应速度相差极大。因此可以通过观察 H_2O_2 分解产生 O_2 的多少来判断化学反应速度以及酶的催化效率。

三、实训器材

1. 试剂

（1）3% H_2O_2。

（2）新鲜猪肝匀浆。

（3）3.5% $FeCl_3$。

（4）蒸馏水。

2. 器材　试管、试管架、小烧杯、酒精灯、量筒。

四、实训方法和步骤

1. 取一半新鲜猪肝匀浆和 3.5% $FeCl_3$ 在酒精灯上煮沸几分钟。

2. 取 5 支试管，编号后，按下表（表 4 – 6）依次加入相关试剂。

表 4 – 6　酶的高效性实训加样表

试管号	3%H$_2$O$_2$（ml）	鲜猪肝匀浆（ml）	3.5%FeCl$_3$（ml）	高温煮沸的猪肝匀浆（ml）	高温煮沸的3.5%FeCl$_3$（ml）	蒸馏水（ml）
1	5	0.5	—	—	—	—
2	5	—	0.5	—	—	—
3	5	—	—	0.5	—	—
4	5	—	—	—	0.5	—
5	5	—	—	—	—	0.5

3. 观察、记录各试管中气泡产生的情况，并解释实验现象。

五、思考题

1. 1 号、2 号和 5 号试管中产生的气泡多少是否相同，这说明了什么？
2. 设置 3 号和 4 号试管的原因是什么？

实训六　温度、pH、激活剂和抑制剂对酶促反应速度的影响

一、实训目的

了解影响酶促反应速度的因素；观察温度、pH、激活剂、抑制剂对酶促反应速度的影响。

二、实训原理

酶促反应速度受很多因素的影响，如温度、pH、激活剂和抑制剂等。

1. 温度　温度较低时，酶促反应速度也较低。随着温度升高，酶促反应速度逐渐加快。当达到最适温度时，酶活性最高，酶促反应速度达到最大值。之后随着温度的继续升高，酶会逐渐变性失活，酶促反应速度也因酶的变性而降低，甚至停止。

本实验观察温度对唾液淀粉酶活性的影响，唾液淀粉酶的最适温度为 37℃。

2. pH　只有在一定 pH 范围内酶才有催化活性，在最适 pH 下，酶活性最大，酶促反应速度最快。高于或低于最适 pH，酶活性都会降低，酶促反应速度也都会相应减慢。当 pH 过高或过低时，都会使酶变性失活，使酶促反应停止。

本实验观察 pH 对唾液淀粉酶活性的影响，唾液淀粉酶的最适 pH 为 6.8。

3. 激活剂或抑制剂　激活剂或抑制剂均能影响酶活性。其中 Cl$^-$ 为唾液淀粉酶的激活剂，可以提高酶活性，增加酶促反应速度；Cu^{2+} 为唾液淀粉酶的抑制剂，可以降低酶活性，进而降低酶促反应速度。

4. 唾液淀粉酶 唾液淀粉酶能催化淀粉水解，水解程度不同，遇碘的呈色反应也不同，具体如下。

$$淀粉 \longrightarrow 糊精 \longrightarrow 麦芽糖$$

（遇碘呈蓝色）　（遇碘呈紫红色至红色）　（遇碘不呈色）

因此，可以通过呈色反应，了解淀粉水解的程度，从而间接判断酶活性的大小。

本试验设置在不同温度、不同 pH、不同试剂条件下进行淀粉水解，从反应后遇碘的颜色深浅，判断温度、pH、激活剂、抑制剂对酶促反应速度的影响。

三、实训器材

1. 试剂

（1）1% 淀粉溶液。

（2）稀唾液　漱口后，含蒸馏水 15~30ml 做咀嚼动作 2 分钟，然后将稀释唾液收集于小烧杯中。

（3）碘液　称取碘 4g、碘化钾 6g，加适量蒸馏水溶解，最后定容至 100ml。棕色试剂瓶中保存。

（4）pH 3.0 缓冲溶液　量取 0.2mol/L Na_2HPO_4 溶液 205ml、0.1mol/L 柠檬酸溶液 795ml，混匀后即成。

（5）pH 6.8 缓冲溶液　量取 0.2mol/L Na_2HPO_4 溶液 772ml、0.1mol/L 柠檬酸溶液 228ml，混匀后即成。

（6）pH 8.0 缓冲溶液　量取 0.2mol/L Na_2HPO_4 溶液 972ml、0.1mol/L 柠檬酸溶液 28ml，混匀后即成。

（7）1% NaCl 溶液。

（8）1% $CuSO_4$ 溶液。

（9）1% Na_2SO_4 溶液。

（10）蒸馏水。

2. 器材　试管、试管架、滴管、小烧杯、恒温水浴箱、沸水浴箱。

四、实训方法和步骤

（一）温度对酶促反应速度的影响

1. 取 3 支试管，编号后，按下表（表 4-7）依次加入相关试剂。

表 4-7　温度对酶促反应速度的影响实训加样表

试管号	pH 6.8 缓冲溶液	1% 淀粉溶液
1	20 滴	10 滴
2	20 滴	10 滴
3	20 滴	10 滴

2. 混匀后，分别置于冰浴、37℃水浴、沸水浴中 5 分钟。

3. 依次加入稀唾液 4 滴后，继续放置 10 分钟。

4. 取出各管，分别加入碘液 1 滴，观察、记录各试管中的颜色变化，并解释实验现象。

（二）pH 对酶促反应速度的影响

1. 取 3 支试管，编号后，按下表（表 4 - 8）依次加入相关试剂。

表 4 - 8　pH 对酶促反应速度的影响实训加样表

试管号	pH 3.0 缓冲溶液	pH 6.8 缓冲溶液	pH 8.0 缓冲溶液	1% 淀粉溶液	稀唾液
1	20 滴	—	—	10 滴	4 滴
2	—	20 滴	—	10 滴	4 滴
3	—	—	20 滴	10 滴	4 滴

2. 混匀后，置于 37℃水浴中 10 分钟。

3. 取出各管，分别加入碘液 1 滴，观察、记录各试管中的颜色变化，并解释实验现象。

（三）激活剂、抑制剂对酶促反应速度的影响

1. 取 4 支试管，编号后，按下表（表 4 - 9）依次加入相关试剂。

表 4 - 9　激活剂、抑制剂对酶促反应速度的影响实训加样表

试管号	pH 6.8 缓冲溶液	1% 淀粉溶液	稀唾液	1%NaCl 溶液	1%CuSO₄ 溶液	1%Na₂SO₄ 溶液	蒸馏水
1	20 滴	10 滴	4 滴	10 滴	—	—	—
2	20 滴	10 滴	4 滴	—	10 滴	—	—
3	20 滴	10 滴	2 滴	—	—	10 滴	—
4	20 滴	10 滴	2 滴	—	—	—	10 滴

2. 混匀后，置于 37℃水浴中 10 分钟。

3. 取出各管，分别加入碘液 1 滴，观察、记录各试管中的颜色变化，并解释实验现象。

五、思考题

在激活剂、抑制剂对酶促反应速度的影响试验中，设置 Na_2SO_4 组和蒸馏水组的目的分别是什么？

目标检测

一、选择题

（一）单项选择题

1. 下列关于酶的叙述中，正确的是（　　）
    A. 大部分酶的化学本质是蛋白质　　B. 所有的蛋白质都有酶活性
    C. 由酶催化的底物都是有机化合物　　D. 酶都含有辅酶或辅基

2. 酶与一般催化剂的主要区别是（　　）
    A. 只能加速热力学上可以进行的反应　　B. 在反应前后本身不发生变化
    C. 不改变化学反应的平衡点　　D. 具有高度专一性

3. 决定酶专一性的是（　　）
    A. 酶蛋白　　　　B. 辅酶　　　　C. 辅基　　　　D. 催化基团

4. 辅酶与辅基的主要区别是（　　）
    A. 与酶蛋白结合的牢固程度不同　　B. 化学本质不同
    C. 分子大小不同　　D. 催化功能不同

5. 酶的活性中心是指（　　）
    A. 整个酶分子的中心部位
    B. 酶蛋白与辅酶结合的部位
    C. 酶发挥催化作用的部位
    D. 酶分子中能与底物特异性结合并将底物转化为产物的区域

6. 酶原激活的实质是（　　）
    A. 激活剂与酶结合使酶激活
    B. 酶蛋白的别构效应
    C. 酶原分子一级结构发生改变从而形成或暴露出酶的活性中心
    D. 酶原分子的空间构象发生了变化而一级结构不变

7. 下列关于乳酸脱氢酶的描述，错误的是（　　）
    A. 乳酸脱氢酶可用 LDH 表示　　B. 有五种结构形式
    C. 理化性质都相同　　D. 催化的化学反应都相同

8. 酶促反应动力学研究的是（　　）
    A. 酶的化学组成　　B. 酶的空间构象
    C. 酶的活性中心　　D. 影响酶促反应速度的因素

9. 酶促反应速度达最大反应速度 75% 时，K_m 与 [S] 的关系为（　　）
    A. $K_m = 3/4$ [S]　　B. $K_m =$ [S]
    C. $K_m = 1/2$ [S]　　D. $K_m = 1/3$ [S]

10. 下列关于温度对酶促反应速度的影响，描述正确的是（　　）

A. 随着温度升高，酶促反应速度逐渐加快

B. 随着温度升高，酶促反应速度逐渐降低

C. 温度对酶促反应速度的影响具有双重性

D. 以上都不对

11. 下列不属于不可逆性抑制剂的是（　　　）

A. 有机磷化合物　　　　　　　　B. 有机汞化合物

C. 有机砷化合物　　　　　　　　D. 磺胺类药物

12. 磺胺药对二氢叶酸合成酶的影响属于（　　　）

A. 不可逆抑制作用　　　　　　　B. 竞争性抑制作用

C. 非竞争性抑制作用　　　　　　D. 反竞争性抑制作用

13. 下列哪组动力学常数变化属于酶的竞争性抑制作用（　　　）

A. K_m 增加，V_{max} 不变　　　　　B. K_m 降低，V_{max} 不变

C. K_m 降低，V_{max} 降低　　　　　D. K_m 不变，V_{max} 降低

14. 下列不是以酶原的形式合成或分泌的是（　　　）

A. 胃蛋白酶　　　B. 胰蛋白酶　　　C. 溶菌酶　　　D. 凝血酶

15. 醛缩酶属于（　　　）

A. 合成酶类　　　B. 水解酶类　　　C. 裂合酶类　　　D. 异构酶类

（二）多项选择题

1. 下列描述正确的是（　　　）

A. 酶通过增大反应的活化能而加快反应速度

B. 酶可以改变反应的平衡常数

C. 酶在反应前后没有发生变化

D. 酶对其所催化的底物具有特异性

E. 酶对其所催化的反应环境很敏感

2. 下列酶根据其所催化的反应性质来命名的是（　　　）

A. 蛋白酶　　　　　B. 脂肪酶　　　　C. 水解酶

D. 转氨酶　　　　　E. 脱氢酶

3. 下列关于影响酶促反应速度的因素的描述中，正确的是（　　　）

A. 最适温度时，酶促反应速度最大

B. 最适 pH 时，酶促反应速度最大

C. 底物浓度与酶促反应速度总成正比

D. 激活剂能提高酶促反应速度

E. 抑制剂能降低酶促反应速度

4. 下列关于 K_m 值的描述，正确的是（　　　）

A. K_m 值是酶的特征常数

B. K_m 值与酶的性质、底物的种类、酶促反应条件有关

C. K_m 值与反应中酶浓度有关

D. K_m 值可以表示酶和底物之间的亲和力

E. 当酶促反应速度达到最大速度一半时，$K_m = [S]$

5. 有机磷杀虫剂对乙酰胆碱酯酶抑制作用的机制是（　　）

A. 与酶活性中心的苏氨酸残基的羟基结合，使酶失去活性

B. 与酶活性中心的丝氨酸残基的羟基结合，使酶失去活性

C. 解磷定可解除其对酶的抑制作用

D. 这种抑制属于可逆性抑制作用

E. 这种抑制属于不可逆性抑制作用

二、思考题

流行性脑膜炎简称流脑，是由脑膜炎双球菌引起的化脓性脑膜炎。致病菌由鼻咽部侵入血循环，形成败血症，最后局限于脑膜及脊髓膜，形成化脓性脑脊髓膜病变。主要临床表现有发热、头痛、呕吐、皮肤瘀点及颈项强直等脑膜刺激征，脑脊液呈化脓性改变。临床上对于普通型流脑的治疗首选药物是磺胺嘧啶，首次剂量为 40~80mg/kg，分 4 次口服或静脉注入。应用磺胺嘧啶 24~48 小时后一般情况即有显著进步，体温下降，神志转清，脑膜刺激征于 2~3 天内减轻而逐渐消失。

请结合本章所学说明磺胺嘧啶发挥药效的机制。

书网融合……

 微课　　　　　划重点　　　　　自测题

第五章 维生素

学习目标

知识要求

1. **掌握** 维生素的概念，维生素的分类，常见维生素的生理功能和缺乏症。
2. **熟悉** 维生素的特性，常见维生素的来源。
3. **了解** 维生素缺乏的常见原因，常见维生素类药物的适应证和注意事项。

能力要求

能够运用维生素相关知识对健康人群和患者进行健康保健指导。

第一节 维生素概述

PPT

实例分析

实例 某远航客轮在海上遇到风暴，没有按期返航。由于所带的蔬菜、水果已经全部食用完，完全靠罐头食品维持日常饮食近 4 个月，结果成年人大多出现面色苍白、倦怠无力、食欲减退等症状，儿童则表现出易怒、低热、呕吐和腹泻等症状。

分析 1. 客轮乘客缺乏的是哪一类营养物质？

2. 为什么饮食中长期缺乏蔬菜、水果类食物会患病呢？

一、维生素的概念

请你想一想

什么情况下需要补充维生素类药物？

维生素是维持生长发育和机体正常生理功能所必需的，常由食物供给的一类小分子有机化合物。

维生素具有以下四个特性。①外源性：体内不能合成或合成量不足，不能满足机体的需要，必须依赖食物供给。②微量性：日需量极少，仅以毫克或微克计。③特异性：各种维生素都有其独特的生理功能，维生素缺乏，即可引起相应的缺乏病。④调节性：维生素既不参与机体组织的构成，也不氧化供能，其重要性在于参与物质代谢与能量代谢的调节过程。

你知道吗

维生素的发现

克里斯蒂安·艾克曼（Christian Eijkman，1858～1930）出生于荷兰，在奖学金的支持下，他学习军医，学成后去荷属东印度群岛研究脚气病（方法是寻找致脚气病的细菌）。脚气病患者起初为腿部不适，最后可能因心脏衰竭而死亡。他发现当地大米含有一种引起脚气病的毒素，而大米壳（糙米有银皮，而精米没有）中含有对抗这种毒素的物质。艾克曼甚至发现了这种水溶性"抑菌物质"（水溶性因子）。随着研究的深入，认识到这是精米中缺少一种对健康来讲不可或缺的物质，缺乏此物质可致脚气病或多发性神经炎。这种物质就是艾克曼发现的水溶性因子，后来的维生素 B_1。

波兰生物化学家卡齐米尔·芬克（Casimir Funk，1884～1967）曾在欧洲多个国家求学，他宣布自己提纯了这种物质，他认为这是一个胺类物质，所以命名为 vitamines，即"维持生命的胺"，现改为"vitamin"即维生素。并且预言包括坏血病、糙皮病及脚气病都与这一类物质有关。

二、维生素的分类

维生素的种类较多，根据溶解性不同，可将其分为脂溶性维生素和水溶性维生素两大类（表 5-1）。脂溶性维生素包括维生素 A、D、E、K 等，易溶于脂肪及脂溶剂，不易溶于水。水溶性维生素包括 B 族维生素和维生素 C，B 族维生素有维生素 B_1、维生素 B_2、维生素 B_3、维生素 B_4、维生素 PP、泛酸、叶酸、生物素等，易溶于水而不溶于脂溶剂。 ᗕ 微课

表 5-1　维生素的分类和特点

	脂溶性维生素	水溶性维生素
分子特点	亲脂非极性分子，易溶于脂肪或脂质溶剂，不溶于水，在食物中与之共存	极性分子，易溶于水
体内状态	吸收需要脂质和胆汁的协助，可因脂质吸收障碍引起缺乏，也会因长期大量服用引起过多症	在体内不容易储存，一旦体液中含量超过其肾阈，即从尿中排出，很少有中毒现象，但易患缺乏症，必须经常食物摄入
种类	维生素 A、维生素 D、维生素 E、维生素 K 等	B 族维生素和维生素 C 等

第二节　脂溶性维生素

PPT

实例分析

实例　患者，男，22 月龄。双下肢弯曲 7 个月。患儿 15 个月行走后出现双下肢弯曲，逐渐明显，日常睡眠不安，摇头，多汗。患儿母乳喂养至 18 个月。目前患儿拒绝

喝配方奶，进食辅食可，不挑食，未添加维生素 D 及其他营养补充剂，大小便正常。患儿孕 38 周自然分娩。母孕时户外活动少，否认孕期感染或服药史，否认围产期窒息缺氧病史。否认家族性疾病史或其他遗传病史。患儿 15 个月独走，1 周岁有意识叫"爸爸，妈妈"。临床诊断为佝偻病。

分析   1. 患儿缺乏哪种维生素？

2. 该维生素通常和哪种药物合用？为什么？

脂溶性维生素包括维生素 A、维生素 D、维生素 E、维生素 K 四种。脂溶性维生素不溶于水，易溶于脂质及有机溶剂。食物中的脂溶性维生素与脂质共存，随着脂质的吸收而被吸收，吸收后与血液中的脂蛋白及某些特殊的结合蛋白特异地结合而运输，吸收后的维生素可以在体内储存。脂质吸收不良时，脂溶性维生素的吸收发生障碍，严重者可导致维生素缺乏病。

一、维生素 A

维生素 A 又称抗眼干燥症（俗称干眼病）维生素，天然维生素 A 有维生素 A_1 和维生素 A_2 两种形式。维生素 A_1 又称视黄醇，维生素 A_2 又称 3 - 脱氢视黄醇。视黄醇、视黄醛和视黄酸是维生素 A 的活性形式。

（一）来源

维生素 A 主要存在于动物性食物中，动物的肝脏中含量最多，鱼肝油中也含有丰富的维生素 A，乳制品及蛋黄中含量也很丰富。植物性食物中一般不含维生素 A，只含有胡萝卜素，例如，胡萝卜、绿叶蔬菜、番茄、玉米、枸杞子等都有丰富的胡萝卜素。胡萝卜素在人和动物体内可转化为维生素 A，故把胡萝卜素称为维生素 A 原。重要的维生素 A 原有 α - 胡萝卜素、β - 胡萝卜素、γ - 胡萝卜素和玉米黄素，其中以 β - 胡萝卜素生理活性最高。

（二）生理功能与缺乏症

1. 视觉功能   维生素 A_1 与人的视觉关系极为密切，是构成视觉细胞内感光物质的成分。全反式视黄醇被异构成 11 - 顺视黄醇，进而氧化为 11 - 顺视黄醛。人眼睛感受暗光的视色素称为视紫红质，由视蛋白和来自维生素 A 的 11 - 顺视黄醛组成。视紫红质感光时分解为视黄醛与视蛋白，在弱光或暗光时再合成，形成一个视循环。眼睛对弱光的感光能力取决于视紫红质浓度，维生素 A 缺乏，可导致暗视觉障碍，严重时会发生夜盲症。

2. 调节功能   维生素 A 可通过影响上皮细胞内糖蛋白的合成，在维持上皮组织的正常生长和分化、保持上皮组织的功能健全方面起着重要的作用。维生素 A 缺乏时，可引起皮肤干燥、粗糙，泪腺分泌减少引起眼干燥症。维生素 A 还具有促进正常生长发育的作用，可促进蛋白质的合成，也参与维持骨组织中成骨细胞的分化平衡，从而促进骨的正常生长，故对儿童的生长发育极为重要。此外，维生素 A 也参与维持机体正常的免疫功能，具有抑制肿瘤细胞生长等作用。

3. 抗氧化作用 β-胡萝卜素是天然的抗氧化剂，在氧分压较低的条件下，能直接清除自由基，而自由基是引起肿瘤和其他疾病以及衰老的重要因素。

4. 过量引起中毒 正常成人维生素 A 每日生理需要量仅为 1mg。若摄入量超过视黄醇结合蛋白的结合能力，游离的维生素 A 可造成组织损伤。一次服用 200mg 视黄醇或视黄醛，或每日服用 40mg 维生素 A 多日均可出现维生素 A 中毒表现。

你知道吗

药王孙思邈的故事

孙思邈，陕西华原人。孙思邈对医术精益求精，在医疗实践中不断创新。那时，山区的老百姓中，有的人白天视力正常，一到了晚上，什么也看不见了，感到奇怪，便找到孙思邈诊治。孙思邈潜心研究发现，患这种病的人都是贫穷家。穷苦百姓，不得温饱，更缺乏营养食品。他想到医书中有"肝开窍于目"的说法，又想到洪洞东西两山的飞禽走兽很多，便让夜盲症病人吃捕获动物的肝脏。病人吃上一段时间，夜盲症便慢慢地好转了。同时，在当地有几家富人找他看病，他看到病人身上发肿，肌肉疼痛，浑身没劲，孙思邈诊断为脚气病。他比较了穷人和富人的饮食，富人多吃精米白面，鱼虾蛋肉，而穷人多吃五谷杂粮，他仔细一分析，粗粮内夹杂着不少米糠麸子，精米白面把这类东西全去掉了。他估计：脚气病很可能是缺少米糠和麸子这些物质引起的。于是他试着用米糠和麦麸来治疗脚气病，果然很是灵验，不到半年，周围几家富人的脚气病都陆续治好了。

二、维生素 D

维生素 D 又称抗佝偻病维生素。维生素 D 在体内的活性形式是 1,25 - 二羟维生素 D_3 $[1,25-(OH)_2D_3]$。

（一）来源

维生素 D 主要存在于动物性食品中，如蛋黄、牛奶和动物的肝、肾、脑、皮肤等器官中含量都较高，尤其是鱼肝油中含有丰富的维生素 D，而植物中不含维生素 D。动物、植物、微生物体内都含有

请你想一想
晒太阳为什么能促进婴幼儿骨骼生长？

可以转化为维生素 D 的固醇类物质，称为维生素 D 原。7 - 脱氢胆固醇和麦角固醇是重要的维生素 D 原。人和动物的皮肤下含有 7 - 脱氢胆固醇，当皮肤被紫外线（日光）照射后，可转变成维生素 D_3。植物、酵母及其他真菌中含的麦角固醇经紫外线（日光）照射后，即可转变为维生素 D_2。

（二）生理功能与缺乏症

1. 调节血钙水平 维生素 D 的主要功能是调节钙、磷代谢作用，维持血液钙、无

机磷浓度正常。能促进小肠对钙和无机磷的吸收和运转及促进肾小管对无机磷的重吸收；促进骨组织中成骨作用，使牙齿骨骼发育完全，在补充钙的前提下，可预防手足抽搐症。

维生素 D 缺乏时，儿童易发生佝偻病，成人易发生骨软化症。过多摄入维生素 D 会产生副作用，导致体内维生素 D 中毒，造成骨化过度，引发高钙血症等症状，引起肾结石。

2. 影响细胞分化 肾外组织细胞也具有羟化 25 - OH - D_3 生成 1,25 - (OH)$_2$D$_3$ 的能力。皮肤、大肠、前列腺、乳腺、心、脑、骨骼肌、胰岛 β 细胞、单核细胞和活化的 T 和 B 淋巴细胞等均存在维生素 D 受体。1,25 - (OH)$_2$D$_3$ 具有调节这些组织细胞分化等功能。已知，维生素 D 缺乏可引起自身免疫性疾病。1,25 - (OH)$_2$D$_3$ 促进胰岛 β 细胞合成与分泌胰岛素，具有对抗 1 型和 2 型糖尿病的作用。1,25 - (OH)$_2$D$_3$ 对某些肿瘤细胞还具有抑制增殖和促进分化的作用。

维生素 D 的推荐量为每日 10μg。经常晒太阳可有效获得维生素 D。高剂量维生素 D 具有毒性，成人的最高耐受剂量为每天 50mg。

三、维生素 E

维生素 E 又称生育酚。维生素 E 对氧十分敏感，易于自身氧化，氧化后即失效。

(一) 来源

分布广泛，多存在于植物组织中。植物油中维生素 E 的含量丰富，尤其是麦胚油、玉米油、花生油中含量较多。此外，豆类和绿叶蔬菜中的含量也较丰富。

(二) 生理功能与缺乏症

1. 与动物的生殖功能有关 维生素 E 能促进性激素分泌，与动物的生殖功能密切相关。临床上常用于治疗先兆流产和习惯性流产。

2. 抗氧化作用 维生素 E 还具有抗氧化作用，作为脂溶性抗氧化剂和自由基清除剂，主要防止生物膜上脂质过氧化物的产生，使细胞膜免受氧自由基的损害，从而延缓细胞衰老的过程。

3. 其他 维生素 E 还可以促进血红素合成，是一种重要的血管扩张剂和抗凝血剂。此外，维生素 E 还有抗衰老和抗肿痛等作用。因为食物中维生素 E 来源充足，所以一般不易缺乏。

维生素 E 的推荐量为每日 8 ~ 10mg。维生素 E 不易缺乏，在严重的脂类吸收障碍和肝严重损伤时可出现缺乏症。维生素 E 是毒性最低的脂溶性维生素，人类尚未发现维生素 E 中毒症。

四、维生素 K

维生素 K 又称凝血维生素，包括维生素 K_1、维生素 K_2、维生素 K_3、维生素 K_4 四种。在自然界主要以维生素 K_1 和维生素 K_2 两种形式存在。

（一）来源

广泛存在于绿色植物中，绿色蔬菜、动物肝和鱼类含有丰富的维生素 K，其次是牛奶、麦麸、大豆等食物。人和动物肠道内的细菌能合成维生素 K，故人体一般不出现缺乏病，若食物中缺乏绿色蔬菜或长期服抗生素影响肠道微生物生长，可造成维生素 K 缺乏。

（二）生理功能与缺乏症

维生素 K 的最主要作用是促进凝血因子的合成，具有凝固血液的生理功能。维生素 K 缺乏可导致凝血因子合成障碍，凝血时间延长，严重时可发生出血。此外，维生素 K 还可以预防内出血及痔疮。经常流鼻血的人，可以考虑多从食物中摄取维生素 K。

脂溶性维生素的名称、功能及缺乏症的汇总见表 5 – 2。

表 5 – 2　脂溶性维生素的名称、功能及缺乏症

名称	别名	活性形式	主要生理功能	缺乏症	来源
维生素 A	抗眼干燥症维生素	维生素 A_1：视黄醇 维生素 A_2：3 – 脱氢视黄醇	与眼的暗视觉有关，构成视觉细胞内感光物质。维持上皮组织的结构完整。促进生长发育	夜盲症 眼干燥症	鱼肝油、蛋黄、肝、乳制品、胡萝卜、红辣椒
维生素 D	抗佝偻病维生素	1,25 – 二羟维生素 D_3	调节钙磷代谢 促进钙磷吸收	儿童：佝偻病 成人：骨软化症	鱼肝油、蛋黄、乳制品
维生素 E	生育酚		与动物生殖功能有关 抗氧化作用	人类未发现缺乏症，临床用于治疗习惯性流产和先兆流产	植物油、坚果、谷类、绿叶蔬菜
维生素 K	凝血维生素	天然主要有维生素 K_1 和维生素 K_2。临床常用维生素 K_3 和维生素 K_4	与肝合成凝血因子 Ⅱ、Ⅶ、Ⅸ、Ⅹ 有关	表现为凝血时间延长或血块回缩不良	肝脏、绿叶植物、乳制品

第三节　水溶性维生素

PPT

实例分析

实例　患者长期严重偏食、减肥节食，出现了白斑、贫血面容、乏力、肝脾大、皮肤淤点和瘀斑等贫血表现，并出现了神经障碍、脱髓鞘和严重的神经症状。

分析　1. 该患者缺乏哪种维生素？

2. 该维生素缺乏症患者应该多食用哪些食物以辅助治疗？

水溶性维生素包括维生素 C 和 B 族维生素，B 族维生素包括 B_1、B_2、B_6、B_{12}、PP、泛酸、叶酸、生物素等。其都不溶于脂溶剂，易溶于水。在体内储存较少，易从

尿中排出，较少出现中毒现象，但需不断从食物中获得。

一、维生素 C

维生素 C 是一种酸性多羟基化合物，因能防治坏血病，故又称为抗坏血酸。植物、微生物能够合成维生素 C，人体不能自身合成，需靠食物供给。

（一）来源

维生素 C 广泛存在于新鲜水果和蔬菜中，尤其是猕猴桃、酸枣、柑橘、山楂、番茄和辣椒中含量丰富。维生素 C 在烹调和储存过程中易被破坏，所以蔬菜、水果应该尽量保持新鲜、生吃。

（二）生理功能与缺乏症

在体内，维生素 C 以还原型和氧化型两种形式存在，两者能可逆转化，在生物氧化还原体系中起重要作用。氧化型和还原型维生素 C 同样具有生理功能。

1. 参与羟化反应　维生素 C 参与体内多种羟化反应，能促进胶原蛋白的羟化反应，参与芳香族氨基酸代谢的羟化反应，还参与胆固醇转变为胆汁酸的羟化及类固醇激素合成的羟化反应。其中突出的是促进细胞间质中胶原蛋白和氨基多糖的合成，从而维持结缔组织和细胞间质的完整性，促进骨基的生长，以维持骨骼和牙齿的正常生长。当维生素 C 缺乏时，胶原蛋白不足，导致微血管壁通透性和脆性增加，易破裂出血，称为坏血病。

2. 参与体内的氧化还原反应　维生素 C 作为抗氧化剂，维持还原性谷胱甘肽浓度和保持巯基酶的活性，具有保护细胞膜和防治重金属中毒的作用；维生素 C 还能促进红细胞中的高铁血红蛋白（MHb）还原为血红蛋白（Hb），提高运氧功能；除此之外，维生素 C 能促进叶酸转变成具有生理活性的四氢叶酸，也能保护维生素 A、维生素 E、维生素 B 免遭氧化。

3. 其他　维生素 C 可促进免疫球蛋白的合成与稳定，增强机体抵抗力；维生素 C 还具有防治动脉粥样硬化、抗病毒和防癌的作用。维生素 C 对人体很重要，缺乏或过量均影响健康，当长期大量服用维生素 C，可引起尿结石、腹痛、腹泻等不良反应。

二、维生素 B_1

维生素 B_1 又称为抗神经炎或抗脚气病维生素，其分子结构中含有一个含硫的噻唑环和一个氨基吡啶环，又称为硫胺素。

（一）来源

在植物中分布广泛。主要存在于种子的外皮和胚芽中，例如米糠和麦麸中维生素 B_1 的含量很丰富，酵母中的维生素 B_1 含量最多。此外，动物的肝、瘦肉、蔬菜中含量亦较丰富。

（二）生理功能与缺乏症

维生素 B_1 与糖代谢关系密切，所以当维生素 B_1 缺乏时，体内 TPP 含量减少，从而使丙酮酸氧化作用受到抑制，糖代谢发生障碍，大量的丙酮酸不能转化存在血液中。在正常情况下，神经组织的能源主要由糖氧化供给，当缺乏维生素 B_1 时神经组织能量供应不足，导致多发性神经炎，表现为食欲不振、皮肤麻木、四肢乏力、肌肉萎缩、心力衰竭伤等症状，临床称为脚气病。维生素 B_1 还可抑制胆碱酯酶的活性，在神经传导中起一定作用，当维生素 B_1 缺乏时，神经传导受到影响。

三、维生素 B_2

维生素 B_2 又称核黄素。在生物体内维生素 B_2 的活性形式是黄素单核苷酸（FMN）和黄素腺嘌呤二核苷酸（FAD）。

（一）来源

在自然界中分布很广，动物的肝、肾、心含量最多；其次是奶类、蛋类和酵母；绿叶蔬菜、水果中含量也很丰富；粮食籽粒如黄豆、小麦中也含有少量；某些细菌和霉菌能合成维生素 B_2，但在动物体内不能合成，必须由食物供给。

（二）生理功能与缺乏症

维生素 B_2 在生物氧化过程中，FMN 和 FAD 是体内氧化还原酶的辅基，能把氢从底物传递给受体，起递氢作用。维生素 B_2 作为辅酶，参与生物体内多种氧化还原反应，能促进糖、脂肪、蛋白质的代谢。

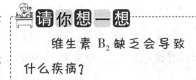

请你想一想
维生素 B_2 缺乏会导致什么疾病？

维生素 B_2 对维持皮肤、黏膜和视觉的正常功能有一定的作用。缺乏维生素 B_2 时，可引起口角炎、唇炎、舌炎、结膜炎、视物模糊、脂溢性皮炎等。

四、维生素 PP

维生素 PP 又称抗糙皮病维生素，包括烟酸（曾称尼克酸）与烟酰胺（曾称尼克酰胺）两种。烟酸与烟酰胺在体内可以相互转化，烟酰胺是烟酰胺腺嘌呤二核苷酸（NAD）和烟酰胺腺嘌呤二核苷酸磷酸（NADP）的活性成分。

（一）来源

维生素 PP 在自然界分布很广，肉类、酵母、谷物及花生中含量丰富。此外，人体、植物和某些细菌可将色氨酸转变成维生素 PP，故人类一般不会缺乏。但玉米中缺乏色氨酸，长期只食玉米，则有可能造成维生素 PP 缺乏症，因此应将各种杂粮合理搭配食用。

（二）生理功能与缺乏症

NAD^+ 和 $NADP^+$ 是多种脱氢酶的辅酶，参与机体内的生物氧化过程，起递氢作用，对糖、脂肪和蛋白质代谢过程中能量的产生与释放过程有重要作用。

维生素 PP 能维持神经组织的健康，对中枢和交感神经系统有维护作用，缺乏维生素 PP 时可引发癞皮病，其临床表现为体表暴露部分发生对称性皮炎。维生素 PP 也可促进血液循环，因此也可作为血管扩张药、降胆固醇药在临床使用。

抗结核药异烟肼与维生素 PP 结构相似，两者有拮抗作用，长期服用异烟肼会导致维生素 PP 缺乏。

五、维生素 B_6

又称吡哆素，包括吡哆醇、吡哆醛、吡哆胺三种结构类似的物质，三者在体内可以互相转化。磷酸吡哆醛及磷酸吡哆胺是其活性形式。

（一）来源

广泛存在于动、植物中，酵母、蛋黄、肉类、肝、鱼类和谷类中含量均很丰富，尤其是谷类和豆类的种皮、果皮含有丰富的维生素 B_6。同时，肠道细菌也可以合成维生素 B_6，人类一般很少缺乏。

（二）生理功能与缺乏症

在体内以磷酸酯的形式存在。磷酸吡哆醛和磷酸吡哆胺是氨基酸代谢中转氨酶及脱羧酶的辅酶，参与转氨基和脱羧基作用。

维生素 B_6 缺乏可致中枢神经兴奋、呕吐等症状，临床上常用维生素 B_6 治疗婴儿惊厥和妊娠呕吐。人类未发现维生素 B_6 缺乏的典型病例。

六、维生素 B_{12}

分子中含有金属元素钴，故又称为钴胺素，是唯一的含有金属元素的维生素。在体内主要有两种辅酶形式，如 5′-脱氧腺苷钴胺素和甲基钴胺素。

（一）来源

动物肝、肾、鱼、蛋等食品富含维生素 B_{12}。人和动物主要靠肠道细菌合成维生素 B_{12}，所以一般情况下人体不会缺乏，但有严重吸收障碍疾病的患者和长期素食者易发生维生素 B_{12} 缺乏症。

（二）生理功能与缺乏症

辅酶 B_{12} 作为转甲基酶的辅酶，参加一些异构反应，甲基钴胺素参与生物合成中的甲基化作用。维生素 B_{12} 参与体内一碳单位的代谢，因此维生素 B_{12} 与叶酸的作用互相关联。缺乏维生素 B_{12} 时，可造成巨幼细胞贫血，常伴有神经症状。

七、泛酸

又称遍多酸，维生素 B_5。

（一）来源

泛酸是自然界中分布十分广泛的维生素，在酵母、肝、肾、蛋、小麦、米糠、花生、豌豆中含量丰富，在蜂皇浆中含量最多，同时人类肠道中的细菌能合成泛酸，因此，人类极少发生泛酸缺乏症。

（二）生理功能与缺乏症

在生物组织中，泛酸作为辅酶 A（CoA）的组成成分，是构成酰基转移酶的辅酶，主要生理功能是在代谢中作为酰基的载体。作为多种酶的辅酶参加酰化反应及氧化脱羧等反应，常以 HSCoA 或 CoASH 表示。因泛酸广泛存在于生物界，缺乏症很少见。

八、叶酸

四氢叶酸是叶酸的活性形式。

（一）来源

叶酸在绿色蔬菜、肝、肾、酵母中含量丰富。植物和大多数微生物都能合成叶酸，某些微生物不能自行合成，则需要用现成的叶酸作为生长因子。人体肠道细菌能利用对氨基苯甲酸合成叶酸，故人体一般不会发生叶酸缺乏症。

（二）生理功能与缺乏症

进入人体的叶酸在小肠、肝或组织中被二氢叶酸还原酶还原为二氢叶酸（FH_2），再进一步还原成四氢叶酸（FH_4）。四氢叶酸是一碳单位转移酶的辅酶，作为一碳单位的载体参与多种物质代谢。叶酸缺乏时，DNA 合成受抑制，细胞分裂速度下降，体积增大，造成巨幼细胞贫血。人体一般不易缺乏叶酸，当消化道吸收障碍，或长期服用磺胺药物时，就可能引起肠道细菌的叶酸合成受阻而导致贫血症的发生。

你知道吗

孕妇怎样补充叶酸

如果准妈妈在妊娠早期缺乏叶酸，就会影响胎儿大脑和神经系统的正常发育，严重时将造成无脑儿和脊柱裂等先天畸形，也可因胎盘发育不良而造成流产、早产等。

备孕女性和有可能怀孕的所有育龄女性，每天都要保持补充至少 400μg 的叶酸，高风险人群要根据医生的指导加大叶酸的服用剂量。要在尝试受孕前至少 1 个月开始补充叶酸，要通过提前叶酸的补充，提高身体内的叶酸含量，将身体的叶酸含量稳定保持在一个正常的水平，能够充分发挥叶酸的作用。建议在整个孕期都要持续补充叶酸，妊娠后期肚子里的宝宝也会有器官生长，持续的叶酸补充能够有效地促进器官健康生长。

九、生物素

生物素耐酸不耐碱，高温和氧化剂可使其灭活。

（一）来源

生物素在动、植物界分布很广，如肝、肾、蛋黄、酵母、蔬菜、谷类中都有。一般利用玉米浆或酵母膏可满足微生物对生物素的需要。肠道细菌也能合成生物素供人体需要，所以一般不易发生生物素缺乏病。

（二）生理功能与缺乏症

生物素是体内多种羧化酶的辅酶，参与体内 CO_2 的固定以及羧化反应。生物素与糖、脂肪、蛋白质和核酸的代谢有密切关系，在代谢过程中起 CO_2 载体作用。此外，生物素对一些微生物如酵母菌、细菌的生长有强烈的促进作用。人缺乏生物素时易引起精神抑郁、毛发脱落、皮肤发炎等疾病。当长期口服抗生素药物或过多吃生鸡蛋清，会发生生物素缺乏症。

水溶性维生素的名称、功能及缺乏症的汇总见表5-3。

表5-3 水溶性维生素的名称、功能及缺乏症

名称	别名	活性形式	主要生理功能	缺乏症	来源
维生素 C	抗坏血酸		促进细胞间质中胶原蛋白和氨基多糖的合成 参与体内的氧化还原反应 参与体内的其他代谢反应	坏血病	新鲜水果和蔬菜中，尤其是猕猴桃、酸枣、柑橘、山楂、番茄和辣椒中含量丰富
维生素 B_1	硫胺素 抗脚气病 维生素	硫胺素焦磷酸（TPP）	A-酮酸氧化脱羧作用	脚气病 胃肠道功能紊乱	米糠、麦麸、酵母、动物的肝、瘦肉、蔬菜
维生素 B_2	核黄素	黄素单核苷酸（FMN）和黄素腺嘌呤二核苷酸（FAD）	递氢作用	口角炎、唇炎、舌炎、结膜炎、视觉模糊、脂溢性皮炎	动物的肝、肾，奶类、蛋类、酵母、绿叶蔬菜、水果、黄豆、小麦、细菌和霉菌
维生素 B_6	吡哆醇	磷酸吡哆醛及磷酸吡哆胺	参与转氨基和脱羧基作用	人类未发现维生素 B_6 缺乏的典型病例临床上治疗婴儿惊厥和妊娠呕吐	酵母、蛋黄、肉类、肝、鱼类、谷类
维生素 B_{12}	钴胺素	甲基钴胺素	参与生物合成中的甲基化作用	巨幼细胞贫血	动物肝、肾，鱼、蛋等食品
维生素 PP	抗癞皮病维生素	NAD^+ 和 $NADP^+$	递氢作用 维持神经组织的健康	癞皮病	肉类、酵母、谷物及花生
泛酸	遍多酸	辅酶 A（CoA）	多种酶的辅酶参加酰化反应及氧化脱羧等反应	缺乏症很少见	酵母、肝、肾、蛋、小麦、米糠、花生、豌豆
叶酸		四氢叶酸（FH_4）	四氢叶酸是一碳单位转移酶的辅酶，作为一碳单位的载体参与多种物质代谢		
生物素			生物素是体内多种羧化酶的辅酶，参与体内 CO_2 的固定以及羧化反应	不易缺乏	各种动植物性食物

第四节 维生素类药物

PPT

实例分析

实例 2017 年 10 月 2 日，来自于加拿大多伦多大学的几位医生在《JAMA Pediatrics》上发表了一名 11 岁男孩的病例报告。这份报告揭露高度限制性的饮食诱发了这名男孩一系列视力的问题和眼睛的奇怪变化。

该男孩在 8 个月内，视力逐渐恶化，其父母决定带他去医院检查。当医生检查这个男孩时，发现他的视力受到严重的损害：只有当手处于 12 英寸（30 厘米）以内时，他才能看到手部动作。另外，男孩眼睛的外层也严重干燥。主治医生说，这种严重的干燥可能导致角膜（眼睛的透明外覆盖物）中形成比托斑点。男孩没有眼睛发红，视力丧失与疼痛、头痛、发烧或光照（闪光）无关。

这名男孩患有多种食物过敏和湿疹，由于担心某些食物可能引起湿疹的发作，男孩的饮食仅限于土豆、猪肉、羊肉、苹果、黄瓜和 Cheerios（五谷全麦面圈）。

分析 1. 该男孩的症状和他的限制饮食有关吗？请说明原因。

2. 如果你是该男孩的主治医生，你将采取什么方法进行治疗？

维生素除少数品种可在人体内合成或由肠道细菌产生外，大部分维生素在人体内不能合成或合成量不足而需从食物中摄取，每日微量的维生素即可满足人体需求，但由于各种原因，如人体摄入不足、吸收能力下降、需求量增加（婴幼儿、妊娠及哺乳期妇女）、分解代谢增强、肠道菌群紊乱、人体的病理状态及用药的干扰（长期、大量应用头孢菌素类、碳青霉烯类或氧头孢烯类等抗菌药物、缓泻药）等均可能造成维生素缺乏症。

长期的维生素摄入不足可引起各种维生素缺乏症，如维生素 A 缺乏所形成的角膜软化症、维生素 B_1 缺乏所引起的脚气病、维生素 C 缺乏所致的坏血病、维生素 D 缺乏出现的骨软化病或成人佝偻病、烟酸缺乏时所致的糙皮病等。

当出现维生素缺乏时，需要适量地补充维生素类药物，以预防或治疗维生素缺乏症。

一、维生素 A

（一）适应证

用于防治维生素 A 缺乏症，如角膜软化、干眼病、夜盲症、皮肤角质粗糙等。

（二）注意事项

1. 慢性肾功能减退时慎用。

2. 妊娠期对维生素 A 需要量较多，但一日不宜超过 6000IU。

3. 婴幼儿对大量维生素 A 较敏感，应慎用。

4. 大量或长期服用维生素 A 可能引起齿龈出血，唇干裂。

5. 老年人长期服用维生素 A 时，可致维生素 A 过量。

6. 长期服用，应随访监测暗适应试验、眼震颤、血浆胡萝卜素及维生素 A 含量。

二、维生素 D₃

(一) 适应证

用于预防和治疗维生素 D 缺乏及维生素 D 缺乏性佝偻病症，因吸收不良或慢性肝脏疾病所致的维生素 D 缺乏，甲状旁腺功能不全引起的低钙血症。

(二) 注意事项

1. 对高磷酸血症以及肾功能不全者慎用。

2. 抗酸药中镁剂与维生素 D 联合应用，可引起高镁血症。

3. 大剂量钙剂或利尿剂与维生素 D 同用，可引起高钙血症。

4. 洋地黄类药与维生素 D 同用，因血钙升高而易诱发心律失常。

5. 大剂量使用时，应定期随访和监测血钙水平，有恶心、呕吐时也应及时监测血钙水平。

6. 长时间、大量应用，可引起慢性维生素 D 中毒；短时间超量摄入维生素 D，可致急性高钙血症，引起严重中毒反应。

三、维生素 E

(一) 适应证

用于吸收不良的新生儿、早产儿、低出生体重儿；用于进行性肌营养不良，以及心、脑血管疾病、习惯性流产及不孕症的辅助治疗。

(二) 注意事项

1. 大量应用可致血清胆固醇及三酰甘油升高。对维生素 K 缺乏引起的低凝血酶原血症及缺铁性贫血患者慎用。

2. 维生素 E 需要量与膳食中不饱和脂肪酸含量呈正相关，当脂肪吸收不良时，维生素 E 的吸收也会受到影响。

3. 鉴于维生素 K 缺乏而引起的低凝血因子 II 血症患者，应用维生素 E 后可使病情加重，维生素 K 缺乏者、缺铁性贫血者慎用。

4. 食物中硒、维生素 A、含硫氨基酸摄入不足时，或含有大量不饱和脂肪酸时，人体对维生素 E 的需求则大量增加，若不及时补充，可能导致维生素 E 缺乏。

5. 严禁对婴儿静脉给药。

四、维生素 AD

(一) 适应证

用于预防和治疗维生素 A 及 D 缺乏症，如夜盲症、干燥性眼炎、佝偻病、软骨症等。

（二）注意事项

1. 高钙血症妊娠期妇女可伴有维生素 D 敏感，功能上又能抑制甲状旁腺活动，以致婴儿有特殊面容、智力低下及患遗传性主动脉弓缩窄。

2. 老年人长期服用本品，可能因视黄醛清除延迟而致维生素 A 过量。

3. 过敏体质者慎用。

> **请你想一想**
>
> 维生素 AD 制剂和鱼肝油都富含维生素 A 和维生素 D，你知道两者的区别吗？

五、维生素 B₁

（一）适应证

用于维生素 B_1 缺乏所致的脚气病或韦尼克脑病的治疗，亦可用于维生素 B_1 缺乏引起的周围神经炎、消化不良等的辅助治疗；用于遗传性酶缺陷病，如亚急性坏死性脑脊髓病、支链氨基酸病，也用于全胃肠道外营养及营养不良的补充。

（二）注意事项

1. 大剂量应用时，测定尿酸浓度可呈假性增高，尿胆原可呈假阳性。

2. 正常剂量下对肾功能正常者几乎无毒性。本剂量静脉注射时，偶见发生过敏性休克，应在注射前取其注射液注射用水 10 倍稀释后取 0.1ml 作皮肤敏感试验，以防过敏反应，且不宜静脉注射。

六、维生素 B₂

（一）适应证

用于防治维生素 B_2 缺乏症，如口角炎、唇干裂、舌炎、阴囊炎、角膜血管化、结膜炎、脂溢性皮炎等。

（二）注意事项

1. 当药品性状发生改变时禁用。

2. 维生素 B_2 在肾功能正常下几乎不产生毒性，但大量服用时可使尿液呈黄色。

3. 餐中服用可使吸收较完全，伴随食物缓慢进入小肠以利于吸收。

七、维生素 B₆

（一）适应证

用于维生素 B_6 缺乏的预防和治疗，防治药物（青霉胺、异烟肼、环丝氨酸）中毒或引起的维生素 B_6 缺乏、脂溢性皮炎、口唇干裂，也可用于妊娠呕吐、放疗和化疗抗肿瘤所致的呕吐、新生儿遗传性维生素 B_6 依赖综合征、遗传性铁粒幼细胞贫血。

（二）注意事项

1. 年人、妊娠及哺乳期妇女应在医师指导下使用本品；妊娠期妇女接受大量维生素 B_6 可致新生儿发生维生素 B_6 依赖综合征，但哺乳期妇女摄入正常剂量对婴儿几乎无影响。

2. 不宜服用大量维生素 B_6 治疗某些疗效未经证实的疾病。

3. 本品可使尿胆原试验呈假阳性。

八、复合维生素 B

（一）适应证

用于预防和治疗 B 族维生素缺乏所致的营养不良、厌食、脚气病、糙皮病等。

（二）注意事项

1. 当药物性状发生改变时禁用。

2. 日常补充和预防时，宜用最低量。

九、维生素 C

（一）适应证

用于防治坏血病，以及创伤愈合期、急慢性传染病、紫癜及过敏性疾病的辅助治疗；特发性高铁血红蛋白血症的治疗；慢性铁中毒的治疗；克山病患者发生心源性休克时，可用大剂量本品治疗；某些病对维生素 C 需要量增加，如接受慢性血液透析的患者，发热、创伤、感染、手术后的患者及严格控制饮食、营养不良者。

（二）注意事项

1. 突然停药可能出现坏血病症状。

2. 半胱氨酸尿症、痛风、高草酸盐尿症、尿酸盐性肾结石、糖尿病、葡萄糖 – 6 – 磷酸脱氢酶缺乏症者慎用。

3. 维生素 C 以空腹服用为宜，但对患消化道溃疡者慎用，以免对溃疡面产生刺激，导致溃疡恶化、出血或穿孔。

4. 肾功能不全者不宜多服维生素 C。

5. 大量服用维生素 C 后不可突然停药，如果突然停药可引起药物的戒断反应，使症状加重或复发，应逐渐减量直至完全停药。

6. 维生素 C 对维生素 A 有破坏作用，尤其是大量服用维生素 C 后，可促进体内维生素 A 和叶酸的排泄，在大量服用维生素 C 的同时，宜注意补充足量的维生素 A 和叶酸。

目标检测

一、选择题

（一）单项选择题

1. 下列维生素属于水溶性维生素的是（　　）

    A. 维生素 A   B. 维生素 B   C. 维生素 C   D. 维生素 D

2. 长期食用鸡蛋清会引起缺乏的维生素是（　　）

    A. 叶酸   B. 生物素   C. 泛酸   D. 维生素 C

3. 脚气病是缺乏（　　）维生素所致

    A. 维生素 A   B. 维生素 B_1 C. 维生素 C   D. 维生素 D

4. 泛酸是下列（　　）酶的辅酶组成成分

    A. FMN   B. TPP   C. $NADP^+$ D. HSCoA

5. 关于水溶性维生素的叙述中，错误的是（　　）

    A. 在人体内只有少量存储

    B. 易随尿液排出体外

    C. 每日必须通过膳食提供足够的数量

    D. 在人体内主要存在于脂肪组织

6. 维生素 K 缺乏时发生（　　）

    A. 凝血因子合成障碍   B. 血友病

    C. 贫血   D. 溶血

7. 关于脂溶性维生素的叙述错误的是（　　）

    A. 溶于脂肪和脂溶剂   B. 不溶于水

    C. 在肠道中与脂肪共同吸收   D. 可随尿排除体外

8. 脚气病由于缺乏下列哪种维生素所致（　　）

    A. 钴胺素   B. 硫胺素   C. 生物素   D. 遍多酸

9. 与凝血酶原生成有关的维生素是（　　）

    A. 维生素 K   B. 维生素 B_1 C. 维生素 E   D. 遍多酸

10. 维生素 D 缺乏可导致（　　）

    A. 坏血病   B. 癞皮病   C. 佝偻病   D. 干眼病

11. 由于难以通过乳腺进入乳汁，母乳喂养儿应在出生 2~4 周后多晒太阳或补充（　　）

    A. 维生素 A   B. 维生素 B   C. 维生素 C   D. 维生素 D

12. 孕早期叶酸缺乏可导致（　　）

    A. 新生儿神经管畸形   B. 母体血脂升高

    C. 新生儿溶血   D. 新生儿先天畸形

13. 与合成视紫红质有关（　　）

    A. 维生素 K   B. 维生素 B_{12} C. 维生素 A   D. 遍多酸

14. 婴幼儿常见的营养素缺乏病有（　　）

　　　　A. 佝偻病　　　　　B. 肢端肥大症　　　C. 维生素 A 缺乏　　D. 锌缺乏症

15. 维生素 C 吸收障碍可引起的疾病是（　　　）

　　　　A. 恶性贫血　　　　B. 佝偻病　　　　　C. 坏血病　　　　　　D. 脚气症

（二）多项选择题

1. 下列叙述与维生素概念不符的是（　　　）

　　　　A. 维持人体代谢所必需　　　　　　B. 是一些小分子有机物

　　　　C. 只能从食物中摄取　　　　　　　D. 不具有氧化功能

　　　　E. 体内不用保持一定水平

2. 维生素 B_2 在体内的活性形式是（　　　）

　　　　A. FMN　　　　B. TPP　　　　C. $NADP^+$　　　　D. NAD^+　　　　E. FAD

3. 下列属于水溶性维生素的是（　　　）

　　　　A. 维生素 A　　B. 维生素 C　　C. 维生素 B_{12}　　D. 维生素 PP　　E. 叶酸

4. 可能引起孕期母体贫血的营养因素有（　　　）

　　　　A. 维生素 C 不足　　　　　　　　　B. 铁的吸收利用率低

　　　　C. 维生素 B_{12} 摄入不足　　　　　　D. 叶酸摄入不足

　　　　E. 钙摄入不足

5. 下列维生素中，脂溶性维生素是（　　　）

　　　　A. 维生素 C　　B. 维生素 D　　C. 麦角钙化醇　　D. 生物素　　　E. 维生素 B

二、思考题

　　《中华儿科杂志》编委会联合中华医学会儿科学分会儿童保健学组、全国佝偻病防治科研协作组达成建议：鉴于佝偻病多见于 3 岁以内的婴幼儿，佝偻病的预防应从孕期开始，以 1 岁以内婴儿为重点对象并应系统管理到 3 岁。他们提出的建议如下。

　　（1）孕妇应经常户外活动，进食富含钙、磷的食物。妊娠后期为秋冬季的妇女宜每日适当补充维生素 D 400～1000 IU。使用维生素 A 和维生素 D 合剂时，应避免维生素 A 中毒，维生素 A 每日摄入量应小于 1 万单位。

　　（2）婴幼儿应该尽早户外活动，逐渐达到每天 1～2 小时户外活动时间，尽量暴露婴儿身体部位如头面部、手足等。

　　（3）婴儿（尤其是纯母乳喂养儿）出生后 2 周每日摄入维生素 D 400 IU 至 2 岁。

　　（4）高危人群如早产儿、低出生体重儿、双胎儿出生后就应该每日补充 800～1000 IU 维生素 D，3 个月后改为每日 400 IU。

　　为什么建议婴幼儿应该尽早户外活动？

书网融合……

　　　　　　微课　　　　　　　划重点　　　　　　　自测题

第六章 糖类的化学与代谢

学习目标

知识要求

1. **掌握** 糖的生物学功能；糖的体内代谢概况；糖的无氧分解；糖的有氧氧化；磷酸戊糖途径；糖原合成与分解的生理意义；糖异生作用的生理意义；血糖的来源和去路。

2. **熟悉** 糖的无氧分解反应过程；糖原的合成与分解；糖异生作用概念。

3. **了解** 糖的概念和分类；糖的消化与吸收；血糖浓度的调节；糖代谢紊乱及常用降血糖药物；糖类药物。

能力要求

1. 能够运用糖类代谢的化学知识，指导糖尿病等患者合理饮食。

2. 学会运用糖类代谢过程中物质变化，分析人体内糖类代谢紊乱与临床疾病的关系。

糖类是自然界中分布广泛的一类具有广谱化学结构和生物功能的有机化合物。它主要由碳、氢及氧3种元素组成，其分子通式是（CH_2O）$_n$，鼠李糖和脱氧核糖除外。糖类物质与人类的生活息息相关，既可作为人类能量的来源，也可以作为矫味剂，是食品和药品家庭中重要成员之一。糖在人体内能转变成很多重要的生理功能物质，满足人体各项生理和运动的需要。从遗传学角度分析，没有糖类物质，各种生物难以在地球上生存。

第一节 糖类的化学

实例分析

PPT

实例 刘某，男，42岁，高级工程师，身体肥胖，偶尔头晕，怀疑自己患有高血糖，在药店购买测糖仪，一天午饭后，自行在家测得血糖值为9.0mmol/L。根据宫某自测血糖值，是否可以判断他患有高血糖症？

分析 1. 判断高血糖的标准是什么？

2. 高血糖会有哪些症状？

3. 过度食用糖类物质，是否可以引发高血糖？

请你想一想

糖类物质在人体内的运输形式和储存形式分别是什么呢？

糖广泛存在于生物体内，以植物中含量最为丰富，占其干重的 85%~95%，而约占人体干重的 2%，在人体内糖含量虽少，却是人体生命活动中不可缺少的能源物质和碳源。人体内存在的主要糖类是葡萄糖和糖原。葡萄糖是糖的主要运输形式，糖原是糖的主要储存形式。食物中的糖以淀粉含量最多，是体内糖的主要来源，只有被分解成小分子糖后，才能被人体吸收和利用。

一、概念和分类

（一）概念

糖类指多羟基醛或多羟基酮及其聚合物和衍生物的总称。几乎所有动物、植物、微生物中都存在糖类物质。在动物细胞内和血液中主要以葡萄糖或由葡萄糖等单糖物质组成的多糖（如肝糖原、肌糖原）形式存在。

（二）分类

1. 根据糖分子结构中含有官能团不同分为：醛糖和酮糖。

1）醛糖　分子结构中含有醛基（ – CHO）的糖类物质称为醛糖，如葡萄糖（glucose，G）、半乳糖、5 – 核酸核糖和 3 – 磷酸甘油醛等。

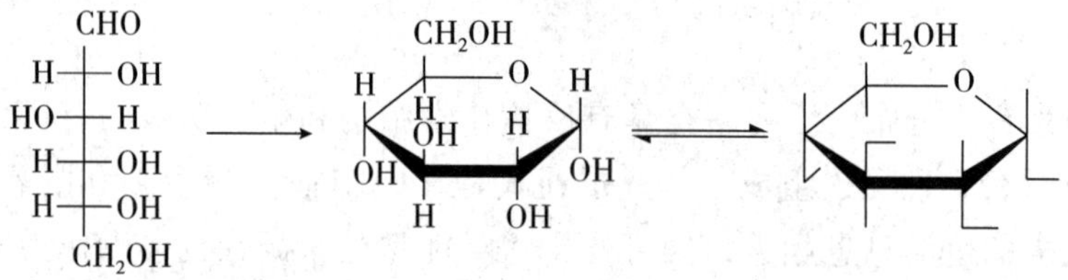

D – (+) – 葡萄糖　　α –D– (+) –吡喃葡萄糖　　α –D– (+) –吡喃葡萄糖

葡萄糖（$C_6H_{12}O_6$）的结构式

2）酮糖　分子结构中含有酮基（ – C = O）的糖类物质称为酮糖，如果糖和 5 – 核酸酮糖等。

2. 根据糖分子结构碳骨架碳原子数目的不同，可分为三碳糖、四碳糖、五碳糖、六碳糖和七碳糖等，如甘油醛属于三碳糖，5 – 磷酸核糖和 5 – 磷酸核酮糖属于五碳糖，葡萄糖和果糖属于六碳糖。

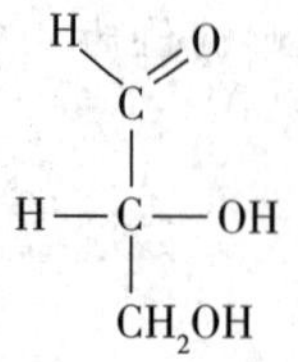

甘油醛（三碳糖） 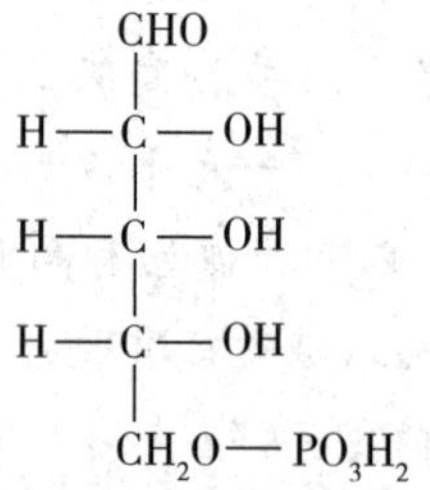　　　　5–磷酸核糖（五碳糖）

3. 根据糖类物质中水解产物的不同，可分为单糖、寡糖、多糖和结合糖。

1）单糖　凡不能被水解成更小分子的糖类物质称为单糖。单糖是糖类中最简单的一种，是组成糖类物质的基本结构单位，如葡萄糖和果糖。单糖按碳原子数目分为丙糖、丁糖、戊糖、己糖等。按分子中官能团又可分为醛糖（如葡萄糖）和酮糖（如果糖）。其中甘油醛和二羟丙酮是最简单的单糖。而体内最重要的单糖主要指葡萄糖、果糖和核糖等。

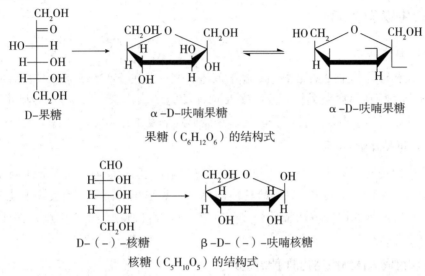

α-D-呋喃果糖　　α-D-呋喃果糖

果糖（$C_6H_{12}O_6$）的结构式

核糖（$C_5H_{10}O_5$）的结构式

2）寡糖　能水解成2～10个单糖分子的糖类物质称为寡糖，如麦芽糖、乳糖和蔗糖。最常见的是双糖，如麦芽糖（2分子葡萄糖脱水缩合而成）、蔗糖（1分子葡萄糖与1分子果糖脱水缩合而成）和乳糖（1分子葡萄糖与1分子半乳糖脱水缩合而成）等。

3）多糖　凡能水解生成10个以上单糖分子的糖类物质称为多糖。淀粉和纤维素是常见的植物多糖，糖原是常见的动物多糖。多糖是许多单糖分子以糖苷键相连形成的高分子化合物，可分为同聚多糖和杂聚多糖。①同聚多糖是由同一种单糖分子组成的多糖，如淀粉、糖原（glycogen，Gn）、纤维素和右旋糖酐等。常见同聚多糖如表6-1。②杂聚多糖是由两种或两种以上不同单糖分子组成的多糖。如透明质酸、硫酸软骨素和肝素等。透明质酸（Hyaluronic acid，HA）是一种直链高分子多糖，由葡萄糖醛酸和乙酰葡萄糖胺组成的双糖单位以糖苷键重复连接而成。

表6-1 常见同聚多糖

同聚多糖名称	淀粉	糖原	纤维素	右旋糖酐
结构单元	α-D-葡萄糖	α-D-葡萄糖	β-D-葡萄糖	α-D-葡萄糖
糖苷键类型	α-1,4-和α-1,6-	α-1,4-和α-1,6-	β-1,4-	α-1,6-和α-1,3-
空间结构	直链、支链	直链、支链（多）	直链	直链、支链
用途	人体能量的主要来源	主要是维持血糖的相对恒定	促进胃肠蠕动、防止便秘	血浆代用品

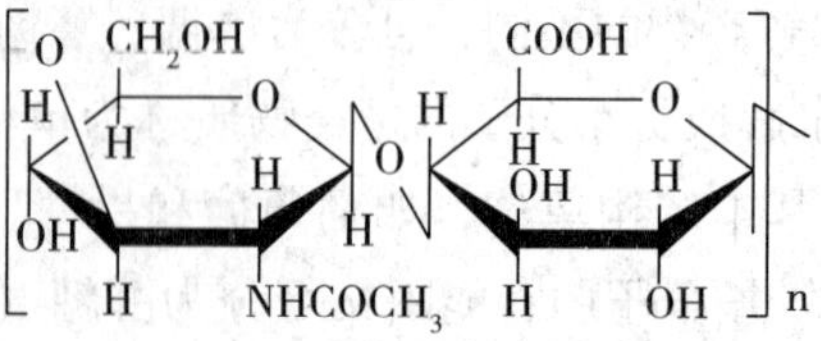

透明质酸

4）结合糖　结合糖是糖与非糖物质的结合物，如糖蛋白和糖脂。

二、生物学功能

（一）氧化供能

糖是人和动物的主要能源物质。通常人体所需能量的50%～70%来自糖的氧化分解。1mol葡萄糖在体内完全氧化可释放2840kJ的能量，其中约34%转化为ATP，以供机体生命活动所需能量，另外部分能量以热能形式散发维持体温。

（二）维持血糖水平

血液中的葡萄糖称为血糖。体内各组织细胞活动所需的能量大部分来自葡萄糖，所以血糖必须保持一定的水平才能维持体内各器官和组织的需要。当食物消化完毕后，机体内储存的肝糖原即分解成葡萄糖进入血液，以维持血糖的正常浓度，保证脑等重要器官正常运行。

（三）组成人体组织结构的重要成分

除了供给机体能量以外，糖也是组成人体组织结构的重要成分，可作为其他物质生物合成的碳源，也作为生物体的结构物质。在机体内，糖可与蛋白质结合形成糖蛋白，糖蛋白可构成细胞表面受体和配体，在细胞间信息传递中起着重要作用；糖还可以与脂类结合形成糖脂，糖脂是神经组织和细胞膜中的组成成分；血浆蛋白、抗体和某些酶及激素中也含有糖。

（四）为物质的合成提供原料

糖的分解代谢的中间体可以作为合成其他物质的原料，如葡萄糖可以在体内转化成脂肪酸、甘油、氨基酸，进而合成脂肪和蛋白质。核糖和脱氧核糖参与合成核苷酸，进而合成核酸。

（五）其他生理功能

淀粉和糖原是储存养分的物质，昆虫和甲壳类的外骨骼甲壳素也是一种糖类物质，核糖是构成各种辅助因子不可或缺的物质（如ATP、FAD和NAD），也是传递遗传信息中物质分子的骨干（如RNA）。与免疫系统、受精、预防疾病、血液凝固和生长等有极大的关联。

你知道吗

生活中的糖类物质

糖类物质与我们的生活密切相关。一日三餐，我们的主食中，不管是用面粉做成的面包、馒头和面条，还是用大米做成的稀饭和米饭，它们都含有糖类物质，主要成分是淀粉等。在饮料、食品和药品中也含有糖类物质，它可以用于饮料和食品的矫味剂（如葡萄糖），也可以作为能源用于给病人补充能量或用于输液病人的溶液。糖类物质在人体内会转变成许多有重要生理功能的物质，用于服务人体的各项生理生化的需要。简单说，没有糖类物质人类就没有生命。

三、消化与吸收

食物中的单糖可以直接被机体吸收，但食物中的糖以淀粉（多糖）为主，进入口腔后，唾液中的 α-淀粉酶可以催化淀粉中 α-1,4 糖苷键水解，生成葡萄糖、麦芽糖、麦芽寡糖和糊精，经过初步消化后，由胃进入小肠，在胰淀粉酶、糊精酶和麦芽糖酶的催化下水解为葡萄糖，葡萄糖经过小肠上皮细胞进入血液参与代谢，为机体提供能量。乳糖在 β-半乳糖苷酶的催化下水解为葡萄糖和半乳糖。单糖（葡萄糖、果糖和半乳糖）是糖被吸收进入小肠黏膜上皮细胞的分子形式。在小肠黏膜上皮细胞内果糖和半乳糖经异构化可转变为葡萄糖，再经门静脉运输至肝脏。小肠上皮细胞摄取葡萄糖是一个依赖 Na^+ 的耗能的主动过程。因为人体肠内没有水解纤维素的消化酶，所以纤维素不能被消化和吸收。

四、体内的代谢概况

人体内的糖类物质主要有三碳糖、四碳糖、五碳糖、六碳糖和七碳糖及其它们的衍生物，而葡萄糖是最重要的糖类物质。血液中的糖主要是葡萄糖，是糖在体内的运输形式。血糖分外源性和内源性两个来源，消化与吸收来的糖（单糖）称为外源性糖，肝内糖原分解和糖异生作用生成的糖称为内源性糖，是血糖的重要途经。血糖的主要去路是氧化供能，再者是衍生成其他物质，如脂类物质、氨基酸和蛋白质，少量的糖是组织细胞结构成分；由于合成的糖原是可分解为葡萄糖释放入血液的可利用多糖；肌糖原要经过糖的无氧分解代谢转化为乳酸，并获得少量能量再经血循环运回肝脏，经糖异生作用转化为血糖。糖在体内的代谢概况如图 6-1 所示。

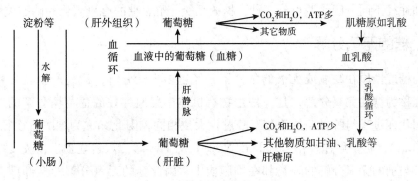

图 6-1　糖在体内的代谢概况

（一）肝内的代谢

葡萄糖进入肝细胞内，肝细胞将其氧化分解，为自身提供能量，也可以合成为肝糖原储存待用，或用于合成脂类物质等供自身和肝外组织利用。进入肝细胞的葡萄糖可以释放进入血液，进入大循环，肝糖原可以分解为葡萄糖，释放进入血液，进入肝脏的乳酸等可以转变为葡萄糖（称为糖异生作用），亦可释放进入血液。

（二）肝外组织细胞中的代谢

葡萄糖经过血液大循环运至肝外组织细胞，被肝外组织细胞摄取，可被用于合成肌糖原储存，之后又可以分解为磷酸葡萄糖，经无氧分解转变为肌乳酸，肌乳酸释放进入血液，经大循环静脉系统运回肝脏，经过糖异生作用转变为葡萄糖。

糖的消化与吸收、肝脏内糖的代谢和肝外组织细胞中糖的代谢共同构成了糖在体内代谢总的动态平衡。肝脏在糖的消化与吸收、代谢转化和协调转运中承担着极其重要的作用，对维持血糖的相对稳定和大脑皮质功能活动所需的糖供给有着极其重要的生理意义。

第二节　糖的分解代谢

PPT

实例分析

实例　蚕豆是世界上第三大重要的冬季食用豆作物。蚕豆营养价值较高，其蛋白质含量为25%～35%。蚕豆中还富含糖、矿物质、维生素、钙和铁。寒假期间，小明和高中同学一起聚餐，食用一些蚕豆制做的美食后，小明出现身体不适，立即被送至医院检查，其出现血红蛋白尿、黄疸、贫血等急性溶血反应。

分析　1. 请运用糖类化学与代谢的知识，分析小明吃完蚕豆产生上述疾病症状的原因。

2. 患有蚕豆病的人，在饮食和用药等方面需要注意哪些事项？

葡萄糖进入组织细胞后，根据机体生理需要在不同组织间进行分解代谢，按其反应条件和途径不同分解代谢可分三种：糖的无氧分解、糖的有氧氧化和磷酸戊糖途径。

一、糖的无氧分解

葡萄糖或糖原在缺氧或无氧的条件下，经过多步骤分解，最终产生乳酸和少量能量的过程称为糖的无氧分解，是一切生物有机体中普遍存在的葡萄糖分解的途径。由于此中间代谢过程与酵母菌的乙醇发酵过程大致相同，因此又称为糖酵解途径（glycolytic pathway）。糖酵解途径由 Embden、Meyerhof、Parnas 三人首先提出，故又称为 EMP 途径。参与糖的无氧分解的酶类都在细胞质中，因此糖的无氧分解的全部反应过程都在细胞质中进行，生成最终产物乳酸。微课

（一）反应过程

根据糖的无氧分解反应条件和反应底物变化特征，其反应过程由 10 步化学反应组成，分为四个阶段。

第一阶段 1 分子葡萄糖分解为 2 分子磷酸丙糖，包含 3 步化学反应。该阶段的特点是糖的无氧分解既可从葡萄糖开始，又可以从糖原开始。本阶段属于消耗 ATP 的反应，从葡萄糖开始需要消耗 2 分子 ATP，从糖原开始需要消耗 1 分子 ATP。

1. 6 - 磷酸葡萄糖（glucose - 6 - phosphate，G - 6 - P）的生成 葡萄糖在己糖激酶（HK）的作用下，由 ATP 提供能量和磷酸基团，发生磷酸化反应生成 6 - 磷酸葡萄糖，该反应为不可逆反应，消耗 ATP。

葡萄糖   6-磷酸葡萄糖

己糖激酶是糖的无氧分解的第一个关键酶，此酶专一性不强，可作用于多种己糖，如葡萄糖、果糖、甘露糖等。它有 4 种同工酶，Ⅰ、Ⅱ、Ⅲ 型主要存在于肝外组织，对葡萄糖有较强亲和力，Ⅳ 型己糖激酶即葡萄糖激酶主要存在于肝脏，专一性强，只能催化葡萄糖磷酸化。

糖原进行糖的无氧分解时，首先由糖原磷酸化酶催化糖原生成 1 - 磷酸葡萄糖（glucose - 1 - phosphate，G - 1 - P），此反应不消耗 ATP。1 - 磷酸葡萄糖在磷酸葡萄糖变位酶催化下生成 6 - 磷酸葡萄糖。

2. 6 - 磷酸果糖（fructose - 6 - phosphate，F - 6 - P）的生成 6 - 磷酸葡萄糖在磷酸己糖异构酶催化的作用下发生异构反应，生成 6 - 磷酸果糖，需要 Mg^{2+} 参与。6 - 磷酸葡萄糖属于磷酸己醛糖，6 - 磷酸果糖属于磷酸己酮糖。该反应为可逆反应。

6-磷酸葡萄糖   6-磷酸果糖

3. 1，6 - 二磷酸果糖（fructose - 1，6 - bisphosphate，F - 1，6 - BP 或 FDP）的生成 6 - 磷酸果糖在磷酸果糖激酶 - 1（PFK_1）的作用下，生成 1,6 - 二磷酸果糖，由 ATP 提供磷酸基，也需要 Mg^{2+} 参与。磷酸果糖激酶 - 1 是糖的无氧分解中最重要的限速酶。此酶为变构酶，受多种代谢物的变构调节。该反应为不可逆反应。

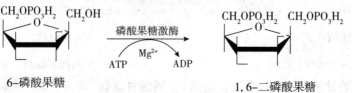

6-磷酸果糖   1,6-二磷酸果糖

第二阶段　1,6 - 二磷酸果糖裂解为 2 分子磷酸丙糖及 2 分子磷酸丙糖之间的异构化的互变。该阶段的特点是不消耗能量。

4. 磷酸丙糖的生成　1,6 - 二磷酸果糖在醛缩酶的作用下，裂解为 2 分子磷酸丙糖（磷酸二羟基丙酮和 3 - 磷酸甘油醛），磷酸二羟基丙酮和 3 - 磷酸甘油醛均为三碳糖链骨架，属于同分异构体。磷酸二羟基丙酮在磷酸丙糖异构酶的催化下，发生异构化反应生成 3 - 磷酸甘油醛，该反应属于可逆反应，因反应中 3 - 磷酸甘油醛不断被移去，故使该反应趋向于生成物方向进行。

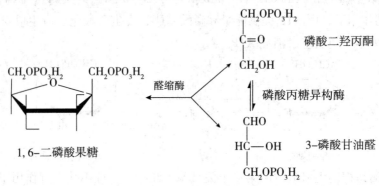

第三阶段　3 - 磷酸甘油醛在 3 - 磷酸甘油醛脱氢酶的作用下，反应生成丙酮酸。该阶段的特点：有两步产生能量的反应，即是两次底物水平磷酸化反应（将底物分子羧基上的高能磷酸基转移给 2 分子 ADP 生成 2 分子 ATP，称为底物水平磷酸化反应），共生成 4 分子 ATP；生成 2 分子 NADH；产生 2 分子 H_2O。

5. 1,3 - 二磷酸甘油酸的生成　2 分子 3 - 磷酸甘油醛在 3 - 磷酸甘油醛脱氢酶的作用下，生成 2 分子高能磷酸化合物 1,3 - 二磷酸甘油酸。该反应属于可逆反应，以 NAD^+ 为受氢体，有 NADH 生成和 H^+，有无机磷酸（用 Pi 表示）参与反应，生成具有高能磷酸基的 1,3 - 二磷酸甘油酸。这是糖的无氧分解中唯一的脱氢氧化反应。

$$
\begin{array}{c}
\text{CHO} \\
|\\
\text{CHOH} \\
|\\
\text{CH}_2\text{OPO}_3\text{H}_2
\end{array}
+ NAD^+ + Pi
\xrightarrow{\text{3-磷酸甘油醛脱氢酶}}
\begin{array}{c}
\text{COO}\sim\text{PO}_3\text{H}_2 \\
|\\
\text{CHOH} \\
|\\
\text{CH}_2\text{OPO}_3\text{H}_2
\end{array}
+ NADH + H^+
$$

3-磷酸甘油醛　　　　　　　　　　　　　　　　　　　　1,3-二磷酸甘油酸

6. 3 - 磷酸甘油酸的生成　2 分子 1,3 - 二磷酸甘油酸在磷酸甘油酸激酶的作用下，将高能磷酸基团转移给 ADP，使之生成 ATP，其本身转变为 2 分子 3 - 磷酸甘油酸。该反应属于可逆反应，发生底物水平磷酸化反应，同时生成 2 分子 3 - 磷酸甘油酸，有 Mg^{2+} 参与反应。该反应为糖的无氧分解中第一次底物水平磷酸化生成 ATP 的反应。

$$
\begin{array}{c}
\text{COO}\sim\text{PO}_3\text{H}_2 \\
|\\
\text{CHOH} \\
|\\
\text{CH}_2\text{OPO}_3\text{H}_2
\end{array}
+ ADP
\xrightarrow[\text{Mg}^{2+}]{\text{磷酸甘油酸激酶}}
\begin{array}{c}
\text{COOH} \\
|\\
\text{CHOH} \\
|\\
\text{CH}_2\text{OPO}_3\text{H}_2
\end{array}
+ ATP
$$

1,3-二磷酸甘油酸　　　　　　　　　　　　　　　　　3-磷酸甘油酸

7. 3 - 磷酸甘油酸的变位反应，生成 2 - 磷酸甘油酸　2 分子 3 - 磷酸甘油酸在磷酸

甘油酸变位酶催化下，3－磷酸甘油酸 C_3 位上的磷酸基转移到 C_2 位上，生成 2 分子 2－磷酸甘油酸，该反应属于可逆反应。

$$
\begin{array}{c}
\text{COOH} \\
| \\
\text{CHOH} \\
| \\
\text{CH}_2\text{OPO}_3\text{H}_2
\end{array}
\quad \xrightleftharpoons[\;]{\text{磷酸甘油酸变位酶}} \quad
\begin{array}{c}
\text{COOH} \\
| \\
\text{CHOPO}_3\text{H}_2 \\
| \\
\text{CH}_2\text{OH}
\end{array}
$$

3-磷酸甘油酸 　　　　　　　　　　　　　2-磷酸甘油酸

8. 磷酸烯醇式丙酮酸的生成　2 分子 2－磷酸甘油酸在烯醇化酶催化下发生脱水作用，分子内部能量重新分布，生成 2 分子磷酸烯醇式丙酮酸（phosphoenolpyruvate, PEP），该反应属于可逆反应。磷酸烯醇式丙酮酸中含有高能磷酸键，为高能磷酸化合物。

$$
\begin{array}{c}
\text{COOH} \\
| \\
\text{CHOPO}_3\text{H}_2 \\
| \\
\text{CH}_2\text{OH}
\end{array}
\quad \xrightleftharpoons[\;]{\text{烯醇化酶}} \quad
\begin{array}{c}
\text{COOH} \\
| \\
\text{CO}\sim\text{PO}_3\text{H}_2 \\
\| \\
\text{CH}_2
\end{array}
$$

2-磷酸甘油酸 　　　　　　　　　　　磷酸烯醇式丙酮酸

9. 丙酮酸的生成　2 分子磷酸烯醇式丙酮酸在丙酮酸激酶（pyruvate kinase, PK）催化下，生成 2 分子烯醇式丙酮酸（EPA），丙酮酸激酶是糖的无氧分解中的最后一个关键酶，具有变构酶的性质，该反应属于不可逆反应，需要 Mg^{2+} 参与。2 分子烯醇式丙酮酸进一步发生分子内重排反应，生成 2 分子丙酮酸，为非酶促不可逆反应。该反应为糖的无氧分解中第二次底物水平磷酸化生成 ATP 的反应。

$$
\begin{array}{c}
\text{COOH} \\
| \\
\text{CO}\sim\text{PO}_3\text{H}_3 \\
\| \\
\text{CH}_2
\end{array}
\quad \xrightarrow[\text{ADP} \quad Mg^{2+} \quad \text{ATP}]{\text{丙酮酸激酶}} \quad
\begin{array}{c}
\text{COOH} \\
| \\
\text{C}-\text{OH} \\
\| \\
\text{CH}_2
\end{array}
\quad \longrightarrow \quad
\begin{array}{c}
\text{COOH} \\
| \\
\text{C}=\text{O} \\
| \\
\text{CH}_3
\end{array}
$$

磷酸烯醇式丙酮酸 　　　　　　烯醇式丙酮酸 　　　　丙酮酸

　　第四阶段　丙酮酸在乳酸脱氢酶催化下，生成乳酸。在无氧条件下，氢原子不能发生有氧氧化生成水，导致 NADH 堆积，使反应趋向于由 NADH 还原丙酮酸生成乳酸的方向。

10. 丙酮酸还原生成乳酸　2 分子丙酮酸在乳酸脱氢酶催化下，无氧条件下加氢还原成生 2 分子乳酸，$NADH + H^+$ 提供还原反应所需要的 2H，该反应为可逆反应。

$$
\begin{array}{c}
\text{COOH} \\
| \\
\text{C}=\text{O} \\
| \\
\text{CH}_3
\end{array}
+ NADH + H^+
\quad \xrightleftharpoons[\;]{\text{乳酸脱氢酶}} \quad
\text{HO}-\begin{array}{c}
\text{COOH} \\
| \\
\text{C}-\text{H} \\
| \\
\text{CH}_3
\end{array}
+ NAD^+
$$

丙酮酸 　　　　　　　　　　　　　　　　乳酸

综上所述，糖的无氧分解过程的总化学反应式为：

$$
\text{葡萄糖} + 2ADP + Pi \longrightarrow \text{HO}-\begin{array}{c}\text{COOH}\\|\\\text{C}-\text{H}\\|\\\text{CH}_3\end{array} + 2ATP + 2H_2O
$$

葡萄糖 　　　　　　　　　　　　　　　　乳酸

（二）反应特点

1. 糖的无氧分解的全过程在无氧条件下的细胞质中进行，产生的能量少，氧化不完全，最终产物是乳酸。乳酸产生过多时，会出现酸中毒。

2. 糖的无氧分解中只有一次氧化反应，生成 $NADH + H^+$，$NADH + H^+$ 缺氧时被氧化成 NAD^+，有氧时进入呼吸链产生能量。

3. 糖的无氧分解是不需氧的产能过程，产能方式为底物水平磷酸化。1 分子葡萄糖氧化为 2 分子丙酮酸，经两次底物水平磷酸化，产生 4 分子 ATP，减去葡萄糖活化时消耗的 2 分子 ATP，可净产生 2 分子 ATP。若从糖原开始，糖原中的一个葡萄糖单位通过糖酵解途径，则净产生 3 分子 ATP。

4. 糖的无氧分解的 10 步反应中有 3 步不可逆反应，称为限速反应。分别由己糖激酶、磷酸果糖激酶 1 和丙酮酸激酶催化的不可逆的反应，是糖的无氧分解的关键酶。其中以磷酸果糖激酶 1 活性最低，是总反应速率调节的关键性限速酶。

（三）生理意义

1. 糖的无氧分解是机体在缺氧情况下快速供能的重要方式。糖的无氧分解是生物界普遍存在的供能途径，是机体在缺氧情况下（包括生理性缺氧和病理性缺氧）获得能量的主要方式。在生理条件下，如剧烈运动时，肌肉仍处于相对缺氧状态，必须通过糖酵解途径提供急需的能量。但因其释放的能量不多，且一般生理情况下，大多数组织有足够的氧进行糖的有氧氧化，很少进行糖的无氧分解。在病理性缺氧情况下，如心肺疾病、呼吸受阻、严重贫血、大量失血等造成机体缺氧时，也可通过加强糖酵解途径以满足机体能力需求。如机体相对缺氧时间较长，而导致糖酵解途径终产物（乳酸）堆积，可引起代谢性酸中毒。

2. 糖的无氧分解是成熟红细胞的唯一供能途径。成熟红细胞没有线粒体，不能进行糖的有氧氧化，完全依赖糖酵解途径供能。血循环中的红细胞每天大约分解 30g 葡萄糖，其中经糖酵解途径代谢占 90% ~ 95%，磷酸戊糖途径代谢占 5% ~ 10%。

3. 糖的无氧分解是某些组织生理情况下的供能途径。体内有少数组织细胞，如红细胞、睾丸、视网膜、皮肤、白细胞等，即使在有氧条件下，仍需经糖的无氧分解获得能量。另外，在某些病理情况下，如严重贫血、呼吸障碍、大量失血等，组织细胞也需要从糖的无氧分解获得能量。

4. 糖的无氧分解中产生的某些物质是合成其他物质的原料。除了供能外，糖的无氧分解过程中产生的某些中间代谢产物，如生成的磷酸二羟基丙酮能合成 α - 磷酸甘油，为脂类和氨基酸等物质的合成提供原料；生成的丙酮酸是氨基化生成丙氨酸的原料等。

某些情况下，糖的无氧分解有特殊意义。如机体剧烈运动时，能量需求增加，糖的分解速度加快，此时肌肉处于相对缺氧状态，必须借助糖的无氧分解来补充所需能量。又如人从平原地区进入高原地区初期，由于缺氧，组织细胞也通过增强糖的无氧分解获得能量。

你知道吗

人类长跑后小腿会发酸的原因

人平时的活动以有氧呼吸提供所需的能量为主，但在剧烈运动时，有氧呼吸提供的能量不能满足机体消耗。肌肉组织相对缺氧，发生糖的无氧分解代谢，在人体内乳酸脱氢酶作用下，丙酮酸产生大量乳酸，引起肌肉酸痛。若缺氧时间太长，体内积累大量乳酸，甚至造成代谢中毒，严重时会导致人失去生命。

二、能量的生成、储存和利用

生物体内物质的氧化分解统称为生物氧化（biological oxidation）。主要指糖、脂肪、蛋白质等有机物在体内经过一系列氧化分解最终生成 CO_2 和 H_2O 并释放能量的过程。生物氧化在细胞的线粒体及线粒体外均可进行，但氧化过程不同，线粒体内的氧化伴随着 ATP 的生成，而线粒体外如内质网、过氧化物酶体、微粒体等的氧化不伴有 ATP 生成的，主要和代谢物、药物或毒物的生物转化有关。

（一）高能化合物

生物氧化过程中所产生的能量，大约 60% 左右以热能的形式散失，其余能量可贮存在一些高能化合物中。在生物体内，凡是键的水解释放出 21kJ/mol 以上键能的化合物称为高能化合物。高能化合物种类很多，如 ATP、CTP、GTP、UTP、1，3－二磷酸甘油酸、磷酸烯醇式丙酮酸、乙酰辅酶 A（乙酰 CoA）和琥珀酰辅酶 A（琥珀酰 CoA）等，其中含有高能磷酸基团（用 ~P 来表示）的化合物称为高能磷酸化合物，以 ATP 最为重要。

（二）ATP 的生成方式

体内 ATP 的生成方式有两种：底物水平磷酸化和氧化磷酸化。

1. 底物水平磷酸化　代谢物由于脱氢或脱水等作用引起分子内部能量重新分配而形成高能化合物，其在酶的作用下可释放出能量使 ADP 磷酸化为 ATP，这种生成 ATP 的方式称为底物水平磷酸化。

3－磷酸甘油醛 ⟶（3－磷酸甘油醛脱氢酶，NAD^++Pi → $NADH+H^+$）⟶ 1,3－二磷酸甘油酸 ⟶（磷酸甘油酸激酶，ADP → ATP）⟶ 3－磷酸甘油酸

2. 氧化磷酸化　代谢物脱下的氢经呼吸链传递给氧的过程中释放出能量，使 ADP 磷酸化为 ATP，这种呼吸链上的氧化反应与 ADP 磷酸化反应相偶联的作用称为氧化磷酸化。体内绝大部分 ATP 是通过氧化磷酸化产生的。在氧化磷酸化过程中，每消耗 1/2 摩尔 O_2 生成 ATP 的摩尔数（或每一对电子通过呼吸链传递给氧生成 ATP 的个数）称为 P/O 值。在 NADH 呼吸链中，P/O 值接近于 3，而 $FADH_2$ 呼吸链的 P/O 值接近 2。氧化

磷酸化偶联部位（图 6 - 2）。

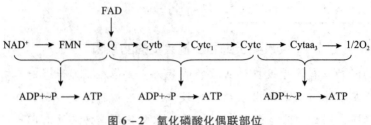

图 6 - 2　氧化磷酸化偶联部位

近年来，大量实验证明，一对电子经过 NADH 氧化呼吸链的传递，其 P/O 值为 2.5，即生成 2.5 分子 ATP；而一对电子经过 $FADH_2$ 氧化呼吸链的传递，其 P/O 值为 1.5，即生成 1.5 分子 ATP。

氧化磷酸化依靠电子传递的有序进行以及与之相偶联的磷酸化反应正常发生，有些物质能够抑制氧化磷酸化反应，被称为氧化磷酸化反应的抑制剂。这些抑制剂分为两种：阻断剂和解偶联剂。例如粉蝶霉素 A、鱼藤酮、异戊巴比妥、二巯基丙醇、抗霉素 A、CO、CN^-、N_3^- 和 H_2S 等阻断剂能够在呼吸链的某些特定部位阻断电子的传递，部分阻断剂的阻断部位（图 6 - 3）。解偶联剂例如 2，4 - 二硝基苯酚可将呼吸链的氧化反应和磷酸化反应的偶联分割开来，使氧化反应产生的能量不用于磷酸化产生 ATP，而是以热能的形式散失。

图 6 - 3　部分阻断剂的阻断部位

除了抑制剂，ADP 的浓度也是影响氧化磷酸化的因素。当 ADP 浓度较高时，可促进氧化磷酸化的进行，使其速度加快，反之，则会抑制氧化磷酸化。此外，甲状腺素等也能影响氧化磷酸化的进行。

（三）生物体内能量的转换、储存和利用

生物体内能量的生成和利用都以 ATP 为中心，ATP 作为能量载体分子，在分解代谢中产生，又在合成代谢等耗能过程中利用，ATP 分子性质稳定，但不在细胞内储存，寿命仅数分钟，而是不断进行 ADP - ATP 的再循环，伴随着自由能的释放和获得，完成不同生命过程间能量的转换。

磷酸肌酸作为能量的储存形式，存在于需能较多的肌肉和脑组织中，ATP 充足时，通过转移末端 ~P 给肌酸，生成磷酸肌酸；当迅速消耗 ATP 时，磷酸肌酸可分解补充 ATP 的不足。

总之，生物体内能量的储存和利用都以 ATP 为中心（图 6 - 4）。

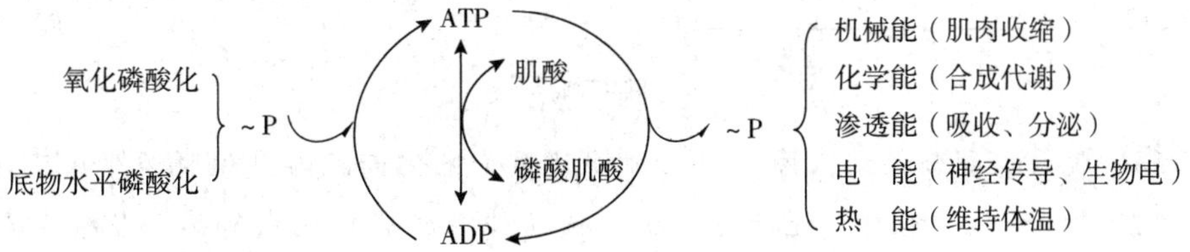

图 6 - 4　生物体内能量的储存和利用

三、糖的有氧氧化

葡萄糖或糖原在有氧条件下，彻底氧化分解生成水和二氧化碳，并释放大量能量的过程，称为糖的有氧氧化。在有氧条件下，糖的代谢将进入三羧酸循环（tri - car-boxylic acid cycle，TCA cycle，TCA 循环），生成水和二氧化碳，在此过程中有大量 ATP 生成。糖的有氧氧化是糖的分解代谢的主要途径，是糖的代谢的重要内容，在体内物质的分解和合成代谢中发挥着重要作用。

（一）反应过程

第一阶段　由葡萄糖转变成丙酮酸。

糖的有氧氧化的酶系广泛存在细胞质和线粒体中，因而该代谢过程主要在两者中进行，必须有充足的氧气供给。葡萄糖或糖原的葡萄糖单位分解生成丙酮酸，此过程在细胞质中进行，与糖的无氧分解途径相同。但在无氧条件下，3 - 磷酸甘油醛脱下的 2H，由 NADH 传递给丙酮酸，使丙酮酸还原为乳酸。而在有氧条件下，NADH 的 2H 进入线粒体，经 NADH 呼吸链产生 $2 \times 2.5 = 5$ 分子 ATP。此阶段每分子葡萄糖共产生 7 分子 ATP。

第二阶段　丙酮酸氧化脱羧生成乙酰辅酶 A。

丙酮酸在丙酮酸脱氢酶复合物作用下，氧化脱羧生成乙酰辅酶 A。此阶段反应的特点是：①反应不可逆；②反应脱下的 H，生成 2 分子 NADH，进入 NADH 呼吸链生成 5 分子 ATP。

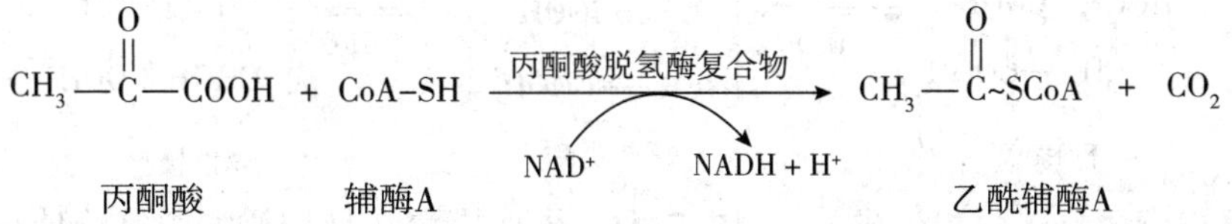

$$CH_3 - \underset{\substack{\| \\ O}}{C} - COOH + CoA\text{-}SH \xrightarrow[\substack{NAD^+ \quad NADH + H^+}]{\text{丙酮酸脱氢酶复合物}} CH_3 - \underset{\substack{\| \\ O}}{C} \sim SCoA + CO_2$$

丙酮酸　　　辅酶A　　　　　　　　　　　　　　　　　　　　乙酰辅酶A

丙酮酸脱氢酶复合物由丙酮酸脱氢酶、二氢硫辛酰胺还原转乙酰酶、二氢硫辛酰胺脱氢酶及一些辅助因子（TPP、硫辛酸、辅酶 A、FAD 和 NAD^+）组成（表 6 - 2）。

表 6 - 2　丙酮酸脱氢酶复合物的组成

酶	辅助因子	所含维生素
丙酮酸脱氢酶	TPP	维生素 B_1
二氢硫辛酰胺还原转乙酰酶	硫辛酸、辅酶 A	硫辛酸、泛酸
二氢硫辛酰胺脱氢酶	FAD、NAD^+	维生素 B_2 和 PP

你知道吗

脚气病

丙酮酸脱氢酶复合物的三种酶和五种辅助因子催化丙酮酸氧化脱羧生成乙酰辅酶 A，后者除继续氧化供能外，还能与乙酰胆碱（神经递质）生成有关。当维生素 B_1 缺乏时，该酶系活性减弱，乙酰胆碱生成减少，神经传导减慢，引起感觉运动障碍，尤其是末梢神经功能障碍，俗称为"脚气病"。

第三阶段　乙酰辅酶 A 进入三羧酸循环，彻底氧化分解生成二氧化碳和水。

三羧酸循环是从乙酰辅酶 A 和草酰乙酸缩合成含有 3 个羧基的柠檬酸开始，经过 4 次脱氢和 2 次脱羧反应后，又以草酰乙酸的再生成而结束，故称为三羧酸循环。因为循环从柠檬酸开始，所以称为柠檬酸循环，又因为柠檬酸分子中有三个羧基，故称为三羧酸循环。由于该循环由 Krebs 正式提出，故又称之为 Krebs 循环。此过程在线粒体中完成。反应步骤如下：

1. 柠檬酸的生成　乙酰辅酶 A 和草酰乙酸在柠檬酸合酶的催化下，缩合生成柠檬酸和辅酶 A（HSCoA），所需能量由乙酰辅酶 A 提供。柠檬酸合酶为三羧酸循环第一个关键酶，其催化反应不可逆。

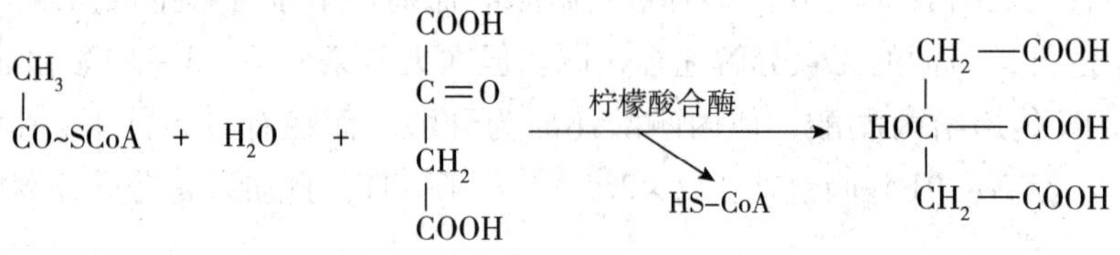

$$
\underset{\text{乙酰辅酶A}}{\overset{\begin{array}{c}CH_3\\ |\\ CO\sim SCoA\end{array}}{}} + H_2O + \underset{\text{草酰乙酸}}{\overset{\begin{array}{c}COOH\\ |\\ C=O\\ |\\ CH_2\\ |\\ COOH\end{array}}{}} \xrightarrow[\text{HS-CoA}]{\text{柠檬酸合酶}} \underset{\text{柠檬酸}}{\overset{\begin{array}{c}CH_2-COOH\\ |\\ HOC-COOH\\ |\\ CH_2-COOH\end{array}}{}}
$$

2. 柠檬酸异构生成异柠檬酸　柠檬酸在顺乌头酶的催化下，经脱水反应生成顺乌头酸，再经水合反应生成异柠檬酸。

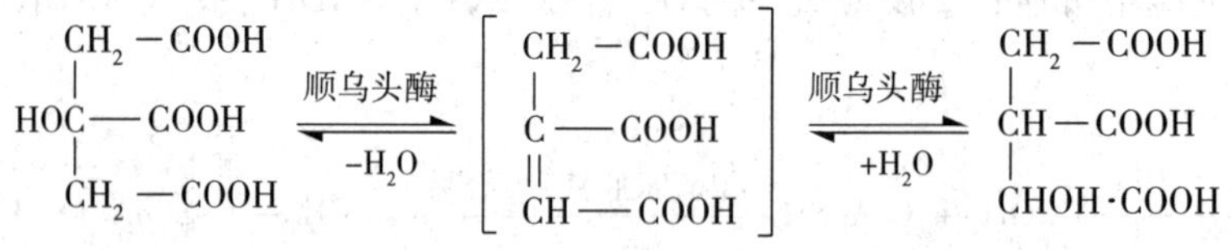

$$
\underset{\text{柠檬酸}}{\overset{\begin{array}{c}CH_2-COOH\\ |\\ HOC-COOH\\ |\\ CH_2-COOH\end{array}}{}} \underset{-H_2O}{\overset{\text{顺乌头酶}}{\rightleftharpoons}} \underset{\text{顺乌头酸}}{\left[\overset{\begin{array}{c}CH_2-COOH\\ |\\ C-COOH\\ ||\\ CH-COOH\end{array}}{}\right]} \underset{+H_2O}{\overset{\text{顺乌头酶}}{\rightleftharpoons}} \underset{\text{异柠檬酸}}{\overset{\begin{array}{c}CH_2-COOH\\ |\\ CH-COOH\\ |\\ CHOH\cdot COOH\end{array}}{}}
$$

3. 异柠檬酸氧化脱羧生成 α-酮戊二酸　异柠檬酸在异柠檬酸脱氢酶催化作用下，反应生成的 $NADH+H^+$ 进入 NADH 氧化呼吸链氧化，氧化脱羧生成 α-酮戊二酸。异柠檬酸脱氢酶是三羧酸循环第二个关键酶，为变构酶，其活性受 ADP 的变构激活，受 ATP 的变构抑制。根据研究发现异柠檬酸脱氢酶具有脱氢和脱羧两种能力。此反应也是三羧酸循环第二次氧化脱羧生成二氧化碳，六碳化合物转变成五碳化合物。该反应为不可逆反应。

$$
\begin{array}{l}
CH_2-COOH \\
HC-COOH \\
CHOH-COOH
\end{array}
\xrightarrow[\text{NAD}^+ \quad \text{NADH+H}^+]{\text{异柠檬酸脱氢酶}}
\begin{array}{l}
COOH \\
(CH_2)_2 \quad + CO_2 \\
C=O \\
COOH
\end{array}
$$

异柠檬酸 　　　　　　　　　　　　　　　　α-酮戊二酸

4. α-酮戊二酸氧化脱羧生成琥珀酰辅酶 A α-酮戊二酸在 α-酮戊二酸脱氢酶复合物作用下脱羧生成琥珀酰辅酶 A。α-酮戊二酸脱氢酶复合物是三羧酸循环第三个关键酶，其组成和催化反应过程与丙酮酸脱氢酶复合物极为相似。此反应的特点是有大量释放能量，是三羧酸循环中第二次脱羧反应，五碳化合物转变成四碳化合物，并有 1 分子二氧化碳生成。该反应为不可逆反应。

$$
\begin{array}{l}
COOH \\
(CH_2)_2 \\
C=O \\
COOH
\end{array}
+ CoA-SH
\xrightarrow[\text{NAD}^+ \quad \text{NADH+H}^+]{\text{α-酮戊二酸脱氢酶复合物}}
\begin{array}{l}
COOH \\
CH_2 \\
CH_2 \\
CO\sim SCoA
\end{array}
+ CO_2
$$

α-酮戊二酸　辅酶A　　　　　　　　　　　　　　　　琥珀酰辅酶A

5. 琥珀酸的生成 琥珀酰辅酶 A 在琥珀酰辅酶 A 合成酶的作用下，在 H_3PO_4 和 GDP 存在下，其高能硫酯基团能量转移，使 GDP 生成 GTP，同时生成琥珀酸。生成的 GTP 可直接利用，也可将高能键能转给 ADP，生成 1 分子 ATP。该反应是三羧酸循环中唯一进行底物水平磷酸化直接生成 ATP 的反应。

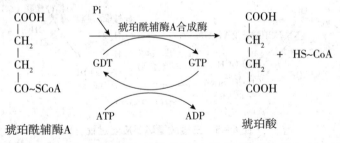

琥珀酰辅酶A　　　　　　　　　　　　　　　　　琥珀酸

6. 延胡索酸的生成 琥珀酸在琥珀酸脱氢酶的催化下，脱氢被氧化成延胡索酸，脱下的氢由 FAD 接受，生成 $FADH_2$，生成的 $FADH_2$ 进入琥珀酸氧化呼吸链氧化。

$$
\begin{array}{l}
CH_2-COOH \\
CH_2-COOH
\end{array}
\xrightleftharpoons[\text{FAD} \quad \text{FADH}_2]{\text{琥珀酸脱氢酶}}
\begin{array}{l}
CH-COOH \\
\| \\
CH-COOH
\end{array}
$$

琥珀酸 　　　　　　　　　　　　　　延胡索酸

7. 苹果酸的生成 延胡索酸在延胡索酸酶的催化下，加水生成苹果酸。

$$
\begin{array}{l}
CH-COOH \\
\| \\
CH-COOH
\end{array}
\xrightleftharpoons[\text{H}_2\text{O}]{\text{延胡索酸酶}}
\begin{array}{l}
CH_2-COOH \\
CHOH-COOH
\end{array}
$$

延胡索酸 　　　　　　　　　　　　苹果酸

8. 草酰乙酸的生成 苹果酸脱氢由苹果酸脱氢酶催化被氧化成草酰乙酸，脱下的氢由 NAD⁺ 接受，生成 NADH + H⁺，生成的 NADH + H⁺ 进入 NADH 氧化呼吸链氧化。草酰乙酸携带乙酰基再次进入三羧酸循环。

$$
\begin{array}{c}
CH_2-COOH \\
| \\
CHOH-COOH
\end{array}
\xrightarrow[\text{NAD}^+ \quad \text{NADH + H}^+]{\text{苹果酸脱氢酶}}
\begin{array}{c}
CH_2-COOH \\
| \\
CO-COOH
\end{array}
$$

苹果酸　　　　　　　　　　　　　　　　　　草酰乙酸

三羧酸循环是个复杂的反应过程，其多个反应是可逆的，但由于柠檬酸的合成及 α-酮戊二酸的氧化脱羧是不可逆的，故此循环是单向进行的，三羧酸循环反应全过程如图 6-5 所示。

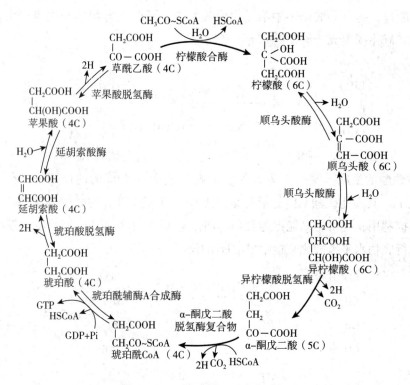

图 6-5　三羧酸循环反应全过程

（二）三羧酸循环的特点

三羧酸循环在有氧的条件下在线粒体内进行。三羧酸循环是机体产能的主要途径。三羧酸循环是一个环状酶促反应系统。三羧酸循环是糖的有氧氧化释放能量生成 ATP 的主要环节，循环一次包括 1 次底物水平磷酸化反应、2 次脱羧反应、4 次脱氢的反应。其中 3 次脱氢交给 NAD⁺ 生成 NADH + H⁺，1 次脱氢交给 FAD 生成 FADH₂。三羧酸循环必须在有氧的条件下才能顺利进行。若没有氧，则脱下的氢就无法进入呼吸链进行彻底氧化。

三羧酸循环有三种关键酶，分别是柠檬酸合酶、异柠檬酸脱氢酶和 α-酮戊二酸脱氢酶复合物，它们催化的 3 步反应都不是可逆反应，因此该循环是不可逆反应系统。

三羧酸循环有些中间产物常移出循环而参与其它代谢途径，如草酰乙酸可转变为天冬氨酸，琥珀酰辅酶 A 可用于血红素合成，α - 酮戊二酸可转变为谷氨酸等。因此必须不断补充循环的中间产物。

（三）糖的有氧氧化及三羧酸循环的生理意义

1. 糖的有氧氧化是机体获得能量的主要方式　糖的有氧氧化为机体供能，1 分子葡萄糖经有氧氧化彻底分解成 CO_2 和 H_2O，同时可生成 30 分子或 32 分子 ATP（表 6 - 3），生成的 ATP 数目远多于糖的无氧分解生成的 ATP 数目。机体大多数细胞通过糖的有氧氧化供能。

表 6 - 3　葡萄糖的有氧氧化时 ATP 的生成与消耗

反应过程	ATP 的生成数
葡萄糖→6 - 磷酸葡萄糖	- 1
6 - 磷酸果糖→1,6 - 二磷酸果糖	- 1
3 - 磷酸甘油醛→1,3 - 二磷酸甘油酸	2.5×2 或 1.5×2[1]
1,3 - 二磷酸甘油酸→3 - 磷酸甘油酸	1×2[2]
磷酸烯醇式丙酮酸→烯醇式丙酮酸	1×2
丙酮酸→乙酰辅酶 A	2.5×2
异柠檬酸→α - 酮戊二酸	2.5×2
α - 酮戊二酸→琥珀酰辅酶 A	2.5×2
琥珀酰辅酶 A→琥珀酸	1×2
琥珀酸→延胡索酸	1.5×2
苹果酸→草酰乙酸	2.5×2
1 分子葡萄糖共获得	32（或 30）

注：[1]根据 $NADH + H^+$ 进入线粒体的方式不同，如经苹果酸穿梭系统，1 个 $NADH + H^+$ 产生 2.5 个 ATP；如经 α - 磷酸甘油穿梭系统只产生 1.5ATP；[2]1 分子葡萄糖生成 2 分子 3 - 磷酸甘油醛，故×2。

2. 三羧酸循环是体内营养物质彻底氧化分解的共同途径　三羧酸循环是体内糖、脂肪、氨基酸和核酸等营养物质彻底氧化分解的共同途径。糖、脂肪、蛋白质的分解的中间产物（如草酰乙酸、α - 酮戊二酸等）主要经三羧酸循环彻底氧化分解供能。这些物质以各自方式进入三羧酸循环，彻底氧化分解生成 CO_2 和 H_2O，并释放大量能量（ATP）满足机体需要。因此，可以说三羧酸循环是体内能源供应中心。糖的有氧氧化是体内物质代谢的主要途径。

3. 三羧酸循环是体内物质代谢相互联系的枢纽　糖、脂肪和氨基酸均可转变为三羧酸循环的中间产物，通过三羧酸循环相互转变、相互联系。乙酰辅酶 A 可以在细胞质中合成脂肪酸；许多氨基酸的碳架是三羧酸循环的中间产物，可以通过草酰乙酸转变为葡萄糖；草酰乙酸和 α - 酮戊二酸通过转氨基反应合成天冬氨酸、谷氨酸等一些非必需氨基酸。

四、磷酸戊糖途径

磷酸戊糖途径（pentose phosphate pathway）是糖的分解代谢的第三条途径，该途径中生成的某些物质对合成人体内某些重要物质（如 DNA、RNA、蛋白质、脂类物质）有重要意义，并利于体内许多物质代谢途径的顺利进行。因该途径由 6 - 磷酸葡萄糖开始，在代谢过程中有磷酸戊糖的产生，所以称为磷酸戊糖途径，又称为己糖磷酸旁路。主要发生在肝脏、骨髓、脂肪组织、肾上腺皮质等部位。因为催化磷酸戊糖途径的酶主要存在于细胞质中，所以反应主要在细胞质中进行。糖经过磷酸戊糖途径不释放 ATP，但能产生细胞所需的具有重要生理作用的特殊物质，如 NADPH（还原型辅酶 II）和 5 - 磷酸核糖。

（一）反应过程

磷酸戊糖途径的代谢反应过程可分为两个阶段：不可逆的氧化阶段和可逆的非氧化阶段。

1. 氧化反应阶段 6 - 磷酸葡萄糖首先由 6 - 磷酸葡萄糖脱氢酶催化脱氢生成 6 - 磷酸葡萄糖酸，再脱氢、脱羧生成 5 - 磷酸核酮糖，同时生成 2 分子 $NADPH + H^+$ 和 1 分子 CO_2。6 - 磷酸葡萄糖脱氢酶是磷酸戊糖途径中的限速酶，6 - 磷酸葡萄糖脱氢酶也是戊糖磷酸途径的关键酶，其活性受 $NADP^+$ 和 $NADPH + H^+$ 浓度影响。$NADPH + H^+$ 浓度增高时抑制该酶活性，磷酸戊糖途径被抑制。此阶段反应特点：①有两次脱 H，产生 2 分子 NADPH；②一次脱羧，生成 1 分子 CO_2；③消耗 1 分子 H_2O。

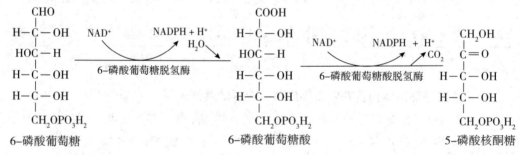

5 - 磷酸核酮糖在磷酸戊糖异构酶的催化下，发生异构生成 5 - 磷酸核糖，或者在差向异构酶作用下，转变为 5 - 磷酸木酮糖（图 6 - 6）。

$$
\begin{array}{ccc}
\mathrm{CH_2OH} & & \mathrm{CH_2OH} \\
| & & | \\
\mathrm{C=O} & & \mathrm{CH_2} \\
| & & | \\
\mathrm{H-C-OH} & \xrightarrow{\text{磷酸戊糖异构酶}} & \mathrm{H-C-OH} \\
| & & | \\
\mathrm{H-C-OH} & & \mathrm{H-C-OH} \\
| & & | \\
\mathrm{CH_2OPO_3H_2} & & \mathrm{CH_2OPO_3H_2} \\
\text{5-磷酸核酮糖} & & \text{5-磷酸核糖}
\end{array}
$$

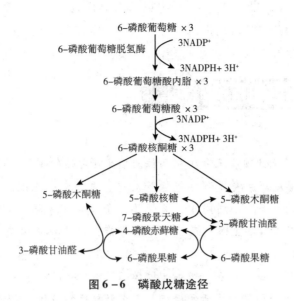

图 6-6　磷酸戊糖途径

2. 非氧化反应阶段　5-磷酸核糖经过一系列转酮基和转醛基反应，生成 3-磷酸甘油醛及 6-磷酸果糖，两者可以继续重新进入糖的无氧分解进行代谢。6-磷酸葡萄糖脱氢酶是磷酸戊糖途径的关键酶，决定着 6-磷酸葡萄糖进入该途径的流量。摄取高糖类食物时，肝脏内 6-磷酸葡萄糖脱氢酶明显增高，以适应脂肪酸合成的需要。在整个磷酸戊糖途径中，不需要 ATP，也不需要氧气，在缺氧时，不但糖的无氧分解加强，磷酸戊糖途径速度也加快。

（二）生理意义

磷酸戊糖途径是体内生成 5-磷酸核糖的唯一代谢途径。5-磷酸核糖是体内合成核苷酸及其衍生物和各种辅酶的重要原料来源，可以由 6-磷酸葡萄糖脱氢脱羧生成，也可以由 3-磷酸甘油醛和 6-磷酸果糖经基团转移的逆反应生成，其在修复损伤组织方面起着重要作用。磷酸戊糖途径产生大量的 5-磷酸核糖和 NADPH，而不是生成 ATP。

磷酸戊糖途径是体内生成 NADPH 的主要代谢途径。NADPH 是体内重要的供氢体，参与多种生物合成反应。如 NADPH 参与胆固醇、脂肪酸、类固醇激素等重要化合物的生物合成。NADPH 参与体内羟化反应，例如从鲨烯合成胆固醇，从胆固醇合成胆汁酸、类固醇激素等。有些羟化反应与生物转化有关，如 NADPH 作为单加氧酶（羟化反应）的供氢体，参与激素、药物、毒物的生物转化过程。NADPH 维持巯基酶的活性，维持红细胞的完整性。NADPH 是谷胱甘肽还原酶的辅酶，可使氧化型谷胱甘肽还原为还原型谷胱甘肽，这对维持细胞中还原型谷胱甘肽的正常含量起着重要作用。如红细胞中的还原型谷胱甘肽可以保护红细胞膜上含巯基的蛋白质和酶，以维持膜的完整性和酶活性。NADPH 还可与 H_2O_2 作用而消除其氧化作用。

6-磷酸葡萄糖脱氢酶先天缺陷或活性低下者，磷酸戊糖途径不能正常进行，NAD-

PH 缺乏，还原型谷胱甘肽含量减少，导致细胞抗氧化能力下降，使红细胞膜易于破坏而发生溶血性贫血、黄疸和血红蛋白尿等。因患者常在食蚕豆或服用抗疟疾药物伯氨喹啉后诱发本病，故又称蚕豆病。

第三节　糖原的代谢

PPT

实例分析

实例　2019 级药剂 3 班小王和小刘两位同学生活习惯的差异，造成体型上的差异。每天早晨，小王同学起床后先到学校操场晨练，再去食堂吃饭，然后到教室准备上课，养成一个良好的习惯。小刘同学每天快要到上课时间才起床，起床后急急忙忙到食堂吃饭后，便去教室准备上课，而且中午放学后，他直接去食堂吃放，吃完饭后直接到宿舍睡觉，导致身体逐渐发胖。

分析　1. 小王同学每天没有吃饭去学校操场晨练，他的能量消耗来源于哪里？

　　　　2. 每天小刘同学的生活的规律是怎么引起他的身体逐渐发胖？

　　　　3. 小王和小刘两位同学生活习惯的差异，每日早晨饭后，他们体内的血糖浓度会呈现显著差异吗？

　　糖原是以葡萄糖为基本单位聚合而成的多糖，是体内糖的储存形式，机体能迅速动用的能量储备，其特点是分子量大，糖链短而分支多，分支末端为糖原的非还原末端，可为糖原的合成和分解提供更多的化学反应位点。人体内的糖原以肝糖原和肌糖原存在。肝糖原主要维持血糖水平，肌糖原主要供肌肉收缩所需。糖原是体内容易动员的多糖，也是能量的储存库，当能量供应不足时，糖原分解产生 ATP 供给能量，保证不间断地供应生命活动所需能量，维持正常血糖水平。

　　人体内储存糖原总量约400g，主要部位是肝脏和骨骼肌中，其他组织中，如心肌、肾脏和脑等，也存有少量的糖原。低等动物和某些微生物中，也含有糖原或糖原类似物。肝糖原约占肝脏重的5%，它是空腹时血糖的重要来源。肌糖原含量为肌肉总量的1% ~5%，主要为肌肉收缩时提供所需的能量。

一、糖原的合成

（一）概念

　　由单糖（主要是葡萄糖）合成糖原的过程称为糖原的合成。或者由其他单糖（如果糖和半乳糖）可经过异构化反应转变为葡萄糖而进入糖原的合成代谢。肝糖原可以任何单糖为合成原料，而肌糖原只能以葡萄糖为合成原料。

（二）合成部位定位

　　人体内大多数组织细胞的细胞液中还有催化糖原合成的酶系，以肝细胞和肌细胞中含有此酶系最多，所以合成糖原的能力较强，体内肝糖原占 70 ~ 100g，肌糖原占250 ~

400g。神经细胞尤其脑细胞糖原合成能力最弱，其细胞液中几乎不含糖原，因此细胞所需的糖基本上靠血糖供给。糖原的合成反应在细胞液中进行，需消耗 ATP 和 UTP。

（三）反应过程

糖原的合成是一个耗能过程，每增加1个葡萄糖单位消耗2分子 ATP，反应过程总共需要5步反应完成。

1. 6 – 磷酸葡萄糖的生成　葡萄糖在己糖激酶的作用下，发生磷酸化生成6 – 磷酸葡萄糖，与糖的无氧分解的第一步反应相同。反应消耗 ATP，为不可逆反应。

$$G + ATP \xrightarrow[Mg^{2+}]{\text{己糖激酶}} G-6-P + ADP$$

2. 1 – 磷酸葡萄糖的生成　6 – 磷酸葡萄糖在磷酸葡萄糖变位酶的作用下，磷酸基团从6位变位至1位，生成1 – 磷酸葡萄糖。此反应为可逆反应。

$$6-磷酸葡萄糖（G-6-P）\xrightleftharpoons{\text{磷酸葡萄糖变位酶}} 1-磷酸葡萄糖（G-1-P）$$

3. 尿苷二磷酸葡萄糖（UDPG）的生成　1 – 磷酸葡萄糖与尿苷三磷酸（UTP）在尿苷二磷酸葡萄糖（UDPG）焦磷酸化酶的催化下，生成尿苷二磷酸葡萄糖（UDPG）和焦磷酸（PPi）。尿苷二磷酸葡萄糖是糖原合成的底物，葡萄糖残基的供体，称为活性葡萄糖。此反应由尿苷二磷酸葡萄糖焦磷酸化酶催化，反应为不可逆反应，消耗尿苷三磷酸。

$$G-1-P + UTP \xrightarrow{\text{UDPG 焦磷酸化酶}} UDPG + PPi$$

4. 糖原的合成　尿苷二磷酸葡萄糖在糖原合酶的作用下，生成糖原和尿苷二磷酸（UDP）。引起糖原合成起初的较小的糖原分子称为糖原引物（G_n）。尿苷二磷酸葡萄糖的葡萄糖基转移到糖原引物上，以 α – 1,4 – 糖苷键相连，使糖原增加1个葡萄糖单位，在糖原合成酶的作用下，尿苷二磷酸葡萄糖（UDPG）不断增加，糖链不断延长，最终合成糖原 G_{n+1}，反应为不可逆反应。

$$G_n + UDPG \xrightarrow{\text{糖原合酶}} G_{n+1} + UDP$$

5. 糖链分支的形成　糖原合酶只能使糖链延长，但不能形成分支。糖原的糖链在糖原合酶的作用下不断延长，当糖链长度达到12~18个葡萄糖单位时，分支酶发生作用（图6-7），催化末端的6~7个葡萄糖基转移至邻近的糖链上，以 α – 1,6 – 糖苷键相连，从而形成分支。

（四）生理意义

糖原的合成是机体储存葡萄糖的方式，也是储存能量的一种方式。对于维持血糖浓度的恒定有重要意义，如进食后，血液中葡萄糖供应丰富，肝细胞和肌细胞可利用葡萄糖大量合成糖原，防止血糖浓度过度升高，形成血浆高渗引起组织脱水和尿量增加以至出现糖尿。因此，糖原的合成是人体储存糖的生化过程，而糖原的分解是补

请你想一想
中午放学后，小张去食堂就餐后，他体内的血糖浓度会不会一直升高呢？

充血糖浓度的有效方式，使人体血糖浓度相对恒定，维持全身生命活动的需要。

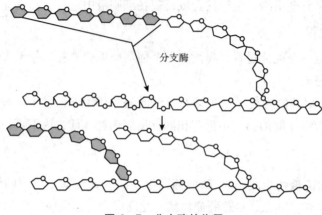

图6-7　分支酶的作用

二、糖原的分解

（一）概念

由糖原分解释放出葡萄糖以补充血糖的过程称为糖原的分解。

（二）分解部位定位

只有肝细胞液中的糖原才能被分解成葡萄糖释放进入血液，供肝外组织利用，是因为在细胞液中有葡萄糖-6-磷酸酶，因而肝脏不但能有效合成大分子糖原，也能将大分子糖原中的葡萄糖残基解离为葡萄糖。

（三）反应过程

葡萄糖-6-磷酸酶主要存在肝脏，肌肉及脑组织中没有，所以只有肝糖原可以直接分解为葡萄糖补充血糖，作为血糖的重要来源。糖原的分解并不是糖原的合成的逆反应，糖原的分解分为3步反应。

1. 1-磷酸葡萄糖的生成　糖原在糖原磷酸化酶的催化下，生成1-磷酸葡萄糖。从糖原分子的非还原端开始，糖原磷酸化酶催化 α-1,4-糖苷键水解，逐个生成1-磷酸葡萄糖。糖原磷酸化酶是该反应的限速酶，也是催化糖原分解的关键酶。该酶只能水解 α-1,4-糖苷键。此酶受到共价修饰调节和变构调节双重调节作用。发生磷酸化的糖原磷酸化酶 a 是有活性的，而脱磷酸化的糖原磷酸化酶 b 是无活性的。AMP 是糖原磷酸化酶 b 变构激活剂，ATP 是糖原磷酸化酶 a 的变构抑制剂。脱支酶主要功能是 α-1,6-葡萄糖苷酶活性，催化分支点的葡萄糖单位水解，生成游离葡萄糖，在磷酸化酶和脱支酶的协同和反复作用下，形成15%的游离葡萄糖和85%的1-磷酸葡萄糖（图6-8）。

$$\text{糖原}（G_n）+Pi\xrightarrow{\text{糖原磷酸化酶}}1-\text{磷酸葡萄糖}（G-1-P）+\text{糖原}（G_{n-1}）$$

2. 6-磷酸葡萄糖的生成　1-磷酸葡萄糖在磷酸葡萄糖变位酶的作用下，生成

6 - 磷酸葡萄糖。该反应是糖的合成中第二步反应的逆反应。

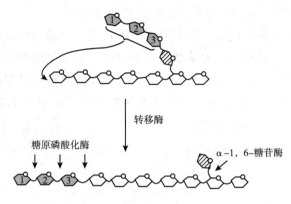

图 6 - 8　脱支酶的作用

$$1 - 葡萄糖（G - 1 - P）\xrightleftharpoons[\text{磷酸葡萄糖变位酶}]{} 6 - 磷酸葡萄糖（G - 6 - P）$$

3. 葡萄糖的生成　6 - 磷酸葡萄糖在葡萄糖 - 6 - 磷酸酶的作用下，生成葡萄糖和磷酸。葡萄糖 - 6 - 磷酸酶仅存在肝脏和肾脏中，肌肉中没有该酶，所以肌糖原不能直接补充血糖，只能进行糖的无氧分解或糖的有氧氧化。

$$6-磷酸葡萄糖（G-6-P）\xrightarrow[\substack{H_2O \qquad Pi}]{葡萄糖-6-磷酸酶} 葡萄糖（G）$$

糖原的合成与分解全过程如图 6 - 9。

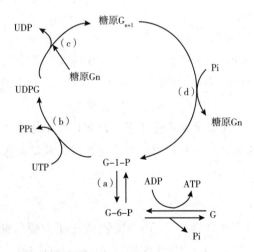

（a）磷酸葡萄糖变位酶　（b）UDPG 焦磷酸化酶　（c）糖原合酶　（d）糖原磷酸化酶

图 6 - 9　糖原的合成与分解

（四）生理意义

肝糖原分解能提供葡萄糖，既可在不进食期间维持血糖浓度的恒定，又可持续满足脑组织等的能量供应。肌糖原分解则为肌肉自身收缩提供能量。肝糖原和肌糖原都可以调节血糖，不同的是当血糖浓度低时，肝糖原分解，直接变成葡萄糖，维持血糖平衡。而肌糖原无法直接转化成葡萄糖，只能在氧化后转换为乳酸，再运到肝转换为肝糖原，当机体需要时，便可分解成葡萄糖，转化为能量。

　　糖原的分解异常会引起疾病。由于个体先天缺乏分解糖原所需要的一些酶，会导致肝糖原不能被分解，造成糖原大量堆积在组织内，引起组织器官功能损伤，临床上称为糖原累积症（glycogen storage disease，GSD），又称为糖原贮积症。不同器官中因缺乏不同的酶，引起的后果不同。如肝脏内磷酸酶缺乏，会引起肝大；溶酶体中的 α – 葡萄糖苷酶缺乏，会引起心肌受损。

你知道吗

琥珀病

　　琥珀病是最严重的糖原累积症，属于糖原累积症Ⅱ型，通常在 1 岁内发病。糖原蓄积于人体的肝脏、肌肉、神经和心脏内，使其不能正常工作。患儿如婴儿般软弱且进行性无力，有呼吸和吞咽困难。年幼琥珀病患儿通常是不可治愈的，大多数患儿在 2 岁时会死亡。不严重的琥珀病可见于年长儿童及成人，会造成人体上肢肌无力、下肢肌无力和深呼吸功能减退。

第四节　糖异生作用

PPT

实例分析

　　实例　暑假期间，小程同学邀请小邢同学一起去山中森林采集野生药用植物做中药标本，他们为了采集一味珍贵野生药用植物，不慎落入深沟，被困两天。因准备采集完药用植物后，当天回家，所以携带食物较少而水较多，食物吃完后，仅靠喝水缓解饥饿。第三天中午，幸运被另外一队经过的旅游者所救。

　　分析　1. 两位同学在没有食物的情况下，是靠什么维持生命的？

　　　　　　2. 在长期饥饿时，体内非糖物质是怎么转变成糖类物质为机体提供能量的？

一、概念

> **请你想一想**
>
> 人类长跑运动等剧烈运动后，产生的乳酸在人体内是怎么代谢的？

　　由非糖物质转变为葡萄糖或糖原的过程称为糖异生作用（gluconeogenesis）。糖异生作用是人体内源性糖的一个来源。甘油、有机酸（乳酸、丙酮酸及三羧酸循环中的各种羧酸）和某些氨基酸（如生糖氨基酸）均可作为糖异生作用的原料。糖异生作用的主要器官是肝，约占糖异生作用总量的 90%，肾糖异生作用约占糖异生作用总量的 10%，特别是机体处于较长时间饥饿和酸中毒时，肾糖异生作用明显增强，相当于同重量的肝组织的作用。

二、反应过程

糖异生作用基本上是糖的无氧氧化的逆反应，它们由相同的酶催化。但己糖激酶（包括葡萄糖激酶）、磷酸果糖激酶和丙酮酸激酶催化的三个反应，都是不可逆反应，称之为"能障"。实现糖异生作用必须绕过这三个"能障"，代价是要消耗更多的能量。这三步不可逆反应需要另外一组不同的酶来催化，这些酶就是糖异生作用的关键酶。

1. 丙酮酸羧化支路 从丙酮酸或乳酸开始生成葡萄糖或糖原，遇到第一个"能障"是糖的无氧分解中丙酮酸激酶催化的，由磷酸烯醇式丙酮酸生成丙酮酸的反应。绕过这个"能障"需要丙酮酸羧化酶和磷酸烯醇式丙酮酸羧激酶催化，将丙酮酸转变为磷酸烯醇式丙酮酸。

丙酮酸不能直接逆转为磷酸烯醇式丙酮酸，但丙酮酸可以在丙酮酸羧化酶的催化下生成草酰乙酸，然后在磷酸烯醇式丙酮酸羧激酶催化下，草酰乙酸脱羧基并从 GTP 获得磷酸生成磷酸烯醇式丙酮酸，此过程称为丙酮酸羧化支路，是消耗能量的循环反应（图 6-10）。

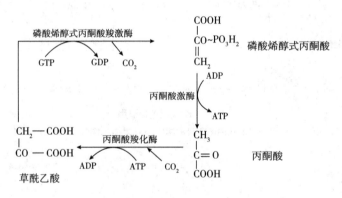

图 6-10 丙酮酸羧化支路

丙酮酸羧化酶仅存在于线粒体内，细胞液中的丙酮酸必须进入线粒体才能羧化成草酰乙酸，而磷酸烯醇式丙酮酸羧激酶在线粒体和细胞液中都存在，因此草酰乙酸转变成磷酸烯醇式丙酮酸在线粒体和细胞液中都能进行。

2. 1,6-二磷酸果糖转变为 6-磷酸果糖 第二个"能障"是糖的无氧分解中磷酸果糖激酶催化的，由 6-磷酸果糖生成 1,6-二磷酸果糖的反应。绕过这个"能障"需要果糖-1,6-二磷酸酶的催化，将 1,6-二磷酸果糖转变为 6-磷酸果糖。

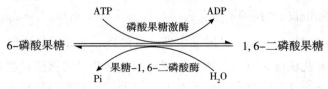

3. 水解生成葡萄糖 第三个"能障"是糖酵解途径中己糖激酶催化的，由葡萄糖

转变为6-磷酸葡萄糖的反应。绕过这个"能障"需要葡萄糖-6-磷酸酶催化，将6-磷酸葡萄糖转变为葡萄糖。

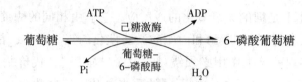

上述过程中，丙酮酸羧化酶、磷酸烯醇式丙酮酸羧激酶、果糖-1，6-二磷酸酶和葡萄糖-6-磷酸酶是糖异生作用的关键酶。它们主要分布在肝脏和肾皮质。糖异生作用全过程如图6-11。

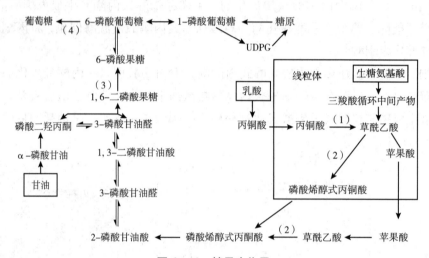

图6-11　糖异生作用

（1）丙酮酸羧化酶　（2）磷酸烯醇式丙酮酸羧激酶　（3）果糖二磷酸酶　（4）葡萄糖-6-磷酸酶

三、生理意义

（一）维持空腹和饥饿时血糖浓度的相对恒定

人体储备糖原的能力有限，长时间空腹或饥饿的情况下，肝糖原不足以维持血糖浓度的相对稳定，此时血糖主要来源于糖异生作用。体内储存可供利用的糖仅约150g，储糖量最多的肌糖原又只给本身氧化供能，因此若利用肝糖原的储存量来维持血糖浓度最多不超过12小时。由此可见，在禁食和饥饿条件下，血糖浓度维持主要依赖糖异生作用，从而保证脑等重要器官和红细胞能量供应。糖异生作用的进行是持续不断的，只是空腹和饥饿情况下明显增加。

（二）人体利用非糖物质的主要方式

当人体内获得或产生甘油、乳酸和生糖氨基酸时，人体可将它们在肝脏内转变成糖供给组织细胞氧化供能，所以人体可以利用非糖物质氧化供能，这对于清除体内乳酸等非糖物质，防止这些物质过多积蓄对人体产生的不利影响是有益的。在氧供应不足时，肌肉收缩过程经糖的无氧分解产生乳酸，肌肉内糖异生作用酶活性很低，其产生的乳酸必须释放进入血液运到肝脏才能转变为葡萄糖，然后释放进入血液供肝外细胞利用，把这一过程称为"乳酸循环"，也称 Cori 循环（图 6 - 12）。可见乳酸循环构成了肝内外糖和乳酸相互转变和有效利用的协作机制，对维持肌力是有益的。乳酸循环的生理意义：①防止因乳酸堆积引起酸中毒；②短时间内提供大量能量；③乳酸再利用，避免营养流失。

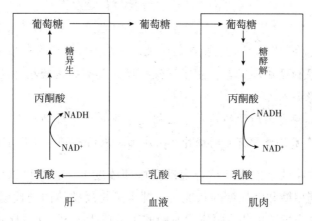

图 6 - 12 乳酸循环

你知道吗

乳酸再利用

机体处于安静状态下产生乳酸的量甚少，乳酸循环意义不大。但在某些生理或病理情况下，如剧烈运动时，肌糖原无氧分解产生大量乳酸，大部分可经血液运到肝脏，通过糖异生作用合成肝糖原或葡萄糖以补充血糖，而血糖又可供肌肉利用。乳酸循环可避免损失乳酸以及防止因乳酸堆积引起的酸中毒。

（三）维持长期禁食后酸碱平衡

由于长期饥饿产生代谢性酸中毒，使体液 pH 降低，促进了肾小管中磷酸烯醇式丙酮酸羧激酶的合成，从而使糖异生作用增强。另外，肾中 α - 酮戊二酸因异生成糖减少时，则促进谷氨酰胺及谷氨酸的脱氨，使肾小管细胞泌氨加强，氨与原尿中的 H^+ 结合，降低原尿中 H^+ 浓度，有利于肾排氢保钠作用，对于防止酸中毒有重要意义。

（四）糖异生作用过度对人体产生不利影响

当人体长期缺乏能源物质时，由于靠糖异生作用消耗非糖物质保持血糖浓度，以维持大脑等重要器官的生命活动所需能量，久而久之，就会使脂肪和蛋白质消耗过多。这样不仅会导致人体抵抗力减弱，还会最终因糖异生作用原料日益减少而最终导致人体能源物质耗竭。所以人体单纯依靠糖异生作用维持生命活动的能量供给是有限的。而对糖尿病患者来说，除应按个体活动控制糖进食量外还应控制脂肪和蛋白质进食量，避免生成过多的葡萄糖释放进入血液，为药物治疗提供基础。

第五节　血糖

PPT

实例分析

实例　与小冯同学同住一小区的王大爷，饮食各方面都正常，一天早晨，他感觉身体有点不舒服，去小区附近的医院就诊，医生建议做了尿液检查，化验结果显示尿液中含有葡萄糖。王大爷知道小冯同学在学校是学习药学相关专业的学生，便拿着化验报告咨询小冯同学，问根据化验报告的结果，他是否可能患有糖尿病。

分析　1. 如果你是小冯同学，能否仅仅根据王大爷的化验报告结果，判断他患有糖尿病？

　　　　2. 请你用自己所学的药学专业相关专业知识，帮助王大爷分析，糖尿病患者除了尿液中有葡萄糖外，临床上还应该有哪些症状才能确诊？

人体内糖类代谢的动态平衡综合表现在血糖浓度上，它既可以反映血糖的来源，又可以反映人体利用糖和消耗糖的状况。血糖含量是反映体内糖代谢状况的重要指标之一。正常人空腹血糖浓度相当恒定，血糖的正常值为 $3.89 \sim 6.11$ mmol/L（葡萄糖氧化酶法）。一天之中血糖浓度稍有变动。进食后，因为大量葡萄糖进入血液，血糖浓度暂时性升高，一般在两小时左右恢复到正常水平。饥饿初期，血糖稍低，不过很快便可以恢复并维持在正常范围。要维持血糖的相对稳定，必须保持血糖的来源和去路的动态平衡。

请你想一想

人类在进食后，体内的血糖是怎么维持相对稳定的？为什么要空腹测定人体血糖浓度？

一、血糖的来源和去路

（一）血糖的来源

1. 食物中糖类的消化吸收　食物中糖类是体内血糖的主要来源。食物中的糖类主要是植物淀粉，其首先在口腔被唾液淀粉酶部分水解，接着进入小肠被胰淀粉酶进一步水解生成麦芽糖，最终经麦芽糖酶水解为葡萄糖，经小肠吸收。小肠吸收的葡萄糖进入肝，一部分进入肝细胞合成肝糖原储存，另一部分由体液循环输送至其他组织储存和利用。当空腹血糖浓度在 $6.11 \sim 7.0$ mmol/L 之间时属于血糖异常，应注意复查和追踪观察。当空腹血糖浓度大于等于 7.0 mmol/L 时，可结合受检者的临床表现诊断为糖尿病。

2. 肝糖原的分解　人体空腹时肝糖原分解成葡萄糖进入血液。

3. 糖异生作用　长期饥饿时，储备的肝糖原已不能满足维持血糖浓度，则糖异生作用增强，将大量非糖物质转变为糖，继续维持血糖的正常水平。因此，糖异生作用是空腹和饥饿时血糖的重要来源。

过多食用纯糖有害人体健康

纯糖如白糖，又称为蔗糖（因从甘蔗中精制而提纯得到），由于其在加工制作过程中，将植物中的其他营养物质（如维生素、矿物质和植物色素等）完全分离弃去，故只能提供能量，而不具有全面的营养价值。人类长期过多的食用纯糖，会引起营养失衡，同时除会引起胃酸过多和牙齿伤害外，还会增加胰岛 β - 细胞的负担。长此以往，人类会因过度食用纯糖引起 β - 细胞分泌胰岛素减少，成为诱发糖尿病的原因之一。

（二）血糖的去路

1. 氧化分解供能 血糖的主要去路是氧化分解供能。进入组织细胞的葡萄糖，主要通过糖的无氧分解和糖的有氧氧化释放能量，用以维持生命活动所需。

2. 合成糖原储存 葡萄糖或半乳糖等合成糖原，主要以肝糖原和肌糖原的形式储存。

3. 转变为其他物质 体内的糖可以转变为脂肪、氨基酸和三酰甘油等非糖物质及其他物质（如核酸等）。

4. 随尿排出 正常人肾小管可将肾小球滤液中的葡萄糖绝大部分重吸收回血液中，尿中只有极微量葡萄糖，一般方法检查不出，所以正常人尿糖检测是阴性的。但是近端小管对葡萄糖的重吸收有一定的限度，当血液中的葡萄糖浓度超过 8.89 ~ 10.08mmol/L 时，部分近端小管上皮细胞对葡萄糖的吸收已达极限，葡萄糖就不能被全部重吸收，随尿排出而出现糖尿，尿中开始出现葡萄糖时的最低血糖浓度，称为肾糖阈（renal glucose threshold）。当血糖浓度超过肾糖阈时，就开始出现尿糖。

血糖的来源和去路正常情况下是处于动态平衡的，从而使血糖浓度保持在恒定水平，但这种平衡并不是孤立进行的，而是在神经系统、激素、肝和肾的调节控制下共同完成的。尤其激素对血糖浓度的调节起了极其重要作用（图 6 - 13）。

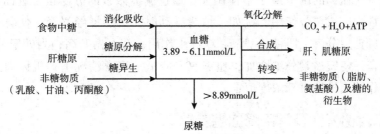

图 6 - 13 血糖的来源和去路动态平衡

二、血糖浓度的调节

（一）器官水平的调节

肝脏是调节血糖浓度的主要器官，对血糖的稳定有重要意义。肝脏通过糖原的合成与分解和糖异生作用来维持血糖浓度的正常恒定。当进食后，血糖浓度升高时，肝糖原合成加强，调节血糖浓度不致增高；空腹时血糖浓度降低、肝糖原分解加强，葡萄糖进入血液补充血糖；饥饿时，肝糖原几乎被耗尽，肝中糖异生作用加强；长期饥饿时，肾的糖异生作用也加强，以维持血糖浓度的恒定。此外，脂肪组织和肌肉等也可以参加血糖浓度的调节。

（二）激素水平的调节

激素对血糖浓度调节有着重要作用。参与调节血糖浓度的激素分为两类：胰岛素是降低血糖的激素；肾上腺素、胰高血糖素、糖皮质激素和生长素等是升高血糖的激素。它们对血糖浓度的调节是通过糖代谢途径中某些关键酶的诱导、激活或抑制实现。这两类激素的作用是相互对立和相互制约，加强调节效能。

1. 胰岛素　胰岛素是机体内唯一降低血糖的激素，其对体内糖代谢的影响如下：①促进葡萄糖进入细胞内，葡萄糖只有进入细胞内才能被利用。②加强葡萄糖激酶、磷酸果糖激酶和丙酮酸激酶的诱导生成，进而加快葡萄糖的氧化分解。③增强糖原合酶的活性。减弱磷酸化酶活性，从而加速糖原合成抑制糖原分解。④抑制磷酸烯醇式丙酮酸羧化激酶和果糖 – 1,6 – 二磷酸酶的活性，从而使糖异生作用受到抑制。⑤促进糖变成脂肪。综上所述，胰岛素对糖代谢的调节作用是增加血糖的去路，减少血糖的来源进而降低血糖浓度。

2. 肾上腺素　肾上腺素能促进肝糖原分解、肌糖原的无氧分解和糖异生作用。

3. 胰高血糖素　胰高血糖素促进肝糖原分解和糖异生作用，抑制肝糖原合成，促进脂肪动员，减少糖的利用。

4. 糖皮质激素　糖皮质激素促进肝外组织蛋白分解成氨基酸及发生糖异生作用，抑制组织细胞摄取葡萄糖。

5. 生长激素　生长激素促进发生糖异生作用，抑制肌肉和脂肪组织利用葡萄糖。

（三）神经系统调节

神经系统对血糖的调节属于整体调节，通过调节激素的分泌量，进而影响各代谢途径中酶活性而完成调节作用。例如，情绪激动时，交感神经兴奋，使肾上腺素分泌增加，促进肝糖原分解、肌糖原酵解和糖异生作用，使血糖升高；当处于静息状态时，迷走神经兴奋，使胰岛素分泌增加，血糖水平降低。正常情况下，机体通过多种调节因素的相互作用而维持血糖浓度恒定。

三、糖代谢紊乱及常用降血糖药物

糖代谢是十分复杂的过程，受酶活性、神经系统、内分泌系统的调控，当酶、神经、激素系统及肝、肾等器官功能障碍时，均会引起糖代谢紊乱，出现高血糖或低血糖现象。

（一）高血糖与糖尿病

临床上将空腹血糖浓度超过 7.22mmol/L 时称为高血糖。当血糖浓度高于

8.89mmol/L，超过肾小管对糖的最大重吸收能力时，葡萄糖会随尿液中排出，此现象称为糖尿。糖尿分为高血糖性糖尿和肾性糖尿两种。

1. 高血糖性糖尿 分为生理性糖尿和病理性糖尿两类。①生理性糖尿：生理性糖尿为生理上的暂时性变化引起的，是暂时的。如一次进食或注射大量葡萄糖后，血糖浓度急剧升高超过肾糖阈而引起的饮食性糖尿；或者因为情绪激动肾上腺素分泌增多，肝糖原分解加强，血糖浓度升高超过肾糖阈，而导致的情感性糖尿；又或者妊娠性糖尿。②病理性糖尿：病理性糖尿由内分泌紊乱引起，是持续性的。常见的病理性糖尿病起因有胰岛素分泌障碍（糖尿病），升血糖激素亢进。

2. 肾性糖尿 肾性糖尿指肾脏疾病引起的肾糖阈降低而产生的糖尿，这时血糖浓度可以是高血糖，也可以是正常范围。临床上最常见的高血糖症是糖尿病。

糖尿病分类：①Ⅰ型糖尿病（胰岛素依赖型糖尿病），是指由于自身免疫功能异常，胰岛素细胞被破坏，胰岛素几乎无法分泌产生的；②Ⅱ型糖尿病（胰岛素非依赖型糖尿病），是因为不良生活习惯和易患糖尿病的体质造成胰岛素功能低下和不足产生的。临床上95%的糖尿病是Ⅱ型，Ⅰ型只占少数。Ⅰ糖尿病多发于青少年，主要与遗传有关。Ⅱ型糖尿病和肥胖关系密切，我国糖尿病患者以Ⅱ型居多。糖尿病的患者典型症状是"三多一少"（多食、多饮、多尿、体重减少）。

糖尿病是一种终身疾病，很难彻底治愈，治疗糖尿病的药物主要有口服降糖化学药（磺酰脲类、双胍类、α-糖苷酶抑制药等）、胰岛素、中药（地黄、桑白皮、人参、知母、黄连等）三大类。

（二）低血糖和低血糖昏迷

空腹血糖低于3.3mmo/L称为低血糖。脑细胞因不储存糖原所需能量直接靠摄取血中葡萄糖进行氧化分解。当血糖浓度降低后，脑细胞因能量供应不足而功能异常，患者常表现为头晕、心悸、出冷汗、手颤、倦怠无力和饥饿感等症状，称低血糖症。因为脑组织不能利用脂肪酸氧化供能，且几乎不储存糖原，其所需能量直接依靠血中葡萄糖氧化分解提供。当血糖含量持续低于2.52mmol/L时，脑细胞的能量极度匮乏，严重影响脑的正常功能，严重者出现惊厥和昏迷，称为低血糖昏迷或低血糖休克。临床上遇到这种情况时，只需及时给患者静脉注射葡萄糖溶液，症状就会得到缓解，否则可导致死亡。低血糖分为生理性和病理性两类。

1. 生理性低血糖 长期饥饿、空腹饮酒或持续剧烈体力活动时，外源性糖来源阻断，内源性的肝糖原已经耗竭，此时，糖异生作用亦减弱，因而易造成低血糖。

2. 病理性低血糖 ①胰岛β-细胞增生或胰岛肿瘤等可导致胰岛素分泌过多，引起低血糖；②内分泌机能异常（如垂体前叶或肾上腺皮质机能减退），使生长素或糖皮质激素等对抗胰岛素的激素分泌不足；③胃癌等肿瘤；④严重肝脏疾患（如肝癌、糖原累积症等），肝功能严重低下，肝糖原的合成、分解及糖异生作用等糖代谢均受阻，肝脏不能及时有效地调节血糖浓度，故产生低血糖。

（三）常用的降血糖药物

糖尿病是由于胰岛素绝对或相对不足或细胞对胰岛素敏感性降低，引起糖、脂肪、蛋白质、水和电解质等一系列代谢紊乱的临床综合征。它是除肥胖症之外人类最常见的内分泌紊乱性疾病。糖尿病的特征表现为高血糖与糖尿。糖尿病的病因是由于胰岛β-细胞功能减低，胰岛素分泌量素绝对或相对不足，或其靶细胞膜上胰岛素受体数量不足、亲和力降低，或胰高血糖素分泌过量等，导致胰岛素不足。其中胰岛素受体基因缺陷已被证实是Ⅱ型糖尿病的重要病因。

糖尿病可出现多方面的糖代谢紊乱，如葡萄糖不易进入肌肉、脂肪组织细胞；糖原的合成减少，糖原分解增强；组织细胞氧化利用葡萄糖的能力减弱；糖异生作用增强。使血糖的来源增加而去路减少，出现持续性高血糖和糖尿。糖尿病患者由于糖的氧化分解障碍，机体所需能量不足，故患者感到饥饿而多食；多食进一步导致血糖升高，使血浆渗透压升高，引起口渴，因而多饮；血糖升高形成高渗性利尿而导致多尿。由于机体糖氧化供能发生障碍，大量动员体内脂肪及蛋白质氧化分解，加之排尿多而引起失水，患者逐渐消瘦，体重下降。严重糖尿病患者常伴有多种并发症，包括视网膜毛细血管病变、白内障、神经轴突萎缩和脱髓鞘、动脉硬化性疾病和肾病。这些并发症的严重程度与血糖水平升高程度直接相关，可见治疗糖尿病关键在于控制血糖浓度，"早防、早治"是最有成效的治疗。"早防"能使高危人士远离糖尿病，"早治"能让一半"准患者"逆转进程，回到正常人中。"早治"包括三方面内容，除了端正理念和调整生活方式，还应该根据患病原因和患者的个体情况进行药物治疗，可选用的药物包括双胍类、α-糖苷酶抑制剂和胰岛素增敏剂等，常用药物有罗格列酮和二甲双胍，它们能够通过不同机制降低血糖，研究证明两者联用可能更利于治疗。用于内环境稳态模型技术测量了胰岛素敏感性，结果表明罗格列酮和二甲双胍联用胰岛素敏感性要比单独的用药高，因此这样联合用药效果不错。Ⅱ型糖尿病的治疗选用胰岛素，胰岛素治疗失效的糖尿病患者加用二甲双胍能提高血糖控制，减少空腹血糖发生的频率，而对高密度胆固醇则无影响。

1. 胰岛素及其类似物　胰岛素是最有效的糖尿病治疗药物之一，胰岛素制剂在全球糖尿病药物中的使用量也位居第一。对于Ⅰ型糖尿病患者，胰岛素是唯一治疗药物，此外，约有30%～40%的Ⅱ型糖尿病患者最终需要使用胰岛素。

2. 磺酰脲类促泌剂　本类药物主要通过促进胰岛素分泌而发挥作用，抑制 ATP 依赖性钾通道，使 K^+ 外流，β-细胞去极化，Ca^{2+} 内流，诱发胰岛素分泌。磺酰脲类促泌剂主要包括：格列本脲、格列吡嗪、格列喹酮和格列齐特，它们降糖强度从强至弱的次序为：格列本脲 > 格列吡嗪 > 格列喹酮 > 格列齐特。

3. 双胍类　二甲双胍是首选一线降糖药。本类药物不刺激胰岛β-细胞，对正常人几乎无作用，而对Ⅱ型糖尿病人降血糖作用明显。它不影响胰岛素分泌，主要通过促进外周组织摄取葡萄糖、抑制葡萄糖异生作用、降低肝糖原输出和延迟葡萄糖在肠道吸收，由此达到降低血糖的作用。

4. α-糖苷酶抑制剂　α-萄糖苷酶抑制剂是备用一线降糖药,本类药物竞争性抑制麦芽糖酶、葡萄糖淀粉酶和蔗糖酶,阻断1,4-糖苷键水解,延缓淀粉、蔗糖和麦芽糖在小肠分解为葡萄糖,降低餐后血糖。其常用药物有:糖-100、阿卡波糖和伏格列波糖。

5. 中药类　中医药治疗糖尿病不仅在于降低血糖,更重要的是注重防治糖尿病并发症,起到提高生活质量和延长寿命的作用,如黄芪、黄连、黄精和地黄等。

第六节　糖类药物

PPT

实例分析

　　实例　为丰富学生课余生活和倡议强身健体,凝聚学生集体荣誉感和班级核心力,某中等职业学校特举行秋季运动会,要求全校各班级组织同学积极报名,分年级参加比赛。2019级药品食品检验专业小李同学作为班级的体育委员,踊跃报名5000米项目代表班级参加比赛。比赛当天,小李同学全程跑完5000米项目后,他感觉全身乏力,班级生活委员小张同学为其买来一饮料,小李喝下后他的乏力感得到缓解。

　　分析　1. 小张同学为小李同学买来的饮料,主要成分是什么?
　　　　　　2. 为什么小李同学喝过该饮料后,身体乏力感得到缓解?

　　糖类化合物是一切生物体维持生命活动所需能量的主要来源,是生物体合成其他化合物的基本原料,或作为生物体的结构原料。随着分子生物学的发展,糖的生物学功能已被逐步揭示和认识,全世界对糖类药物的研制与开发空前活跃,许多药物已经投放市场。

一、糖类药物的概念及分类

(一)概念

　　目前糖类药物没有统一的概念,一般认为含糖结构的药物就是糖类药物,但也有学者认为以糖为基础的药物都是糖类药物,也就是说糖自身可以作为药物,而且许多化合物可以通过糖类、与糖相关的结合蛋白和酶类物质相互作用,影响到一些生理和病理过程,所以认为把这些糖作为靶点的药物也可以作为糖类药物。

(二)分类

　　1. 根据糖类物质分子大小不同糖类药物可以划分为:单糖、寡糖、多糖、糖的衍生物。
　　(1)单糖　葡萄糖、果糖、氨基葡萄糖等。
　　(2)寡糖　蔗糖、麦芽糖、乳糖、乳果糖等。
　　(3)多糖　右旋糖酐、甘露聚糖、香菇多糖、茯苓多糖等。糖类药物研究最多的是多糖类药物,已发现具有一定生理活性的多糖有来源于植物的黄芪多糖、人参多糖、刺五加多糖等。来源于微生物的多糖有猪苓多糖、银耳多糖、香菇多糖、灵芝多糖等。来源于动物的多糖有肝素、硫酸软骨素、硫酸角质素、透明质酸、壳多糖等。

（4）糖的衍生物　6-磷酸葡萄糖、1，6-二磷酸果糖和磷酸肌醇等。

2. 根据糖类药物用途不同划分为多糖药物及其衍生物类、糖或含糖的小分子药物、糖蛋白药物和糖疫苗。

（1）多糖药物及其衍生物类　肝素、透明质酸、硫酸软骨素和真菌多糖等。

（2）糖或含糖的小分子药物　阿卡波糖和中草药活性组分等。

（3）糖蛋白药物　红细胞生成素和干扰素等。

（4）糖疫苗　肿瘤疫苗和细菌疫苗等。

糖类药物最重要的特点是它们中的大多数作用于细胞表面。这是由于糖类或糖复合物主要分布在细胞表面，参与细胞与活性分子之间的相互作用，而且这往往是一系列生理和病理过程的第一步，如果这第一步被阻断了，有关的生理和病理变化也就不能随之发生。由于多数以糖类为基础的药物的作用位点是在细胞表面，而不进入细胞内部，因此，这类药物对于整个细胞进而对整个机体的干扰较少。从这一点我们可以看出，糖类药物的不良反应相对较小。因此，糖类药物既可以作为治疗疾病的药物，也可以作为保健类药物。

二、糖类药物的作用

在过去很长一段时间内，糖只作为生物体内能量转化和结构组成物质。直到 20 世纪 60 年代，糖类作为信息分子的生物学功能才逐渐为人们所认识。近些年来，发现许多临床药物，其实都是通过作用于糖分子而产生作用的。例如我们早已熟知的一些抗生素类药物（如红霉素、万古霉素等）、抗凝血药物、治疗白内障药物、抗流感药物和疫苗等。

1. 调节免疫功能　糖类药物调节免疫功能主要表现为影响补体活性，促进淋巴细胞增殖，激活或提高吞噬细胞的功能。增强机体的抗炎、抗氧化和抗衰老作用。如 PS-K 多糖和香菇多糖对小鼠 S180 瘤株有明显抑制作用，已作为免疫型抗肿瘤药物，猪苓多糖能促进抗体的形成，是一种良好免疫调节剂。

2. 抗感染作用　多糖可以提高机体组织细胞对细菌、病原虫、病毒和真菌感染的抵抗力。如甲壳素对皮下肿胀有治疗作用，对皮肤伤口有愈合作用。

3. 加快细胞增殖生长　通过促进细胞 DNA 和蛋白质的合成，加快细胞的增殖生长。

4. 抗辐射损伤作用　茯苓多糖、紫菜多糖、透明质酸和甲壳素等均能抗^{60}Co-γ射线的损伤，有抗氧化和防辐射作用。

5. 抗凝血作用　肝素是天然抗凝剂。甲壳素、芦荟多糖和黑木耳多糖等也具有肝素样的抗凝血作用。用于防治血栓、周围血管病、心绞痛、充血性心力衰竭和肿瘤的辅助治疗。

6. 降血脂、抗动脉粥样硬化作用　类肝素、硫酸软骨素和小分子量肝素等具有降血脂、降血胆固醇和抗动脉粥样硬化作用，用于防治冠心病和动脉硬化。

7. 维持血液渗透压　右旋糖酐可以代替血浆蛋白以维持血液渗透压，中分子量右旋糖酐用于增加血容量，维持血压，以抗休克为主；低分子量右旋糖酐主要用于改善微循环，降低血液粘度；小分子量右旋糖酐是一种安全有效的血浆扩充剂。海藻酸钠能增加血容量，使血压恢复正常。

三、常用糖类药物

糖类药物主要分为单糖药物、寡糖药物及多糖类药物。临床常见的单糖药物有葡萄糖（溶剂、利尿剂）、果糖（降颅压）和氨基葡萄糖（适用于全身各个部位骨关节炎）。常见低聚糖药物有蔗糖、麦芽糖和乳糖。糖类药物研究最多的是多糖类药物，其主要生理活性是增强机体免疫能力。研究表明，多糖类药物具有抗癌活性，如香菇多糖、云芝多糖和茯苓多糖等。其次，还具有降血糖活性、抗放射线作用、抗衰老作用、抗凝血（肝素）和抗血脂等作用。

1. 去蛋白小牛血清　去蛋白小牛血清注射液的主要成分是多种游离氨基酸、小分子激活肽和磷酸肌醇寡糖，能促进细胞对葡萄糖和氧的摄取与利用，在低血氧以及能量需求增加等情况下，可以促进能量代谢。临床上用于治疗缺血性脑血管病，保护大脑神经细胞，减轻脑缺血再灌注损伤，改善脑供氧和能量供应，消除氧自由基，促进神经细胞修复等作用。

2. 透明质酸　透明质酸广泛存在于人和脊椎动物体内，是组成结缔组织的细胞外基质、眼球玻璃体、脐带和关节液的几种糖胺聚糖之一。在人的皮肤真皮层和关节滑液中含量最多，具有保水、润滑和清除自由基等重要的生理作用。透明质酸作为药物主要应用于眼科治疗手术，如晶状体植入、摘除，角膜移植，抗青光眼手术等，还用于治疗骨关节炎、外伤性关节炎和滑囊炎以及加速伤口愈合。透明质酸在化妆品中的应用更为广泛，它能保持皮肤湿润光滑、细腻柔嫩和富有弹性，具有防皱、抗皱、美容保键和恢复皮肤生理功能的作用。目前国际上添加透明质酸的化妆品种类已从最初的膏霜、乳液、化妆水、精华素胶囊、膜贴扩展到浴液、粉饼、口红、洗发护发剂和摩丝等，应用日趋广泛。

3. 硫酸软骨素　硫酸软骨素滴眼液用于治疗角膜炎，角膜溃疡，角膜损伤等，其主要成分为硫酸软骨素，硫酸软骨素是从动物组织提取、纯化制备的酸性黏多糖类物质，是构成细胞间质的主要成分，对维持细胞环境的相对稳定性和正常功能具有重要作用。可加速伤口愈合，减少瘢痕组织的产生。通过促进基质的生成，为细胞的迁移提供构架，有利于角膜上皮细胞的迁移，从而促进角膜创伤愈合。硫酸软骨素可以改善血液循环，加速新陈代谢，促进渗出液的吸收及炎症的消除。

实训七 胰岛素和肾上腺素对血糖浓度的影响

一、实训目的

观察胰岛素和肾上腺素对家兔血糖浓度的影响；掌握血糖浓度的测定方法；掌握葡萄糖氧化酶法测定血糖浓度的原理和方法；掌握血糖浓度的正常参考值，了解血糖测定的临床意义。

二、实验原理

（一）胰岛素、肾上腺素对血糖浓度的影响

激素是调节机体血糖浓度的重要因素。胰岛素能降低血糖，肾上腺素等激素能升高血糖。

本实验给两只家兔分别注射胰岛素或肾上腺素，取注射前、注射后兔的静脉血，测定血糖含量，观察注射前后血糖浓度变化，从而了解胰岛素和肾上腺素对血糖浓度的影响。

（二）葡萄糖氧化酶法测定血清葡萄糖

本实验是葡萄糖氧化酶（GOD）和过氧化物酶（POD）相偶联发生的偶联反应。

第一步：葡萄糖氧化酶利用氧和水将葡萄糖氧化为葡萄糖酸，并释放过氧化氢。

第二步：过氧化物酶在色原性氧受体存在时将过氧化氢分解为水和氧，并使色原性氧受体 4 – 氨基安替比林和酚去氢缩合为红色醌类化合物（苯醌亚胺非那腙）。

三、操作步骤

（一）胰岛素、肾上腺素对血糖浓度的影响

1. 动物准备 取正常家兔两只，实验前预先饥饿 16 小时，称体重（一般为 2 ~ 3kg）。

2. 注射激素前取血 一般多从耳缘静脉取血。剪去耳毛，用二甲苯擦拭兔耳，使其血管充血，再用干棉球擦干，于放血部位涂一薄层凡士林，再用粗针头或刀片刺破静脉放血。采用葡萄糖氧化酶 – 过氧化物酶法时，则将静脉血收集于干净试管中，静置至血清析出。取血完毕，用干棉球压迫血管止血。

3. 注射激素 一只兔子注射胰岛素，皮下注射，剂量为 0.75U/kg 体重。另一只兔子注射肾上腺素，皮下注射，剂量为 0.4mg/kg 体重。分别记录注射时间。

4. 注射激素后取血 方法同上；取血时间：肾上腺素注射后 30 分钟；胰岛素注射后 1 小时。从注射胰岛素的兔子取血后，应立即用 10ml 250g/L 葡萄糖做腹腔内或皮下注射，以防家兔发生胰岛素休克（低血糖休克）。

5. 测定血糖　分别测定各血样的糖含量，采用邻甲苯胺法测血糖浓度。

6. 计算　计算注射胰岛素后血糖降低和注射肾上腺素后血糖增高的百分率。

血糖浓度改变百分率（%）＝ΔBS/注射前BS×100%

ΔBS＝注射后BS－注射前BS；"＋"值表示BS升高；"－"值表示BS降低；BS表示血糖

（二）葡萄糖氧化酶法测定血清葡萄糖

1. 取试管3支，操作步骤如表6-4所示。

表6-4　葡萄糖氧化酶法测血糖操作步骤

加入物（ml）	空白管	标准管	测定管
血清	—	—	0.01
葡萄糖标准应用液	—	0.01	—
蒸馏水	0.01	—	—
丝酚酞混合试剂	1.5	1.5	1.5

混匀，至37℃水浴中，保温15分钟，葡萄糖氧化酶法测血糖操作步骤加2.0ml水混合后，在波长505nm处比色，以空白管调零，读取标准管及测定管吸光度。

2. 计算　血清葡萄糖（mmol/L）＝测定管吸光度/标准管吸光度×5

四、注意事项

（一）胰岛素、肾上腺素对血糖浓度的影响

1. 剃兔耳毛时，先用水润湿后再剃毛，要求耳缘静脉四周要剃干净，否则取血时易引起溶血。

2. 选用腹部皮肤作胰岛素和肾上腺素皮下注射，一手轻轻提起腹部皮肤，另一手持注射器以45°进针，针头不要刺入腹腔，更不要穿破皮肤注射到体外。

（二）葡萄糖氧化酶法测定血清葡萄糖

1. 加酶酚混合试剂，各管反应时间应一致。

2. 因用血量甚微，操作中应直接加样本至试剂中，再吸试剂反复冲洗吸管，以保证结果可靠。

3. 葡萄糖氧化酶法可直接测定脑脊液葡萄糖含量，但不能直接测定尿液葡萄糖含量。

4. 严重黄疸、溶血及乳糜样血清应先制备无蛋白血滤液，然后再进行测定。

五、思考题

葡萄糖氧化酶法不能直接测定尿液葡萄糖含量；而且严重黄疸、溶血及乳糜样血清应先制备无蛋白血滤液，然后再进行测定，为什么？

目标检测

一、选择题

（一）单项选择题

1. 凡不能被水解成更小分子的糖类物质是（　　）。
    A. 多糖　　　　　　　B. 单糖　　　　　　　C. 寡糖　　　　　　　D. 蛋白质

2. 糖类物质在体内的运输形式是（　　）。
    A. 麦芽糖　　　　　　B. 葡萄糖　　　　　　C. 蔗糖　　　　　　　D. 果糖

3. 糖类物质在体内的储存形式是（　　）。
    A. 糖原　　　　　　　B. 葡萄糖　　　　　　C. 蛋白质　　　　　　D. 脂肪

4. 糖的无氧分解最终产物是（　　）。
    A. 葡萄糖　　　　　B. 丙酮酸　　　　　　C. 乳酸　　　　　　　D. 氨基酸

5. 糖的有氧氧化的最终产物是（　　）。
    A. $CO_2 + H_2O + ATP$　　　　　　　　　B. 乳酸
    C. 丙酮酸　　　　　　　　　　　　　　　D. 乙酰辅酶 A

6. 葡萄糖己糖激酶的作用下，发生磷酸化反应生成（　　）。
    A. 4 - 磷酸葡萄糖　　　　　　　　　　　B. 5 - 磷酸葡萄糖
    C. 6 - 磷酸葡萄糖　　　　　　　　　　　D. 1 - 磷酸葡萄糖

7. 丙酮酸在（　　）催化下，生成乳酸。
    A. 果糖二磷酸酶　　　　　　　　　　　B. 6 - 磷酸葡萄糖酶
    C. 己糖激酶　　　　　　　　　　　　　D. 乳酸脱氢酶

8. 人长跑后腿会发酸，是因为产生（　　）。
    A. 乙酸　　　　　　　B. 乳酸　　　　　　　C. 丙酮酸　　　　　　D. 氨基酸

9. 糖的分解代谢的主要途径是（　　）。
    A. 糖的无氧分解　　　　　　　　　　　B. 糖的有氧氧化
    C. 糖异生作用　　　　　　　　　　　　D. 磷酸戊糖途径

10. 不属于三羧酸循环的需要的酶是（　　）。
    A. 柠檬酸合酶　　　　　　　　　　　　B. 顺乌头酶
    C. 异柠檬酸脱氢酶　　　　　　　　　　D. 果糖二磷酸酶

11. 三羧酸循环第一个关键酶是（　　）。
    A. 顺乌头酶　　　　　　　　　　　　　B. 异柠檬酸脱氢酶
    C. 柠檬酸合酶　　　　　　　　　　　　D. 果糖二磷酸酶

12. 糖的分解代谢的第三条途径是（　　）。
    A. 糖的无氧分解　　　　　　　　　　　B. 糖的有氧氧化
    C. 糖异生作用　　　　　　　　　　　　D. 磷酸戊糖途径

13. 磷酸戊糖途径的关键酶是（　　）。

A. 磷酸戊糖异构酶 　　　　　　B. 6 - 磷酸葡萄糖脱氢酶

C. 苹果酸脱氢酶 　　　　　　　D. 延胡索酸酶

14. 糖原的合成的底物是（　　　）。

A. 尿苷二磷酸葡萄糖 　　　　　B. 尿苷三磷酸

C. 焦磷酸 　　　　　　　　　　D. 1 - 磷酸葡萄糖

15. 血糖的正常值为（　　　）。

A. 3.89 ~ 6.11mmol/L 　　　　　B. 6.11 ~ 7.0mmol/L

C. 小于 3.89mmol/L 　　　　　　D. 大于 7.0mmol/L

（二）多项选择题

1. 下列属于多糖的是（　　　）。

A. 麦芽糖　　　B. 蔗糖　　　　C. 淀粉　　　D. 纤维素　　　E. 乳糖

2. 糖的无氧分解的关键酶有（　　　）。

A. 6 - 磷酸果糖激酶 1 　　　B. 丙酮酸脱氢酶复合物　　C. 丙酮酸激酶

D. 己糖激酶　　　　　　　　E. 醛缩酶

3. 三羧酸循环的关键酶有（　　　）。

A. 柠檬酸合酶 　　　　　　B. 顺乌头酸酶 　　　　　　C. 异柠檬酸脱氢酶

D. 丙酮酸脱氢酶复合物 　　E. α - 酮戊二酸脱氢酶复合物

4. 糖的分解代谢途径包括（　　　）。

A. 糖异生作用 　　　　　　B. 糖的无氧分解 　　　　　C. 糖的有氧氧化

D. 磷酸戊糖途径 　　　　　E. 糖原的代谢

5. 血糖的来源包括（　　　）。

A. 糖异生作用 　　　　　　B. 糖的无氧分解 　　　　　C. 糖的有氧氧化

D. 肝糖原的分解 　　　　　E. 食物中糖类的消化吸收

二、思考题

2008 年 5 月 12 日的汶川大地震是继唐山大地震后最严重的一次地质灾害。我们一直记忆深刻，数万同胞在此次地震中丧生。2008 年 6 月 17 日，清理废墟时，一只被埋了 36 天的猪被救了出来。36 天不吃不喝，还是非常顽强的活着。请你想一想长期饥饿情况下机体能量的主要来源和主要供给途径是什么？

书网融合……

　　微课　　　　　　　划重点　　　　　　自测题

第七章 脂类的化学与代谢

学习目标

知识要求

1. **掌握** 脂肪的组成、化学结构与生理作用；脂肪酸 β 氧化的过程及特点；酮体的概念及代谢特点；胆固醇的转化与排泄；血浆脂蛋白的分类与生理功能；脂类药物和调血脂药物的分类。

2. **熟悉** 脂类的分解代谢与合成代谢途径；脂肪动员的过程。

3. **了解** 类脂的代谢特点；血脂异常；调血脂药物的作用机制。

能力要求

1. 能进行血清胆固醇的测定。

2. 知道常见脂类药物以及脂类药物的作用。

3. 能通过血脂检查结果作出正确的分析。

脂类是脂肪及类脂的总称。类脂包括磷脂（PL）、糖脂（GL）、胆固醇（Ch）、胆固醇酯（CE）。脂类是不溶于水而能被乙醚、氯甲烷、苯等有机溶剂萃取的化合物，能供给机体所需的能量，提供机体所需的必需脂肪酸，是生物体的重要组成成分。人们吃的动物油脂（如猪油、鱼肝油、奶油、牛羊油脂等）、植物油（花生油、芝麻油、棉籽油、茶油、豆油等）和工业医药上用的麻仁油、蓖麻油都属于脂类物质。

第一节 脂类的化学

PPT

实例分析

实例 1 名 20 岁女性，体重 130 斤，一直想减肥。她不爱运动，每天晚上吃很少的食物，但瘦身效果却不明显。

分析 请帮忙解释下原因。

一、人体内主要的脂类

（一）脂肪及脂肪酸

脂肪是由甘油与脂肪酸形成的甘油酯，如甘油三酯（TG）或称三脂酰甘油 TG。其中甘油的分子比较简单，而脂肪酸的种类和长短不相同，因此脂肪的性质和特点主要取决于脂肪酸。三酰甘油具有多种形式。

$$
\begin{array}{c}
\qquad\qquad\qquad \overset{O}{\underset{\|}{}} \\
H_2C-O-C-R_1 \\
R_2-C-O-C-H \\
\underset{O}{\overset{\|}{}}\quad H_2C-O-C-R_3 \\
\underset{O}{\overset{\|}{}}
\end{array}
$$

三酰甘油

其中 R_1、R_2、R_3 代表脂肪酸的烃基。这 3 个脂肪酸可以相同也可以不同。若 3 个烃基都相同,称为简单三脂酰甘油,如三硬脂酰甘油等。若含有 2 个或 3 个不同的烃基则称为混合三脂酰甘油。自然界的脂肪中,多数是混合三脂酰甘油的混合物,简单三脂酰甘油较少,仅橄榄油和猪油含三酰甘油较高。

纯净的脂肪是无色、无味、无臭的液体或固体。一般的脂肪(尤其是植物油)因溶有维生素和色素而带有特殊气味或有颜色。脂肪的主要化学性质有水解和皂化、氢化和卤化、酸败作用等。

脂肪酸绝大多数是以结合形式存在,同时还有少数以游离形式存在,是由碳、氢、氧三种元素组成的一类化合物。生物体内的脂肪酸绝大多数是含偶数碳原子的直链一元酸,碳原子数目一般在4~26,尤以 C_{16} 和 C_{18} 为最多。例如,软脂酸为十六碳脂肪酸,硬脂酸、油酸和亚油酸都是十八碳脂肪酸。人体脂肪中,50% 为油酸,25% 为软脂酸,6% 为硬脂酸。

> **请你想一想**
>
> 必需脂肪酸是人体自身需要的,但人体自身又不能产生的脂肪酸。你知道必需脂肪酸有哪些吗?我们能从哪些食物里面获得必需脂肪酸呢?

脂肪酸根据碳氢链饱和与不饱和的不同可分为 3 类。饱和脂肪酸,碳氢上没有不饱和键;单不饱和脂肪酸,碳氢链上含有 1 个不饱和键;多不饱和脂肪酸,其碳氢链有 2 个或 2 个以上不饱和键。通常 R_1 和 R_3 为饱和脂肪酸烃基,R_2 为不饱和脂肪酸烃基。动物体内常见的脂肪酸见表 7-1。

表 7-1 常见的脂肪酸

类别	名称	分子式
饱和脂肪酸	月桂酸(十二烷酸)	$C_{11}H_{23}COOH$
	豆蔻酸(十四烷酸)	$C_{13}H_{27}COOH$
	软脂酸(十六烷酸)	$C_{15}H_{31}COOH$
	硬脂酸(十八烷酸)	$C_{17}H_{35}COOH$
单不饱和脂肪酸	油酸(十八碳一烯酸)	$CH_3(CH_2)_7CH=CH(CH_2)_7COOH$
多不饱和脂肪酸	亚油酸(十八碳二烯酸)	$CH_3(CH_2)_4CH=CHCH_2CH=CH(CH_2)_7COOH$
	亚麻酸(十八碳三烯酸)	$CH_3CH_2CH=CHCH_2CH=CHCH_2CH=CH(CH_2)_7COOH$
	花生四烯酸(二十碳四烯酸)	$CH_3(CH_2)_4CH=CHCH_2CH=CHCH_2CH=CHCH_2-CH=CH(CH_2)_3COOH$

（二）类脂

类脂主要包括磷脂、糖脂、胆固醇和胆固醇酯等，约占体重的5%，是生物膜的基本成分，构成疏水性"屏障"，分隔细胞水溶性成分和细胞器，维持细胞正常结构与功能。

1. 磷脂类

（1）磷脂　磷脂是分子中含有磷酸的脂类，是组成生物膜的主要成分。磷脂水解产物都有醇（甘油或鞘氨醇）、脂肪酸、磷酸及含氮的有机物。磷脂根据所含醇的不同，分为由甘油构成的甘油磷脂和由鞘氨醇构成的神经鞘磷脂。

甘油磷脂分子都含有甘油骨架，是二脂酰甘油酯（即磷脂酸）及其衍生物。二脂酰甘油磷脂酸是最简单的甘油磷脂磷酸，是其他甘油磷脂的母体。甘油酯主要有磷脂酰胆碱、磷脂酰胆胺、磷脂酰丝氨酸、双磷脂酰甘油和磷脂酰肌醇等。磷酸甘油酯是磷脂酸的衍生物。甘油中的两个羟基和脂肪酸结合成酯，第三个羟基被磷酸酯化生成磷脂酸。磷脂酸再与其他醇羟基化合物连接，即组成不同的磷脂。其化学结构如下。

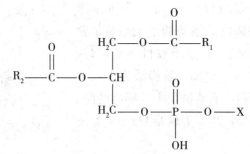

甘油磷脂的化学结构

根据与磷酸相连的取代基团 X 的不同，可将甘油磷脂分为下列几类（表7-2）。

表7-2　机体重要的甘油磷脂

X取代基	甘油磷脂的名称
氢	磷脂酸
胆碱	磷脂酰胆碱（卵磷脂）
乙醇胺	磷脂酰乙醇胺（脑磷脂）
丝氨酸	磷脂酰丝氨酸
甘油	磷脂酰甘油
磷脂酰甘油	二磷脂酰甘油（心磷脂）
肌醇	磷脂酰肌醇

磷酸甘油酯分子中，两个脂肪酸长链为非极性部分，所含磷酸基和 X 基团，是分子的极性部分，所以磷脂是两性脂类。当磷酸甘油酯存在于水溶液中时，它们的极性基团指向水相，而非极性的脂酰基部分由于受到水的排斥力而聚集在一起，形成双分子层的中心疏水区。这种脂质双分子层结构在水中非常稳定，是构成生物膜的基本特

征之一。

（2）鞘磷脂 鞘氨醇磷脂（鞘磷脂）含鞘氨醇成分。鞘氨醇的氨基与脂肪酸的羧基脱水，以酰胺链相连，生成 N-脂酰鞘氨醇。C-1 羟基与磷酸成酯，结构如下。

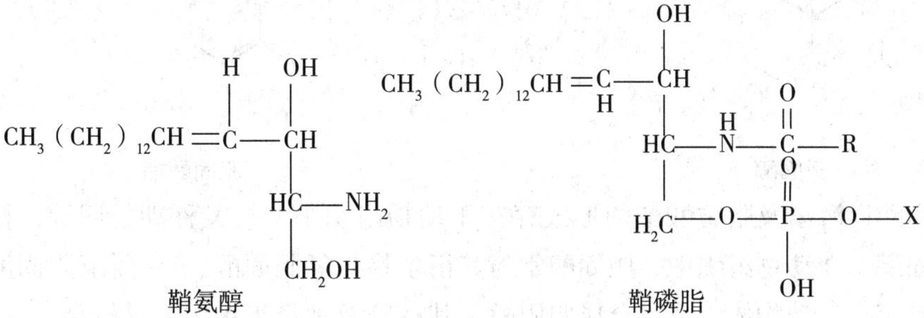

鞘氨醇　　　　　　　　　　　鞘磷脂

你知道吗

脑苷脂

鞘糖脂又称为糖鞘脂，其基本组成为鞘氨醇、脂肪酸和糖。重要的鞘糖脂有脑苷脂和神经节苷脂等。

脑苷脂是由鞘氨醇分子中 C-1 上的羟基与糖分子以糖苷键相连而成的类脂。因脑组织含量多而得名。含半乳糖的称为半乳糖脑苷脂，含葡萄糖的称为葡萄糖脑苷脂。

根据分子中脂肪酸的不同，脑苷脂又可分为角脑苷脂（含二十四碳酸）、羟脑苷脂（含 α-羟二十四碳酸）、稀脑苷脂（又称神经节苷脂，二十四碳酸烯酸）。

2. 糖脂类 糖脂是分子中含糖的脂类，为神经酰胺的衍生物，也是构成生物膜的成分之一。其分子结构中有神经氨基醇、脂肪酸和糖。其结构通式如下。

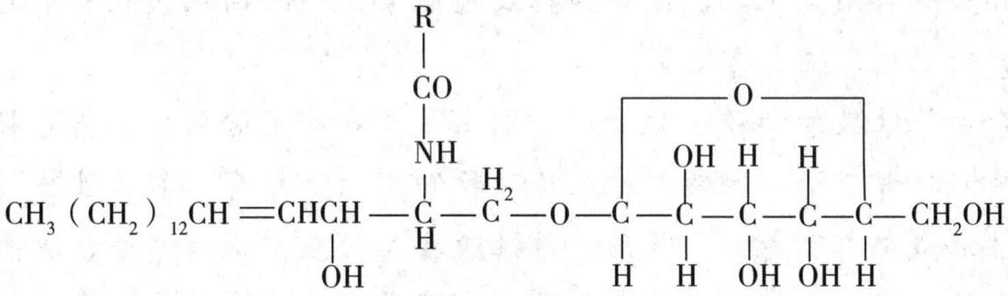

糖脂的结构通式

糖脂主要有脑苷脂和神经节苷脂两类。糖脂虽然在生物膜中含量很少，但有许多特殊的生物功能，与组织器官的专一性有关，在组织免疫、细胞识别、神经传导方面也起着重要作用。

3. 胆固醇及其酯 胆固醇及其脂肪酸酯是以环戊烷多氢菲为基本结构的甾醇类化合物。胆固醇的 3 位碳上有一醇羟基，该羟基可与脂肪酸形成酯键，生成胆固醇酯。其结构如下。

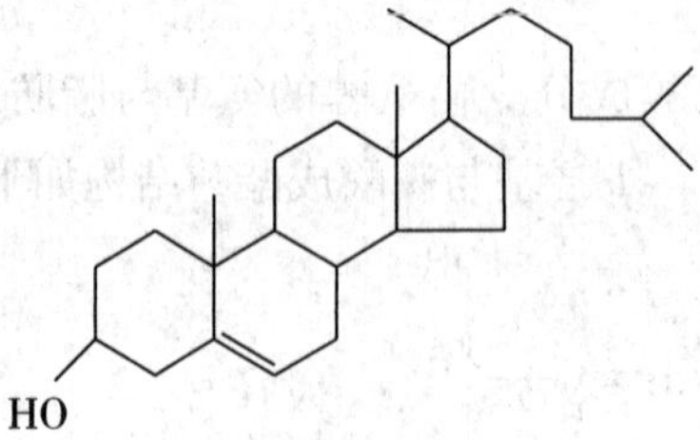

胆固醇 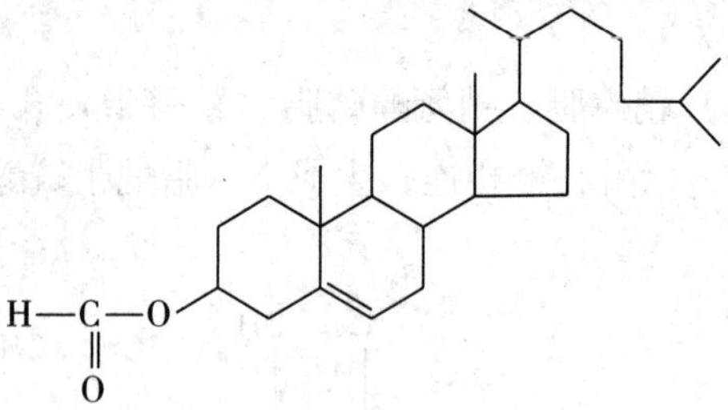　　　　　　　　　　　　　　　胆固醇酯

胆固醇以游离及脂肪酸酯的形式存在于动物组织中，故又称动物固醇，植物组织中无胆固醇。在动物组织中，胆固醇常与其衍生物二氢胆固醇、7-脱氢胆固醇和胆固醇酯同时存在。动物体中可以合成胆固醇。其在脑及神经组织中含量较高，其次为肾、脾、皮肤及肝。胆固醇是脂肪酸盐和维生素 D_3 以及类固醇激素合成的原料，对于调节机体脂类物质的吸收，尤其是脂溶性维生素（A，D，E，K）的吸收以及钙磷代谢等均起着重要作用。

你知道吗

类固醇激素

类固醇激素又称甾类激素。根据其来源不同，可分为肾上腺皮质激素和性激素两大类。

肾上腺皮质激素是由肾上腺皮质分泌的一类激素，以球状带分泌的醛固酮、束状带分泌的皮质醇（又称氢化可的松）和皮质酮最为重要。肾上腺皮质激素具有升高血糖浓度和促进肾脏保钠排钾的作用。其中皮质醇对血糖的调节作用较强，而对盐的作用（即保钠排钾的作用）很弱，故称为糖皮质激素；而醛固酮对盐和水的平衡有较强的调节作用，所以称为盐皮质激素。

性激素分为雄性激素和雌性激素，分别由睾丸和卵巢分泌，在青春期之前，主要由肾上腺皮质网状带分泌。性激素对人及动物的生长、发育、第二性征（如声音、体型等）的发生和成熟都有着重要作用。雄性激素比较重要的有睾酮、脱氢异雄酮、甲基睾酮等。雌性激素主要包括雌激素和孕激素两类。人体内的孕激素主要是孕酮，由卵巢中的黄体分泌，又称为黄体酮。

二、脂类的分布及生理功能

（一）脂类的分布

脂肪在人体内主要分布在皮下组织、大网膜、肠系膜和重要脏器周围等处的脂肪组织中，常以大块脂肪组织存在，称之为储存脂。这些贮存脂肪的组织也称为脂库。成年男性脂肪含量一般可达体重的 10%～20%，女性稍高。其含量受年龄、性别、营养状况和活动量等因素影响而变化，故又称为可变脂。

类脂在体内的分布则不同，主要是构成生物膜的基本成分，约占人体体重的5%。它们与蛋白质结合存在于细胞膜和细胞的某些亚细胞结构中，含量较恒定，不易受营养状况和生理条件的影响，故称为固定脂或基本脂。但它们可以不断地自我更新。

（二）脂类的生理功能

各种脂的生理功能不尽相同。储能和供能是脂肪重要的生理功能。人体内氧化1g脂肪可得到38.94kJ（9.3kcal）的热能，而氧化1g糖原或蛋白质只能得到17kJ的热量。正常人体每日所需热量有25%~30%由摄入的脂肪产生。当摄入的能量超过消耗的能量时，能量以脂肪的形式在体内储存，当糖功能发生障碍或饥饿时，机体50%以上的能源来自脂肪的氧化，供机体消耗。脂类为脂溶性物质提供溶剂，促进人及动物体吸收脂溶性物质，如脂溶性维生素A、D、E、K及胡萝卜素等。此外，脂肪组织还可起到保持体温、保护内脏器官、提供必需脂肪酸的作用。

类脂是构成生物膜的基本材料。生物膜主要包括细胞质膜、线粒体膜、核膜、神经髓鞘等。在各种生物膜中，磷脂占总脂量的50%~70%，胆固醇及胆固醇酯为20%~30%。在生物膜中类脂与蛋白质结合存在，以维持生物膜的结构和正常的生理功能。胆固醇在体内可转变为胆汁酸盐、维生素D、类固醇激素等。磷脂和胆固醇还是血浆脂蛋白的成分，参与脂肪的运输。

三、脂类的消化吸收

膳食中的脂类主要是脂肪，除此以外还有少量的磷脂、胆固醇和一些游离脂肪酸。食物中的脂类在成人口腔和胃中不能被消化，这是由于口腔中没有消化脂类的酶，胃中虽有少量脂肪酶，但成人胃液的pH值在1.0~2.0之间，不适合脂肪酶的作用，脂肪酶在中性条件时才具有活性（但是婴儿时期，胃酸浓度低，胃中pH接近中性，脂肪尤其是乳脂可被部分消化）。

脂类的消化、吸收主要在小肠中进行，通过小肠蠕动，胆汁中的胆汁酸盐乳化食物脂类，使不溶于水的脂类分散成水包油的小胶体颗粒，提高溶解度，增加酶与脂类的接触面积，利于脂类的消化及吸收。而且小肠液接近中性，有利于脂肪酶的利用。食物中的脂肪乳化后，继续被胰液中的胰脂肪酶水解，成为甘油和游离脂肪酸。之后通常是通过小肠壁被吸收进血流，脂肪的吸收有两种。

1. 中链（6~10个C）、短链（2~4个C）脂肪酸构成的三酰甘油，经胆汁乳化后即可被吸收，经由门静脉入血。

2. 长链（12~26个C）脂肪酸和单酰甘油吸收进入肠黏膜细胞后再合成三酰甘油，与载脂蛋白、胆固醇等结合成乳糜微粒，最后经由淋巴入血。

脂肪代谢是体内重要且复杂的生化反应，指生物体内脂肪，在各种相关酶的帮助下，消化吸收、合成与分解的过程，加工成机体所需的物质，保

请你想一想
你能用流程图表示脂肪在体内的贮存、动员和运输吗？

证正常生理功能的运作，对于生命活动具有重要意义。

第二节 脂肪的代谢

PPT

🔍实例分析

实例 1 名 60 岁女性患者，无糖尿病家族史。在最近 16 个月期间，体重由 64kg 下降至 42kg，BMI 由 27.7 降至 18.2，越吃越瘦。这名患者 3 年前体检无明显异常，只被提醒体重过重，建议减重。患者是素食者，平时少运动，这 1 年来喜欢吃刨冰、饼干，体重刚开始下降时，还觉得很开心，当降到约 48kg 以下，才觉得有点太瘦想增胖，除了餐后甜点，还常常吃黑糖米苔目，反而越吃越瘦，也渐渐出现多吃、多喝、多尿的症状。诊断为糖尿病。

分析 糖尿病患者为什么会越吃越瘦呢？

体内的脂肪不断地进行分解代谢，以提供机体能量，被分解的脂肪除从食物脂肪的消化吸收加以补充外，主要由糖类化合物转化而来。各组织中的脂肪不断地进行贮存和动员，在正常情况下，脂肪的分解和合成处于动态平衡状态。

一、脂肪的分解代谢

（一）三酰甘油的分解代谢

三酰甘油是人体内含量最多的脂类。当动物体内供给较多能量时，糖等其他物质可转化为脂肪储存起来；当体内需要能量时，大部分组织均可以利用三酰甘油分解产物供给能量。脂肪氧化分解产生的能量大约是同等质量的糖类或蛋白质产生能量的 2 倍。

脂肪组织中的三酰甘油在一系列脂肪酶的作用下，分解生成甘油和脂肪酸，并释放入血供其他组织利用的过程，称为脂肪动员。

$$三酰甘油 \xrightarrow[R_1-COOH]{三酰甘油脂肪酶} 二酰甘油 \xrightarrow[R_2-COOH]{二酰甘油脂肪酶} 单酰甘油 \xrightarrow[R_3-COOH]{单酰甘油脂肪酶} 甘油$$

三酰甘油脂肪酶催化的反应是三酰甘油水解的限速步骤，故此酶为限速酶，其受多种激素调控，所以又称为激素敏感脂肪酶。肾上腺素、胰高血糖素及促肾上腺皮质激素等能促进脂肪分解，因此这些激素称为脂解激素。而胰岛素、前列腺素 E_2 等能抑制脂肪动员，称为抗脂解激素。禁食、饥饿、交感神经兴奋时，会增加脂解激素的分泌，脂解作用加强；饱腹后抗脂解激素分泌增加，脂解作用减弱。大部分脂肪仅局部水解成单酰甘油，单酰甘油则被另一种脂肪酶水解成甘油和脂肪酸。水解产生的脂肪酸和甘油在肠黏膜细胞中可以重新合成脂肪。

你知道吗

脂肪的酸败

天然油脂暴露在空气中经相当时间后即败坏而发生臭味，这种现象称为酸败。在温暖季节酸败现象更易发生，主要由于以下原因。①脂质的酯键因长期受光和热或受微生物的作用而被水解，放出自由脂肪酸，低分子脂肪酸即有臭味。②因为不饱和脂肪酸被空气中的氧所氧化，产生的醛和酮也有臭味。故脂质酸败的原因主要在于水解与氧化。

酸败程度的大小用酸值（价）来表示。酸值就是中和1g脂质的游离脂肪酸所需的KOH毫克数。

（二）甘油的代谢

肌肉及脂肪细胞中甘油激酶的活性很低，无法利用脂解产生的甘油，只能通过血液运至甘油激酶含量高的肝、肾等部位，彻底氧化分解或经糖异生途径生成葡萄糖。甘油在甘油磷酸激酶的催化下消耗ATP生成α-磷酸甘油，再经甘油磷酸脱氢酶的催化脱氢生成磷酸二羟丙酮，磷酸二羟丙酮经异构化生成3-磷酸甘油醛。3-磷酸甘油醛是糖酵解的一个中间产物，可沿酵解途径生成丙酮酸，再进入三羧酸循环，彻底氧化分解生成二氧化碳和水，同时释放能量，也可以进入糖异生过程。甘油的分解过程如下。

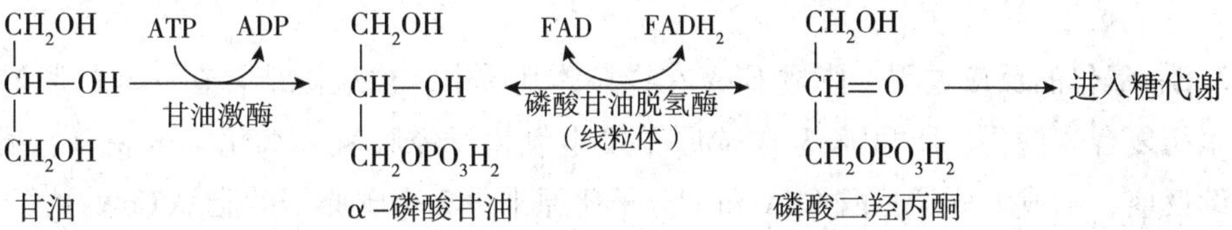

（三）脂肪酸的β氧化

除了脑组织外，脂肪酸在有充足氧供给的情况下，可氧化分解为CO_2和H_2O，提供能量，大多数组织以脂肪酸为能量的主要来源，从而减少葡萄糖的用量来保证仅以葡萄糖为能量供应的脑组织。肝脏和肌肉是进行脂肪酸氧化最活跃的组织。

脂肪酸氧化的途径可分为活化、转移、β氧化和TCA循环四个阶段。由于这种氧化作用是从长链脂肪酸的β碳原子开始，然后断下一个二碳化物，即乙酰CoA，故称β氧化。脂肪酸β氧化作用主要发生在线粒体中，植物和微生物体中的乙醛酸循环体，也能进行脂肪酸的β氧化。这里以饱和偶数碳原子脂肪酸为例介绍脂肪酸的氧化。

1. 脂肪酸的活化 脂肪酸的激活是在细胞质基质中进行的。脂肪酸在氧化分解前，必须先转变为活泼的脂酰CoA。内质网和线粒体外膜上的脂酰CoA合成酶在ATP、CoASH、Mg^{2+}参与下，催化脂肪酸活化形成脂酰CoA。

$$R—COOH+ATP+HS—CoA \xrightarrow[Mg^{2+}]{\text{脂酰CoA合成酶}} R—CO\sim SCoA+AMP+PPi$$

每分子脂肪酸在活化反应中需要 1mol ATP 转化 AMP，相当于消耗 2 个高能磷酸键。

2. 脂酰 CoA 进入线粒体　脂肪酸的活化在胞液中进行，而催化脂肪酸氧化分解的酶系存在于线粒体的基质内，因此活化的脂酰 CoA 必须进入线粒体内才能代谢。长链的脂酰 CoA 不能直接透过线粒体内膜，需依靠特殊的运送机制将它们转运进入线粒体。肉毒碱是脂酰基的转运载体。

长链脂酰 CoA 和肉毒碱反应，生成辅酶 A 和脂酰肉碱。生成的脂酰肉碱很容易通过线粒体内膜。线粒体内膜的内外两侧均有催化此反应的肉毒碱脂酰转移酶（图 7 - 1）。

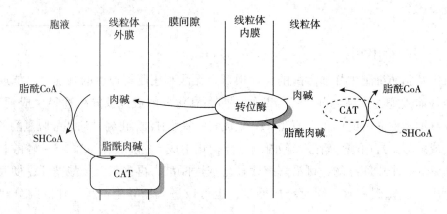

图 7 - 1　脂酰 CoA 进入线粒体示意图

3. β - 氧化的反应过程　脂酰 CoA 在线粒体基质中，被疏松结合在一起的脂酸 β - 氧化多酶复合体催化，脂酰基的 β 碳原子发生氧化，经脱氢、水化、再脱氢、硫解 4 步连续反应，生成 1 分子乙酰 CoA 和 1 分子比原来少 2 个碳原子的脂酰 CoA。

（1）脱氢　脂酰 CoA 在脂酰 CoA 脱氢酶催化下，α、β 碳原子各脱下一个氢原子生成反 α，β - 烯脂酰 CoA。FAD 接受这对氢原子生成 $FADH_2$。

（2）水化　α，β - 烯脂酰 CoA 在烯脂酰 CoA 水化酶的催化下，加水生成 L（+）- β - 羟脂酰 CoA。

（3）再脱氢　L（+）- β - 羟脂酰 CoA 在 β - 羟脂酰 CoA 脱氢酶的催化下，在 β 碳原子上脱去 2 个氢原子，生成 β - 酮脂酰 CoA，NAD^+ 接受脱下的这对氢原子生成 $NADH + H^+$。

（4）硫解　β - 酮脂酰 CoA 在 β - 酮脂酰 CoA 硫解酶的催化下，α 与 β 碳原子间发生断裂，1 分子乙酰 CoA 参与反应，生成 1 分子乙酰 CoA 和少了 2 个碳原子的脂酰 CoA。

以上生成的比原来少 2 个碳原子的脂酰 CoA，可再进行 β - 氧化，如此反复进行，直至生成 4 碳的丁酰 CoA，后者进行最后次 β - 氧化，将 1 分子脂酰 CoA 全部分解为乙酰 CoA。2n 个碳的脂酰 CoA 最终生成 n 个乙酰 CoA。

脂肪酸的 β-氧化全过程示意如图 7-2。

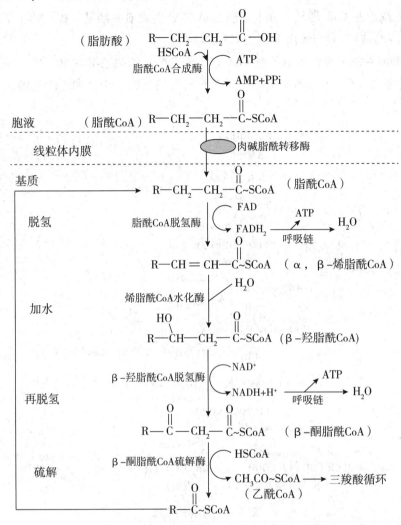

图 7-2 脂肪酸 β-氧化过程图

4. 乙酰 CoA 进入 TCA 循环 β 氧化生成的 n 个乙酰 CoA 进入到 TCA 循环，彻底氧化成二氧化碳和水，每分子乙酰 CoA 生成 10 分子 ATP，$FADH_2$ 和 $NADH + H^+$ 也可通过线粒体呼吸链传递给氧生成水，同时生成 ATP。

请你想一想

脂肪酸提供的能量比葡萄糖大得多。那么你能算出 1 分子硬脂酸彻底氧化后 ATP 的生成量吗？

（四）酮体的生成和利用

脂肪酸在肝外组织生成的乙酰 CoA 能进入三羧酸循环彻底氧化成水和二氧化碳供能。而肝细胞因具有活性较强的合成酮体的酶系，β 氧化生成的乙酰 CoA 大都转变为特有的中间代谢物乙酰乙酸、β-羟丁酸和丙酮，这三种物质统称为酮体。

1. 酮体的生成 酮体在肝细胞线粒体内合成，合成原料为乙酰 CoA，反应分三步进行。

（1）2分子乙酰 CoA 缩合生成乙酰乙酰 CoA，并释放出 1 分子 HSCoA。

（2）乙酰乙酰 CoA 再与 1 分子乙酰 CoA 缩合生成 β－羟基－β－甲基戊二酸单酰 CoA（HMG－CoA），并释放出 1 分子 HSCoA。

（3）HMG－CoA 裂解生成乙酰 CoA 和乙酰乙酸，乙酰乙酸在 β－羟丁酸脱氢酶作用下还原生成 β－羟丁酸，$NADH + H^+$ 为该反应供氢体。少量的乙酰乙酸脱羧生成丙酮见图 7－3。

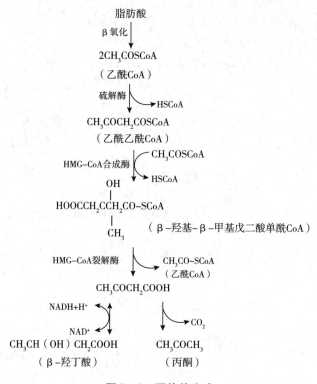

图 7－3　酮体的生成

肝线粒体含有酮体合成酶系，但氧化酮体的酶活性低，因此肝脏不能利用酮体。酮体在肝内生成后，经血液运输至肝外组织氧化分解。

总之，肝是生成酮体的器官，但不能利用酮体；肝外组织不能生成酮体，但可以利用酮体。

2. 酮体的氧化利用　肝外组织中含有活性很强的氧化利用酮体的酶，能将酮体转变为乙酰 CoA，经三羧酸循环彻底氧化成 H_2O 和 CO_2，并释放大量能量。

（1）在心、肾、脑和骨骼肌线粒体中，乙酰乙酸和琥珀酰 CoA 在琥珀酰 CoA 转硫酶的催化下，生成乙酰乙酸 CoA 和琥珀酸。

（2）在肾、心、脑线粒体中，乙酰乙酸和 HSCoA 在乙酰乙酸硫激酶的催化下生成乙酰乙酰 CoA，反应由 ATP 供能。

$$CH_3COCH_2COOH + HSCoA + ATP \xrightarrow{\text{乙酰乙酸硫激酶}} CH_3COCH_2CO \sim CoA + AMP + PPi$$

（3）在心、肾、脑和骨骼肌线粒体中，乙酰乙酰 CoA 和 HSCoA 在乙酰乙酰 CoA 硫解酶的催化下，生成 2 分子乙酰 CoA。

$$CH_3COCH_2CO \sim CoA + HSCoA \xrightarrow{\text{乙酰乙酰 CoA 硫解酶}} 2CH_3CO \sim CoA$$

（4）β-羟丁酸脱氢酶催化 β-羟丁酸脱氢生成乙酰乙酸，然后再转变为乙酰 CoA 被进一步氧化分解。

$$CH_3CH(OH)CH_2COOH + NAD^+ \xrightarrow{\text{β-羟酸脱氢酶}} CH_3COCH_2COOH + NADH + H^+$$

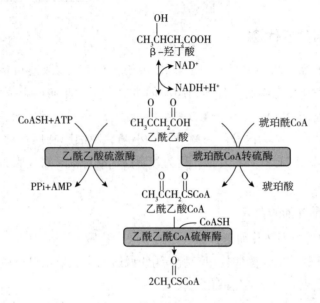

图 7-4 酮体的氧化利用

3. 酮体代谢的生理意义 酮体是脂肪酸在肝内正常代谢的中间产物，是生理情况下肝脏向外输出能源的形式之一。因为脑组织不能氧化脂肪酸，但能分解利用酮体，所以当饥饿或糖供应不足时，肝脏将脂肪酸转变为酮体，代替葡萄糖成为脑组织的主要能源。酮体分子小，水溶性大，易透过血-脑屏障和毛细血管壁，成为脑组织和肌肉组织的主要能量来源。

正常情况下，血中酮体浓度为 0.03 ~ 0.5mmol/L。在饥饿、高脂、低糖膳食时，酮体的生成增加，当酮体生成超过肝外组织的利用能力时，引起血中酮体升高，称为酮血症，随尿液排出体外，引起酮尿症。

酮体中的乙酰乙酸和 β-羟丁酸都是有机酸，过多的危害之一就是引起酸中毒，除给予纠正酸碱平衡的药物外，还应针对病因采取减少脂肪酸过多分解的措施。

你知道吗
_____

哪些人群需要定期检测酮体

糖尿病病人：糖尿病病人由于胰岛功能障碍，不能正常利用葡萄糖功能，体内脂肪被加速分解，容易使酮体浓度增高。

孕妇：妇女在怀孕期间，由于妊娠反应会出现厌食，会有相对长时间的饥饿状态，体内脂肪会被加速分解，产生酮体，容易引起酮中毒。

减肥人群：采用少食减肥的人，因长期缺乏葡萄糖，脂肪被加速分解后酮体浓度增高，还会对心、脑、肾等器官产生严重的损害。

癫痫病人：酮体本身具有镇静作用，对癫痫的康复有很大作用。在给病人补充酮体的过程中，浓度需要控制，既不能过高，也不能过低，因此需要监测酮体。

二、脂肪的合成代谢

人体中脂肪来源有两种途径。一是食物中的脂肪经结构改造后转变为人体脂肪；另一途径是由糖类转变为脂肪，是体内脂肪的主要来源。脂肪的合成场所主要是肝脏和脂肪组织，其他如肾、脑、肺、乳腺等组织也能合成脂肪。肝、脂肪组织等利用体内原料合成三酰甘油，称为内源性三酰甘油。小肠黏膜细胞利用食物三酰甘油消化产生的单酰甘油和脂肪酸合成三酰甘油，称为外源性三酰甘油。合成脂肪的原料是 α – 磷酸甘油和脂肪酸。

（一）α – 磷酸甘油的合成

α – 磷酸甘油可由糖转化而来。糖代谢的中间产物磷酸二羟丙酮，在 α – 磷酸甘油脱氢酶的催化下还原成 α – 磷酸甘油。脂肪组织及肌肉中主要是以这种方式形成 α – 磷酸甘油。在肝脏中也可由甘油磷酸化生成。

$$\text{葡萄糖} \xrightarrow{\text{糖代谢}} \text{磷酸二羟丙酮} \xleftrightarrow{\text{α –磷酸甘油脱氢酶}} \text{α –磷酸甘油}$$

$$\text{甘油} \xrightarrow[\text{甘油激酶}]{\text{ATP}\quad\text{ADP}} \text{α –磷酸甘油}$$

（二）脂肪酸的合成

1. 脂肪酸生物合成的部位和原料　合成脂肪酸的直接原料是乙酰 CoA，凡是在体内能分解生成乙酰 CoA 的物质都能用于合成脂肪。糖氧化分解能生产大量乙酰 CoA，是脂肪酸合成的最主要来源。糖转化而成的脂肪酸和磷酸甘油进而合成脂肪，是体内能源贮存的主要手段，具有很重要的生理意义。脂肪酸在肝、肾、脑、乳腺及脂肪组织等部位合成，其中肝是人体合成脂肪酸的主要场所。在这些组织的细胞质中乙酰 CoA 在脂肪酸合成酶的催化下，最长能合成十六碳酸，线粒体内的酶催化饱和脂肪酸碳链的延长，每次延长 2 个碳原子。

乙酰 CoA 主要是在线粒体内生成，而脂肪酸合成酶存在于细胞质中，乙酰 CoA 穿过线粒体膜到达细胞质需要通过柠檬酸 – 丙酮酸循环（图 7 – 5）。

2. 脂肪酸合成酶系及反应过程

（1）丙二酸单酰 CoA 的合成　乙酰 CoA 羧化成丙二酸单酰 CoA，才能进入脂肪酸合成途径，此反应不可逆，由乙酰 CoA 羧化酶所催化。

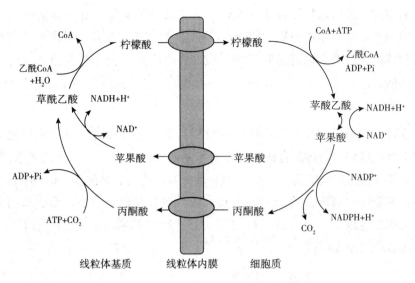

图7-5　柠檬酸-丙酮酸循环

$$CH_3CO-SCoA+HCO_3^-+ATP \xrightarrow[\text{生物素，}Mg^{2+}]{\text{乙酰辅酶 A 羧化酶}} HOOCCH_2CO-SCoA+ADP+Pi$$
丙二酸单酰 CoA

这步反应为脂肪酸合成的关键步骤，乙酰 CoA 羧化酶是脂肪酸合成酶系中的关键酶。高糖饮食能使此酶活性增高，但长链脂酰 CoA 及高脂肪膳食则能抑制此酶活性。

（2）脂肪酸的合成　从乙酰 CoA 羧化生成丙二酸单酰 CoA 合成长链脂肪酸，实际上是一个重复加成的过程。乙酰 CoA 经过缩合、还原、脱水、再还原等反应过程，每重复一次增加两个碳原子，经过 7 次重复，合成十六碳的软脂酸。软脂酸合成的总反应式如下。

$$\text{乙酰 CoA}+7\text{丙二酸单酰 CoA}+14NADPH+14H^+ \xrightarrow{\text{脂肪酸合成酶系}} CH_3(CH_2)_{14}COOH$$
软脂酸
$$+7CO_2+14NADP^++8HSCoA+6H_2O$$

脂肪酸的氧化和合成途径的区别见表7-3。

表7-3　脂肪酸的氧化和合成途径的区别

项目	合成	分解
反应最活跃时期	高糖膳食后	饥饿
刺激激素	胰岛素/胰高血糖素高比值	胰岛素/胰高血糖素低比值
主要组织定位	肝脏为主	肌肉/肝脏
亚细胞定位	胞浆	线粒体为主
酰基载体	柠檬酸（线粒体到胞浆）	肉毒碱（胞质到线粒体）
氧化还原辅助因子	NADPH	NAD^+，FAD
二碳供体、产物	丙二酰 CoA，酰基供体	乙酰 CoA，产物
抑制剂	柠檬酸酯 CoA	丙二酸 CoA
反应产物	软脂酸	乙酰 CoA

体内脂肪酸合成酶系只能合成软脂酸，软脂酸碳链的加长和缩短需在线粒体中由脂肪酸分解酶系催化。除亚油酸/亚麻酸等高度不饱和脂肪酸外，机体可以软脂酸为母体，在线粒体内经过增长碳链或脱氢等反应，将软脂酸转变为其他饱和脂肪酸和部分不饱和脂肪酸。

（三）脂肪的合成

脂肪在体内的合成也并非是水解的逆反应。而是将合成的脂肪酸先活化成脂肪酰辅酶 A，也可直接利用脂肪酸合成中产生的脂肪酰辅酶 A，在脂肪合成酶系的催化下，由 α - 磷酸甘油和脂肪酰辅酶 A 合成三酰甘油。其过程为在转酰基酶的催化下，2 分子饱和或不饱和脂肪酰辅酶 A 将脂酰基转移到 α - 磷酸甘油分子上，形成磷脂酸，然后经水解脱去磷酸生成二酯酰甘油，再与另一分子脂肪酰辅酶 A 作用，生成三酰甘油。三酰甘油的合成过程见图 7 - 6。

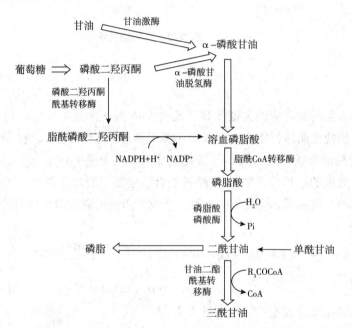

图 7 - 6　三酰甘油的合成

请你想一想

合成内源性脂肪途径和合成外源性脂肪途径的区别是什么呢？

肝脏和脂肪组织细胞内质网是合成三酰甘油最活跃的场所，其次是肺和骨髓。小肠黏膜上皮细胞合成三酰甘油，主要是将消化吸收的脂肪分解产物重新合成三酰甘油。一般而言，脂肪组织合成的三酰甘油主要就地贮存，而肝及小肠上皮细胞合成的三酰甘油不能在原组织贮存，常形成极低密度脂蛋白或乳糜微粒后由血液运输到脂肪组织贮存，或运到其他组织利用。

PPT

第三节　类脂的代谢

一、磷脂的代谢

含磷酸的脂类称为磷脂。由甘油构成的磷脂统称甘油磷脂，由鞘氨醇构成的磷脂称鞘磷脂。甘油磷脂是机体含量最多的一类磷脂。

$$
\begin{array}{c}
\qquad\qquad\qquad\quad \overset{\displaystyle O}{\underset{\displaystyle \|}{}} \\
H_2C\!-\!O\!-\!C\!-\!R_1 \\
\overset{\displaystyle O}{\underset{\displaystyle \|}{}}\qquad\qquad | \\
R_2\!-\!C\!-\!O\!-\!CH \\
\qquad\qquad\quad \overset{\displaystyle O}{\underset{\displaystyle \|}{}} \\
H_2C\!-\!O\!-\!P\!-\!O\!-\!X \\
\qquad\qquad\quad | \\
\qquad\qquad\quad OH
\end{array}
$$

甘油磷脂的基本结构

因取代基团不同，甘油磷脂的分类如下表 7-4。

表 7-4　甘油磷脂的分类

名称	生成形式	生物学功能
卵磷脂	胆碱 + 磷脂酸→磷脂酰胆碱	可以促进血液中脂肪溶解，减少脂肪在血管附着，预防动脉硬化的发生
脑磷脂	乙醇胺 + 磷脂酸→磷脂酰乙醇胺	活化人的神经细胞，改善大脑功能
磷脂酰丝氨酸	丝氨酸 + 磷脂酸→磷脂酰丝氨酸	改善大脑功能，缓解压力，平衡情绪
磷脂酰甘油	甘油 + 磷脂酸→磷脂酰甘油	酸性磷脂
磷脂酰肌醇	肌醇 + 磷脂酸→磷脂酰肌醇	酸性磷脂
心磷脂	由甘油的 C_1 和 C_3 与两分子磷脂酸结合而成	线粒体内膜和细菌膜的重要成分，是唯一具有抗原性的磷脂分子
缩醛磷脂	甘油磷脂分子中甘油第 1 位的脂酰基被长链醇取代形成醚	调节质膜的流动，与细胞信号传导有关

1. 甘油磷脂的合成代谢　人体内少部分的磷脂是从食物中获得的，大部分的磷脂是在各组织细胞（除成熟红细胞）内经一系列酶催化合成的，尤其是肝、肾及小肠最为活跃。甘油磷脂的合成过程可分为三个阶段，即原料获得、原料活化和甘油磷脂生成。甘油磷脂的合成部位在细胞质光滑内质网上进行。

（1）原料获得　原料主要有 α-磷酸甘油、脂肪酸、胆碱、乙醇胺（胆胺）、丝氨酸、肌醇等，同时还需要 ATP 和 CTP 的参与。糖和脂肪转变成 α-磷酸甘油和脂肪酸（一般需要食物供给），再生成磷脂酸。丝氨酸可以在体内转变生成取代基团中的胆碱和乙醇胺，也可以从食物中获得。

（2）原料活化　在合成甘油磷脂之前，胆碱、乙醇胺及磷脂酸必须先被 CTP 活化，再被 CDP 携带，胆碱可生成 CDP-胆碱，乙醇胺可生成 CDP-乙醇胺，磷脂酸可生成 CDP-甘油二酯。

请你想一想

被蛇咬伤中毒后出现的肺出血、心室颤动、肌强直收缩和呼吸抑制等是磷脂酶作用于甘油磷脂上的酯键，生成溶血磷脂造成的，你能用图来表示如何生成溶血磷脂的吗？

（3）甘油磷脂的生成 CDP – 乙醇胺和CDP – 胆碱与二酰甘油反应，生成磷脂酰乙醇胺和磷脂酰胆碱。二酰甘油是以 α – 磷酸甘油和脂酰 CoA 为原料在内质网合成的。

2. 甘油磷脂的水解 甘油磷脂的水解代谢主要由体内存在的各种磷脂酶催化而成，水解磷脂的酶主要有磷脂酶 A_1、磷脂酶 A_2、磷脂酶 B_1、磷脂酶 B_2、磷脂酶 C 和磷脂酶 D，作用于甘油磷脂的各个酯键，形成不同产物，分别代谢。另外，甘油磷脂水解得到的胆碱和胆胺等又可用于磷脂的再合成。

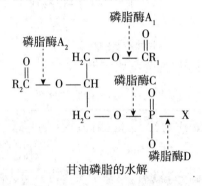

甘油磷脂的水解

二、胆固醇的代谢

胆固醇广泛存在于动物体内，尤以脑及神经组织中最为丰富，在肝、肾及肠等内脏以及皮肤、脂肪组织也含有较多的胆固醇。

人体胆固醇主要由机体自身合成，也从食物中少量摄取。正常人每天膳食中含胆固醇 $300 \sim 500 mg$，主要来自动物内脏、蛋黄、奶油、肉等动物性食品，植物性食品不含胆固醇，但含植物固醇，不易被人体吸收，甚至还可抑制胆固醇的吸收。

1. 合成部位 人体除脑组织外，几乎全身各组织都能合成胆固醇，在合成速度上有差别，其中肝是主要合成场所。胆固醇合成酶系存在于胞质及光面内质网膜上的微粒体，因此即使食物中缺乏胆固醇，也不会导致体内胆固醇缺少。

2. 合成原料 胆固醇合成以乙酰 CoA 为直接原料，由乙酰 CoA 合成胆固醇需要 NADPH 供氢及 ATP 供能。

3. 生物合成 胆固醇合成步骤很复杂，有近30步酶促反应，整个过程分为以下三个阶段。

（1）甲羟戊酸的生成 在胞质中2分子乙酰 CoA 在乙酰乙酰 CoA 硫解酶的作用下缩合成1分子乙酰乙酰 CoA，乙酰乙酰 CoA 在 HMG – CoA 合成酶的作用下再与1分子乙酰 CoA 缩合生成 β – 羟基 – β – 甲基戊二酸单酰 CoA（HMG – CoA）。HMG – CoA 经 HMG – CoA 还原酶催化，由 NADPH 提供氢，生成甲羟戊酸（MVA）。HMG – CoA 还原酶是胆固醇合成的限速酶，其活性受胆固醇的反馈抑制和多种因素的调节。

（2）鲨烯的生成 在胞液中甲羟戊酸经磷酸化、脱羧、脱羟基等反应生成活性很强的 5 碳焦磷酸化合物。3 分子 5 碳焦磷酸化合物缩合为 15 碳的焦磷酸法尼酯。2 分子焦磷酸法尼酯在内质网鲨烯合成酶催化下缩合为 30 碳的鲨烯。

（3）胆固醇的合成 鲨烯经内质网加单氧酶、环化酶等作用生成羊毛脂固醇，后者再经氧化、脱羧、还原等反应，脱去 3 个甲基，最后生成 27 个碳原子的胆固醇（图 7-7）。

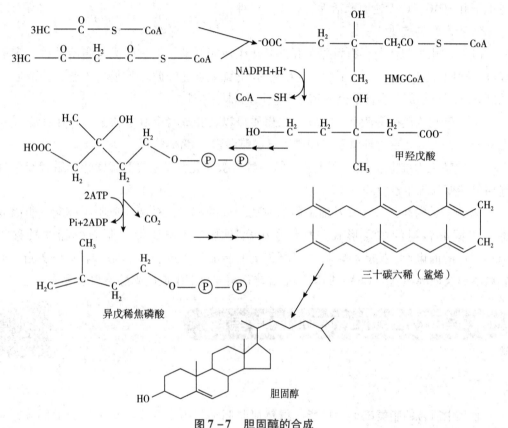

图 7-7 胆固醇的合成

你知道吗

动脉粥样硬化（atherosclerosis，AS）主要由于血浆中胆固醇含量过多，沉积于大、中动脉内膜上，形成粥样斑块引起宫腔狭窄甚至阻塞所致。其影响受累器官的血液供应，引起动脉内皮细胞损伤、脂质浸润。冠状动脉如有上述变化，称为冠状动脉硬化性心脏病，简称冠心病。严重冠心病会引起心肌缺血，甚至心肌梗死。

三、胆固醇的合成调节

胆固醇的合成过程中 HMG-CoA 还原酶（羟甲基戊二酰单酰辅酶 A 还原酶）是限速酶，因此对胆固醇合成的调节主要是通过对该酶活性的影响来实现的。

1. 激素调节　胰岛素能促进酶的脱磷酸作用，使酶的活性增加，有利于胆固醇合成。胰岛素还能诱导 HMG – CoA 还原酶合成，增加胆固醇合成。甲状腺素亦可促进该酶的合成，增加胆固醇合成，同时又促进胆固醇转变为胆汁酸，增加胆固醇的转化。

2. 胆固醇浓度调节　细胞内胆固醇来自体内生物合成或胞外摄取，当胞内胆固醇浓度过高，胆固醇可反馈抑制 HMG – CoA 还原酶的活性，降低胆固醇的合成作用。

另外，胆固醇合成有明显的昼夜节律性。午夜时合成最高，而中午合成最低，主要是由于肝 HMG – CoA 还原酶活性有昼夜节律性。

3. 胆固醇的转化

（1）转化为胆汁酸　胆固醇在肝脏氧化生成胆汁酸，促进脂类及脂溶性维生素的吸收，随胆汁排出，在小肠下段，大部分胆汁酸又通过肝循环重吸收入肝，构成胆汁的肝肠循环。小部分胆汁酸经肠道细菌作用后排除体外。

（2）转化为类固醇激素　在肾上腺皮质可以转变成肾上腺皮质激素；在性腺（睾丸、卵巢）可以转变为性激素，如雄激素、雌激素、孕激素。

（3）转化为维生素 D_3　在皮肤，胆固醇可被氧化为 7 – 脱氢胆固醇，后者经紫外光照射转变为维生素 D_3。

4. 胆固醇的酯化　血浆及细胞内的游离胆固醇都可以被酯化成胆固醇酯，胆固醇酯是胆固醇转运的主要形式。血浆中游离胆固醇在卵磷脂 – 胆固醇酯酰转移酶（LCAT）的催化下，接受卵磷脂中碳原子上的脂酰基生成胆固醇酯和溶血卵磷脂。细胞内游离胆固醇在脂酰 CoA – 胆固醇脂酰转移酶催化下生成胆固醇酯和辅酶 A。

第四节　血脂与血浆脂蛋白

PPT

一、血脂

血浆中所含的脂类统称为血脂。虽然血浆脂类只占全身脂类总量的极少部分，但其含量受到饮食、营养、疾病等因素的影响，因此血脂含量可以反映体内脂类代谢的情况。血脂包括三脂酰甘油、二脂酰甘油、磷脂、胆固醇和胆固醇酯、游离脂肪酸等。正常成人空腹时血脂含量见表 7 – 5。

表 7 – 5　正常人空腹时血浆中脂类的主要成分和含量

成分	正常参考值（mg/100ml）
总脂	400 ~ 700
三脂酰甘油	100 ~ 150
总胆固醇	100 ~ 250
胆固醇酯	70 ~ 200
游离胆固醇	40 ~ 70
磷脂	150 ~ 250
游离脂肪酸	5 ~ 20

二、血浆脂蛋白

脂类难溶于水，不能直接溶解于血浆中转运，必须与亲水性强的蛋白质（载脂蛋白）结合成血浆脂蛋白，才可以在血液中转运。脂类和蛋白质的组

请你想一想

我们经常听到有人说血脂高，那你知道血脂高是什么意思吗？

成有很大的差异，血液中的脂蛋白存在多种形式。血浆脂蛋白是血脂存在、运输和代谢的主要形式。

（一）血浆脂蛋白的分类

因各种脂蛋白的理化性质不同，通常采用电泳法和超速离心法进行血浆脂蛋白的分类。

1. 电泳分类法 不同的脂蛋白表面所带电荷不同，颗粒大小也有差异，在一定的外加电场作用下移动的速度也不同。根据脂蛋白在电场中移动的快慢，分为四类。α–脂蛋白泳动最快；前β–脂蛋白次之；β–脂蛋白在前β–脂蛋白之后；乳糜微粒原位不动（图7–8）。

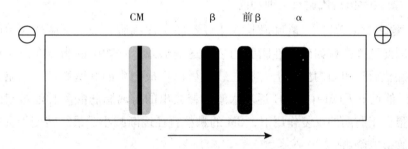

图7–8 电泳法分离脂蛋白

2. 超速离心法 不同脂蛋白中蛋白质和脂类的比例不同，因此分子密度不同，在超速离心时，沉降速度不同。因此将脂蛋白分为四个密度范围不同的部分，即乳糜微粒（CM）；极低密度脂蛋白（VLDL）；低密度脂蛋白（LDL）；高密度脂蛋白（HDL）。

（二）血浆脂蛋白的组成和生理功能

血浆脂蛋白主要由蛋白质、三酰甘油、磷脂、胆固醇及其酯组成。但其组成比例及含量有很大差异。乳糜微粒颗粒最大，含三酰甘油最多，达90%左右；但蛋白质最少，约1%，故密度最小，血浆静置即可漂浮。VLDL含三酰甘油也较多，达50%~70%，但其蛋白质含量（约10%）高于CM，故密度较CM大。LDL含胆固醇及胆固醇酯较多，达40%~50%，其蛋白质含量20%~25%。HDL含蛋白质量最多，约50%，故密度最高，颗粒最小。血浆脂蛋白的组成和主要生理功能见表7–6。

表 7-6　血浆脂蛋白的组成和主要生理功能

超速离心法分类	化学组成（%）				主要生理功能
	蛋白质	三酰甘油	胆固醇及其酯	磷脂	
乳糜微粒	0.5~2	80~95	4~5	5~7	转运外源性脂肪
极低密度脂蛋白	5~10	50~70	15~19	15	转运内源性脂肪
低密度脂蛋白	20~25	10	48~50	20	转运胆固醇
高密度脂蛋白	50	5	20~22	25	转运磷脂和胆固醇

（三）载脂蛋白

脂蛋白中与脂类结合的蛋白质称为载脂蛋白（Apo）。目前已从人血浆分离出的载脂蛋白有 20 多种。结构和功能比较清楚的有 A、B、C、D 及 E 五类。某些载脂蛋白由于氨基酸组成的差异又可以分为若干亚类，不同脂蛋白含不同的载脂蛋白。

载脂蛋白能够稳定血浆脂蛋白结构，是脂类的运输载体，增强脂蛋白的颗粒的水溶性。此外，有些载脂蛋白还可调节脂蛋白代谢中关键酶活性，参与脂蛋白受体的识别，影响脂蛋白代谢。

（四）血浆脂蛋白代谢及生理功能

1. 乳糜微粒（CM）　乳糜微粒在小肠黏膜上皮细胞合成。乳糜微粒中的脂肪来自食物，因此乳糜微粒为外源性脂肪的主要运输形式。食物中的脂类在细胞滑面内质网上经再酯化后与粗面内质网上合成的载脂蛋白构成新生的乳糜微粒。在脂蛋白脂肪酶（LPL）催化下，CM 中的 TG 逐步水解，释放出的游离脂肪酸和甘油被组织摄取利用。在脂蛋白脂肪酶的反复作用下，CM 的颗粒直径逐渐减小，最终转变为乳糜微粒残体被肝细胞摄取降解。

CM 主要生理功能是转运外源性三酰甘油至全身组织。正常人空腹血浆中不含 CM。大量进食后，由于乳糜微粒的颗粒很大，能使光散射而呈现乳浊现象，这就是在饱餐后血清混浊的原因，但几小时后会澄清。

2. 极低密度脂蛋白（VLDL）　VLDL 主要在肝脏内生成，主要成分是肝细胞利用糖和脂肪酸自身合成的三酰甘油，也可利用食物及脂肪组织动员的脂肪酸合成的三酰甘油，与肝细胞合成的载脂蛋白等，再加上少量磷脂和胆固醇及其酯，其是转运内源性脂肪的主要运输形式。VLDL 分泌入血后，逐步水解，转变为中间密度脂蛋白（IDL）。部分 IDL 被肝细胞摄取代谢。未被肝细胞摄取的 IDL 三酰甘油被脂肪酶进一步水解，最后剩下胆固醇酯，IDL 转变为 LDL。

VLDL 的主要生理功能是转运内源性三酰甘油到肝外组织。

3. 低密度脂蛋白（LDL）　血浆中的中间密度脂蛋白可直接被肝细胞摄取利用，未被摄取的中间密度脂蛋白则可转变为低密度脂蛋白。正常人空腹时血浆中的胆固醇主要存在于低密度脂蛋白中，大部分是以胆固醇酯的形式存在。

LDL 的脂肪含量较少，而胆固醇和磷脂含量相对增高，主要功能则是转内源性胆固醇。正常人空腹时低密度脂蛋白是主要的血浆脂蛋白，占血浆脂蛋白总量 2/3 左右。血浆中低密度脂蛋白的浓度直接与动脉粥样硬化的发生相关，低密度脂蛋白含量过高，易引发动脉粥样硬化，进而引起冠心病等。

4. 高密度脂蛋白（HDL）　　HDL 主要是在肝中生成和分泌出来的，其次为小肠黏膜细胞。新生的高密度脂蛋白可从周围的组织细胞 CM、VLDL 等中不断得到游离胆固醇，最终形成成熟的高密度脂蛋白。肝脏是摄取、降解、清除成熟 HDL 的主要器官。

HDL 的主要功能是参与胆固醇的逆向转运，即将肝外组织细胞内的胆固醇，通过血循环转运到肝，在肝转化为胆汁酸后排出体外。

三、高脂血症

血脂高于正常人上限即为高脂血症。高脂血症可分为原发性和继发性两类。原发性与先天性和遗传有关。继发性多发生于代谢性紊乱疾病，如糖尿病、高血压等。一般成人空腹 12～14 小时血三酰甘油超过 2.26mmol/L，胆固醇超过 6.22mmol/L 或者低密度脂蛋白大于等于 4.14mmol/L，则称为高脂血症。

高脂血症是导致动脉粥样硬化的重要因素。如血浆胆固醇含量超过 6.7mmol/L，比低于 5.7mmol/L 者的冠状动脉粥样硬化发病率高 7 倍。而低密度脂蛋白增高可使血浆胆固醇水平增高，所以 LDL 也是动脉粥样硬化的危险因素。高密度脂蛋白是将肝外组织的胆固醇转运至肝内代谢并清除的，因此具有抗动脉粥样硬化的作用。容易患高脂血症的人群有血浆中 HDL 比较低的糖尿病患者、肥胖者以及利于胆固醇沉积的高血压、长期吸烟者。

<u>你知道吗</u>

全身性的脂肪堆积过多导致体内发生一系列病理生理变化，引发肥胖症。肥胖度的衡量标准常用体重指数（BMI）来表示，其中 BMI ＝体重（kg）／身高^2。我国规定 BMI 为 24～26 时表示轻度肥胖；当 BMI 为 26～28 时表示中度肥胖；当 BMI ＞28 时表示重度肥胖。此外，也将腰围作为衡量体脂分布特征的重要指标，用于肥胖度的衡量。腰围指通过腋中线肋缘与髂前上棘间中点的径线距离。当成年男性腰围大于等于 90cm 或成年女性腰围大于等于 85cm，可视为向心性肥胖。

第五节　脂类药物和调血脂药物

PPT

一、脂类药物

脂类药物是某些具有重要生理生化、药理药效作用的化合物，具有较好的营养、预防和治疗效果。脂类药物种类繁多，临床用途各不相同。

脂类药物的分类主要包括磷脂类、胆酸、不饱和脂肪酸、固醇类和色素类等。

1. 磷脂类　主要有脑磷脂和卵磷脂。卵磷脂可从蛋黄、大豆中提取制得，可用于脂肪肝、胆石症、冠心病、神经紧张、动脉粥样硬化的治疗；脑磷脂可从脑和酵母中提取，用于粥样动脉硬化和神经衰弱的治疗。

2. 胆酸　从猪胆汁中提取的去氢胆酸可治疗慢性胆囊炎、胆结石，也是人工牛黄的原料。牛的胆结石称牛黄，有清热、祛痰、抗惊厥的功能。

3. 不饱和脂肪酸　包括亚油酸、亚麻酸、花生四烯酸和近年发展较迅速的前列腺素。亚油酸、亚麻酸、花生四烯酸等都是营养必需脂肪酸，具有降血脂、抗脂肪肝的作用。前列腺素具有广泛的生理功能，可用于治疗心血管疾病、哮喘，防治动脉粥样硬化。

4. 固醇类　主要有胆固醇、麦角固醇和 β - 谷固醇。胆固醇是生产激素的重要原料。β - 谷固醇有降低胆固醇和防治动脉硬化症的作用。

5. 色素类　包括胆红素、胆绿素、血红素等。

你知道吗

脂肪肝（fatty liver）是指由于各种原因引起的肝细胞内脂肪堆积过多的病变，是一种常见的肝脏病理改变，而非一种独立的疾病。脂肪性肝病严重威胁着国人的健康，成为仅次于病毒性肝炎的第二大肝病，发病率不断升高，且发病年龄日趋年轻化。正常人肝组织中含有少量的脂肪，如三酰甘油、磷脂、糖脂和胆固醇等，其重量为肝重量的 3% ~5%，如果肝内脂肪蓄积太多，超过肝重量的 5% 或在组织学上肝细胞的 50% 以上脂肪变性时，就可称为脂肪肝。脂肪肝属可逆性疾病，早期诊断并及时治疗常可恢复正常。

二、调血脂药物

（一）临床常用的调血脂药物

1. 他汀类（HMG - CoA 还原酶抑制剂）　他汀类主要代表药物有洛伐他汀、辛伐他汀、普伐他汀、氟伐他汀、阿托伐他汀、瑞舒伐他汀等。HMG - CoA 还原酶抑制剂竞争性抑制胆固醇合成过程中的限速酶（HMG - CoA 还原酶）的活性，从而阻断胆固醇的生成，他汀类还可以上调细胞表面的 LDL 受体，加速血浆 LDL 的分解代谢。他汀类主要作用是降低血清 TC 和 LDL - C 水平。适应证为高胆固醇血症和以胆固醇升高为主的混合性高脂血症。目前临床应用的他汀类药物不良反应较轻，少数患者出现腹痛、便秘、失眠、转氨酶升高、肌肉疼痛等。他汀类与其他调血脂药物（如贝特类、烟酸类等）合用时会增加不良反应，联合应用要注意。

2. 贝特类　贝特类主要代表药物有非诺贝特、苯扎贝特。贝特类也叫苯氧芳酸类，可促进 TG 分解以及胆固醇的逆向转运。主要降低血清 TG，也可在一定程度上降低 TC 和 LDL - C，升高 HDL - C。适应证为高三酰甘油血症和以三酰甘油升高为主的混合性高脂血症。主要不良反应为胃肠道反应，少数出现一过性肝转氨酶和肌酸激酶升高，皮疹、血白细胞减少。贝特类能增强抗凝药物作用，两药合用需调整抗凝药物剂量。禁用于肝肾功能不良者以及儿童、孕妇和哺乳期妇女。

3. 烟酸类　烟酸类属 B 族维生素，用量较大时有调节血脂作用，可能与抑制脂肪组织脂解和减少肝脏中胆固醇合成和分泌有关。能使血清 TG、TC 及 LDL – C 降低，HDL – C 轻度升高。适应证为高三酰甘油血症和以三酰甘油升高为主的混合性高脂血症。烟酸有速释剂和缓释剂两种剂型。速释剂不良反应明显，已停用；缓释剂能显著改善药物耐受性及安全性，从低剂量开始，渐增至理想剂量。禁用于慢性肝病和严重痛风，慎用于高尿血症及消化性溃疡。

4. 胆酸螯合剂　在肠道内与胆酸不可逆结合，阻碍胆酸的肠肝循环，促使胆酸随粪便排出，阻断其胆固醇的重吸收。适应证为高胆固醇血症和以胆固醇升高为主的混合性高脂血症。主要代表药物有考来烯胺（消胆胺）、考来替哌（降胆宁）。主要不良反应为恶心、呕吐、腹胀、腹痛、便秘。

5. 肠道胆固醇吸收抑制剂　代表药物为依折麦布。依折麦布口服后被迅速吸收，结合成依折麦布 – 葡萄糖醛酸苷，作用于小肠细胞刷状缘，抑制胆固醇和植物固醇吸收。适应证为高胆固醇血症和以胆固醇升高为主的混合性高脂血症，单药或与他汀类联合治疗。不良反应少，偶有胃肠道反应、头痛、肌肉疼痛及转氨酶升高。

6. 普罗布考　普罗布考通过渗入到脂蛋白颗粒中影响脂蛋白代谢，产生调脂作用。可降低 TC 和 LDL – C，而 HDL – C 也明显降低，但可能改变后者的结构和代谢，使其逆向转运胆固醇的功能得到提高。同时还具有强抗脂质过氧化作用。适应症为高胆固醇血症，尤其是纯合子型家族性高胆固醇血症。严重的不良反应为 Q – T 间期延长。

7. ω – 3 脂肪酸制剂（多烯酸乙酯）　ω – 3 多不饱和脂肪酸是海鱼油的主要成分，可降低 TG 和轻度升高 HDL – C，对 TC 和 LDL – C 无影响。适应证为高三酰甘油血症和以三酰甘油升高为主的混合性高脂血症。不良反应为鱼油腥味所致的恶心、腹部不适，有出血倾向者禁用。

（二）调血脂药物的选择

1. 高胆固醇血症　首选他汀类，如单用他汀类不能使血脂达到治疗目标值可加用依折麦布或胆酸螯合剂，强化降脂作用。

2. 高三酰甘油血症　首选贝特类，也可选用烟酸类和 ω – 3 脂肪酸制剂。对于重度高 TG 血症可联合应用贝特类和 ω – 3 脂肪酸制剂。

3. 混合性高脂血症　一般首选他汀类，以降低 TC 与 LDL – C。当血清 TG ≥ 5.65mmol/L（500mg/dl）时，应首先降低 TG，以避免发生急性胰腺炎，此时首选贝特类。如 TC、LDL – C、TG 均显著升高或单药效果不佳，可考虑联合用药。他汀类与贝特类或烟酸类联合使用可明显改善血脂谱，但肌病和肝脏毒性的可能性增加，应予高度重视，非诺贝特与他汀类联合应用发生肌病的可能性相对较小，但仍应注意监测肌酶。贝特类最好在清晨服用，而他汀类在夜间服用主要是因为人体合成胆固醇在夜间最活跃。他汀类单用无法控制 TG 时，与 ω－3 脂肪酸制剂联用可进一步降低 TG 水平，安全性高、耐受性好。

4. 低 HDL－C 血症 可供选择药物相对较少，烟酸为目前升高 HDL－C 水平较为有效的药物，升高 HDL－C 幅度为 15%～35%。他汀类和贝特类升高 HDL－C 幅度一般限于 5%～10%。

（二）调血脂药物的注意事项

1. 高脂血症、动脉硬化、心脑血管疾病或糖尿病等心脑血管疾病高危患者需要在医生的指导下长期甚至终生接受调脂治疗。不同个体对同一药物的疗效和不良反应差异很大。

2. 他汀类药物多数需要晚间或睡前服用，阿托伐他汀与瑞舒伐他汀可每天固定一个时间服用。

3. 避免与大环内酯类抗菌药物同用，服药期间如出现不明原因的肌痛或压痛，尤其是伴有全身不适或发热时，应立即就诊。

请你想一想

如果血脂过高，除了可以用药外，我们还能做些什么控制血脂呢？

4. 药物治疗过程中，应监测血脂水平和不良反应，定期检查肌酶、肝功能、肾功能和血常规等。由于老年人罹患心血管病的绝对危险高于一般成年人，其调脂治疗的收益可能较好。共病的老年患者常需服用多种药物治疗，加之老化带来的肝肾功能减退，易于发生药物相互作用和不良反应。因此，降脂药物剂量的选择需要个体化，起始剂量不宜大，在监测肝肾功能和 CK 的条件下合理调整药物用量。出现肌无力、肌痛等症状时需与老年性骨、关节和肌肉疾病鉴别，及时复查血清 CK 水平。

实训八　油脂皂化值的测定

一、实训目的

掌握测定皂化值的原理和操作方法；掌握皂化值的计算方法；了解测定皂化值的意义。

二、实训原理

皂化是测定未知油脂脂肪酸组成特性的一种常用方法。皂化值是皂化 1g 油脂中的脂肪酸所需氢氧化钾的质量，单位为 mg/g。皂化值的大小与油脂中所含甘油酯的化学成分有关。一般油脂的相对分子质量和皂化值的关系是：甘油酯相对分子质量越小，皂化值越高。另外，若游离脂肪酸含量增大，皂化值也随之增大。

油脂的皂化值是指导肥皂生产的重要数据，可根据皂化值计算皂化所需碱量、油脂内脂肪酸含量和油脂皂化后生成的理论甘油量三个重要数据。

利用酸碱中和法测定皂化值。将油脂在加热条件下与一定量过量的氢氧化钾 – 乙醇溶液进行皂化反应。剩余的氢氧化钾用盐酸标准溶液进行反滴定，并同时做空白实验，求得皂化油脂耗用的氢氧化钾量。其反应式如下。

$$(RCOO)_3C_3H_3 + 3KOH \longrightarrow 3RCOOK + C_3K_5(OH)_3$$

$$RCOOH + ROH \longrightarrow RCOOK + H_2O$$

$$KOH + HCl \longrightarrow KCl + H_2O$$

三、实训器材

（一）试剂

1. 氢氧化钾乙醇标准溶液 浓度为 0.5mol/L 的氢氧化钾乙醇溶液，即 28.1g 氢氧化钾溶于 1L 95% 的乙醇中。其准确浓度需要经过标定过的 HCl 溶液标定。

2. 盐酸标准溶液 0.5mol/L 盐酸溶液，须经准确称量的无水碳酸钠标定。

3. 酚酞指示剂 称取 1g 酚酞，用 100ml 无水乙醇定容至 100ml。

（二）器材

恒温水浴，酸式滴定管，电子天平，容量瓶，烧杯，量筒，锥形瓶。

四、实训方法和步骤

1. 称样 准确称取油或脂样品 2g，置于 250ml 锥形瓶中。

2. 皂化 在盛有样品和空白的锥形瓶中各加入 25ml 氢氧化钾乙醇标准溶液，接上回流冷凝管，置于沸水浴中加热回流 0.5h 左右，充分皂化。

3. 滴定 停止加热，稍冷却后，加酚酞指示剂 5～10 滴，然后用盐酸标准溶液滴定至红色消失为止，记录盐酸标准溶液的用量。

4. 计算 样品的皂化值（SV）按下式计算。

$$皂化值（SV） = \frac{C(V_1 - V_2) \times 56}{m}$$

式中，C——盐酸标准溶液的实际浓度，mol/L;

V_1——空白实验消耗盐酸标准溶液的体积，ml;

V_2——试样消耗盐酸标准溶液的体积，ml;

m——样品质量，g;

56——氢氧化钾的摩尔质量，g/mol。

五、注意事项

1. 皂化时要防止乙醇从冷凝管口挥发，同时要注意滴定液的体积。盐酸标准溶液用量大于 15ml 时，要适当补加中性乙醇，加入量参照酸值测定。

2. 实验过程中轻轻旋转样品瓶，如瓶壁无油滴流下，表明皂化安全。

六、思考题

如何判断皂化完全?

实训九 血清胆固醇含量的测定——邻苯二甲醛法

一、实训目的

掌握比色法测定血清总胆固醇的原理和方法。

二、实训原理

胆固醇是环戊烷多氢菲的衍生物，不仅是血浆蛋白的组分，也是细胞的结构成分，还可以转化成胆汁盐酸、肾上腺皮质激素和维生素 D 等。胆固醇在体内以游离胆固醇及胆固醇酯两种形式存在，统称为总胆固醇。

胆固醇及其酯在硫酸作用下与邻苯二甲醛产生紫红色物质，此物质在 550nm 波长处有最大吸收，可用比色法做总胆固醇的定量测定。胆固醇含量在 400mg/100ml 范围内与光吸收值呈良好线性关系。

此法产物颜色比较稳定，胆红素及一般溶血对结果影响不大，只有严重的溶血才会使结果偏高。此法在 20~27℃ 条件下显色，显色后 5min 开始至 0.5h 以上颜色基本稳定。温度过低或过高都会导致显色剂强度减弱。

三、实训器材

（一）试剂

1. 邻苯二甲醛试剂 称取邻苯二甲醛 50mg，以无水乙醇溶解定容至 50ml。可冷藏保存 50 天。

2. 90％醋酸 冰醋酸 90ml，加入 10ml 蒸馏水混匀。

3. 混合酸 取上述 90％醋酸 100ml 与浓硫酸 100ml 混合。

4. 标准胆固醇储存液（1mg/ml） 准确称取胆固醇 100mg，以冰乙酸定容至 100ml。

5. 标准胆固醇工作液（0.1mg/ml） 将上述储存液以冰乙酸稀释 10 倍。

6. 测试样品 1ml 人血清以冰醋酸稀释至 40.00ml。

（二）器材

试管 12 支，10ml 吸管 1 支，0.5ml 吸管 5 支，0.1ml 吸管 1 支，移液器，可见分光光度计。

四、实验步骤

（一）标准曲线的制作

取 9 支试管编号后，按表 7-7 顺序加入试剂。

表 7 - 7　制作标准曲线的加样表

管号	0	1	2	3	4	5	6	7	8
标准胆固醇应用液/ml	0	0.05	0.10	0.15	0.20	0.25	0.30	0.35	0.40
醋酸/ml	0.40	0.35	0.30	0.25	0.20	0.15	0.10	0.05	0
邻苯二甲醛试剂/ml	0.20	0.20	0.20	0.20	0.20	0.20	0.20	0.20	0.20
混合酸/ml	4.00	4.00	4.00	4.00	4.00	4.00	4.00	4.00	4.00
相当未知血清中总胆固醇含量/ [mg·(100ml)$^{-1}$]	0	50	100	150	200	250	300	350	400

将 9 支试管轻轻混匀后于 20~37℃下静置 10min，以 0 号管为对照，550nm 条件下测定光吸收值。以总胆固醇量（mg/100ml）为横坐标，光吸收值为纵坐标，利用 Excel 表绘制标准曲线。

（二）样品测定

取 3 支试管编号后，分别按表 7-8 加入试剂，与标准曲线同时测定光吸收值，依据标准曲线计算样品的胆固醇含量。

表 7 - 8　邻苯二甲醛法测定血清总胆固醇——样品的测定

管号	对照	样品1	样品2
稀释的未知血清样品/ml	0	0.40	0.40
邻苯二甲醛试剂/ml	0.20	0.20	0.20
醋酸/ml	0.40	0	0
混合酸/ml	4.00	4.00	4.00
OD 值			

本实验方法在 20~37℃条件下显色，显色后 5~30min 内颜色稳定。若温度过低，显色剂强度减弱；加混合酸后激烈振摇，能产生很高热量，也可使显色减弱。

五、注意事项

1. 混合酸黏度大，要充分混匀。保温后如有分层，再次混匀。
2. 配制混合酸时，将浓硫酸加入冰乙酸中，次序不可颠倒。

六、思考题

脂类难溶于水，均匀分散于水中，则形成乳浊液。为什么正常人血浆和血清中含有脂类虽多，却清澈透明呢？

目标检测

一、选择题

（一）单项选择题

1. 脂肪酸在血液中与（　　）物质结合进行运输

    A. 脂蛋白　　　　　　B. 球蛋白　　　　　　C. 载脂蛋白　　　　　D. 清蛋白

2. 关于酮体的叙述中，正确的是（　　）

    A. 酮体只能在肝内生成，肝外利用

    B. 酮体氧化的关键酶是乙酰乙酸转硫酶

    C. 各组织细胞均可利用乙酰 CoA 合成酮体，但以肝为主

    D. 合成酮体的关键酶是 HMG－CoA 还原酶

3. 脂肪酸 β－氧化、酮体生成及胆固醇合成的共同中间产物是（　　）

    A. 乙酰乙酸　　　　B. 乙酰乙酰 CoA　　C. 乙酰 CoA　　　　D. HMG－CoA

4. 脂肪酸合成的关键酶是（　　）

    A. 丙酮酸脱氢酶　　　　　　　　　　B. 硫解酶

    C. 丙酮酸羧化酶　　　　　　　　　　D. 乙酰 CoA 羧化酶

5. 脂酰 CoA β 氧化的反应顺序是（　　）

    A. 脱氢、加水、硫解、再脱氢　　　　B. 脱氢、硫解、加水、再脱氢

    C. 脱氢、加水、再脱氢、硫解　　　　D. 脱氢、硫解、再脱氢、加水

6. 胆固醇不能转化为（　　）

    A. 维生素 D　　　　　　　　　　　　B. 肾上腺皮质激素

    C. 胆红素　　　　　　　　　　　　　D. 胆汁酸

7. 血浆脂蛋白按重量由大到小的正确顺序是（　　）

    A. CM、VLDL、LDL、HDL　　　　　B. VLDL、LDL、HDL、CM

    C. LDL、VLDL、HDL、CM　　　　　D. HDL、LDL、VLDL、CM

8. 体内不能合成，必须由食物供给，在体内可转变为前列腺素及血栓素的物质最有可能是（　　）

    A. 维生素 A　　　　B. 亮氨酸　　　　　C. 软脂酸　　　　　D. 花生四烯酸

9. 不能氧化利用酮体的组织是（　　）

    A. 骨骼肌　　　　　B. 肝脏　　　　　　C. 心肌　　　　　　D. 肾

10. 脂酰 CoA 需要借助下列（　　）物质通过线粒体内膜

    A. 苹果酸　　　　　B. α－磷酸甘油　　　C. 草酰乙酸　　　　D. 肉碱

11. 下列能在线粒体中进行代谢的过程是（　　）

    A. 脂肪酸合成　　　B. 类脂合成　　　　C. 糖酵解　　　　　D. 脂肪酸 β 氧化

12. 体内胆固醇和脂肪酸合成所需的氢来自（　　）

A. NADH + H$^+$　　　　B. FADH$_2$　　　　　　C. FMNH$_2$　　　　　　　D. NADPH + H$^+$

13. 要真实反映血脂的情况，常在饭后（　　　）

  A. 24 小时后采血　　　　　　　　　B. 12 ~ 14 小时采血

  C. 8 ~ 10 小时采血　　　　　　　　D. 3 ~ 6 小时采血

14. 不能利用甘油的组织是（　　　）

  A. 脂肪组织　　　　B. 肝　　　　　　C. 肾　　　　　　　D. 小肠

15. 通常高脂蛋白血症中，下列可能增高的脂蛋白是（　　　）

  A. CM　　　　B. VLDL　　　　C. LDL　　　　D. HDL　　　　E. HDL$_3$

（二）多选题

1. 酮体是脂肪酸在肝脏氧化分解时的正常中间代谢产物，包括（　　　）

  A. 乙酰乙酸　　B. 丙酮酸　　　C. 乙酰辅酶 A　　D. β – 羟丁酸　　E. 磷脂酸

2. 血浆中运输内源性胆固醇的脂蛋白是（　　　）

  A. CM　　　　　　B. VLDL　　　　　C. LDL　　　　　D. HDL$_2$　　　　E. HDL$_3$

3. 有关血脂的叙述中，错误的是（　　　）

  A. 均不溶于水　　　　　　　B. 主要以脂蛋白形式存在

  C. 都来自肝脏　　　　　　　D. 脂肪与清蛋白结合被转运

  E. 与载脂蛋白结合被运输

4. 下列关于脂肪酸合成叙述中，错误的是（　　　）

  A. 主要在线粒体内进行　　　　B. 需要中间产物丙二酸单酰 CoA

  C. 起始复合物是乙酰 CoA　　　D. 只生成 16 碳原子的脂肪酸

5. 有关脂肪酸合成的叙述中，正确的是（　　　）

  A. 脂肪酸合成酶系存在于线粒体中

  B. 脂肪酸分子中全部碳原子均来源于丙二酰 CoA

  C. 生物素是辅助因子

  D. 是 β 氧化的逆过程

  E. 需要 NADPH 参与

二、思考题

1 型糖尿病患者，男。某日患者出现多尿、多饮和乏力等症状，随后又出现食欲缺乏、恶心、呕吐、嗜睡、呼吸深快且呼气中有烂苹果味。

请分析，该患者出现上述症状的原因是什么？

书网融合……

　　微课　　　　　划重点　　　　自测题

第八章 蛋白质的分解代谢

学习目标

知识要求

1. **掌握** 氨基酸代谢概况；氨基酸的脱氨基作用方式、概念及其意义；氨的来源和去路；尿素的合成；一碳单位代谢。
2. **熟悉** 蛋白质的消化与吸收；α-酮酸代谢；氨基酸的脱羧基作用。
3. **了解** 蛋白质的生理功能；蛋白质的需要量和蛋白质的营养作用；芳香族氨基酸代谢。

能力要求

能够运用本章知识指导健康饮食和临床应用。

蛋白质是一类重要的生物大分子，是生命的物质基础。蛋白质代谢在生命活动过程中具有十分重要的作用。氨基酸是蛋白质的基本组成单位。氨基酸的重要生理功能之一是在体内合成组织蛋白质。蛋白质在生物体内的代谢包括合成代谢和分解代谢，本章重点讨论蛋白质的分解代谢。蛋白质的分解代谢是首先分解为氨基酸而后进行进一步代谢，所以氨基酸代谢是蛋白质分解代谢的中心内容。

第一节 蛋白质的消化吸收

PPT

一、蛋白质的消化

膳食给人体提供各类蛋白质，蛋白质是大分子物质，未经消化不易被吸收。一般食物蛋白质必须在胃肠道内，通过各种酶的作用分解成氨基酸及小肽后才能被吸收。食物蛋白质在胃、小肠以及肠黏膜细胞中经过一些酶促反应水解生成小分子肽及氨基酸的过程称为蛋白质的消化。食物的消化一般从口腔里的咀嚼开始，由于唾液中不含有水解蛋白质的酶，所以食物蛋白质的消化从胃开始，主要在小肠。

（1）蛋白质在胃部的消化　蛋白质进入胃后，促使胃分泌胃泌素，后者刺激胃的中柱细胞分泌盐酸，主细胞分泌胃蛋白酶原。胃液的酸性环境（最适 pH 1.5~2.5）可促使胃蛋白酶原从其分子的 N 端水解掉部分氨基酸残基，从而激活成胃蛋白酶。胃蛋白酶作用于食物蛋白质，使其水解生成肽及少量氨基酸。已经激活的胃蛋白酶也可激活胃蛋白酶原，称为自身激活作用。由于胃蛋白酶的作用较弱，专一性较差，其主要水解芳香族氨基酸、蛋氨酸、亮氨酸等肽键的断裂。胃蛋白酶对乳中的酪蛋白有凝乳作用，这对乳儿尤为重要，因为乳液凝成乳块后在胃中的停留时间延长，有利于蛋白质的充分消化。

（2）蛋白质在小肠中的消化　食物蛋白质在胃中经胃蛋白酶的水解作用，初步水解，其消化产物及未被完全消化的蛋白质连同胃液进入小肠，在小肠内完成整个消化过程。蛋白质在小肠中的消化主要依赖胰腺分泌的各种蛋白酶来完成。

胰液中的蛋白酶基本上可分为两类，即内肽酶和外肽酶。作用的最适 pH 为 7.0 左右。内肽酶可以水解蛋白质分子内部的一些肽键，种类主要包括胰蛋白酶、糜蛋白酶和弹性蛋白酶。胰蛋白酶主要水解由赖氨酸、精氨酸等碱性氨基酸组成的羧基末端肽键。糜蛋白酶可水解含有苯丙氨酸、酪氨酸、色氨酸等残基的肽键。弹性蛋白酶的特异性最低，主要水解缬氨酸、亮氨酸、丝氨酸、丙氨酸等氨基酸形成的肽键。经上述蛋白酶作用后的蛋白质，已变成短肽或部分游离氨基酸。外肽酶可将肽链末端的氨基酸逐个水解，包括氨基肽酶和羧基肽酶。前者主要水解氨基末端的肽键，后者主要水解羧基末端的肽键。蛋白质在胰液中各种蛋白酶作用下，最终产物为氨基酸（占 1/3）和一些寡肽（占 2/3）。

此外，在肠黏膜细胞的刷状缘及胞质中存在着一些寡肽酶，如二肽酶、三肽酶。由此经胰液及小肠黏膜细胞分泌的多种蛋白酶及肽酶的协同作用下，蛋白质最后全部水解为氨基酸。因此，小肠是蛋白质消化的主要场所（图 8－1）。

$$\text{食物蛋白质} \xrightarrow[\text{胃}]{\text{胃蛋白酶}} \text{多肽} \xrightarrow[\text{小肠}]{\text{胰酶}} \begin{cases} \text{氨基酸（1/3）} \\ \text{寡肽（2/3）} \xrightarrow{\text{寡肽酶}} \text{安基酸} \end{cases}$$

图 8－1　蛋白质消化过程

二、氨基酸的吸收

食物蛋白质经完全消化后形成的氨基酸透过消化道黏膜进入血液的过程称为氨基酸的吸收。正常情况下，只有氨基酸和少量二肽、三肽才能被吸收。氨基酸的吸收主要在小肠内进行。氨基酸的吸收是一个消耗能量、需要载体蛋白协助的主动转运过程。一般认为，在肠黏膜细胞上有转运氨基酸的载体蛋白，与氨基酸、Na^+ 形成三联体，利用细胞内外 Na^+ 浓度梯度，将氨基酸转入细胞内，Na^+ 则借钠泵主动排出细胞外，并消耗 ATP。

氨基酸的吸收机制也可通过 γ－谷氨酰基循环进行。在此过程中需要利用谷胱甘肽和 γ－谷氨酰基转移酶催化。氨基酸的吸收及其向细胞内的转运就是通过谷胱甘肽的合成与分解来完成的，γ－谷氨酰基转移酶是关键酶。

第二节　蛋白质的营养作用

PPT

实例分析

实例　2021 年 3 月，国家卫生健康委员会发布婴幼儿配方食品新国标，包括《婴儿配方食品》（GB 10765 – 2021）、《较大婴儿配方食品》（GB 10766 – 2021）、《幼儿配方食品》（GB 10767 – 2021），新国标于 2023 年 2 月 22 日正式实施。

新国标升级被认为是中国母乳研究持续积累、产品研发不断向中国母乳"黄金标准"看齐的过程，其将更突出"中国方案"。追求安全是底线，营养是高线，新国标从各个方面细致地保障了婴幼儿配方食品的安全和科学。其中调整了 1、2、3 段奶粉中蛋白质含量范围，并增加了 2 段奶粉中乳清蛋白含量要求，即 2 段奶粉中乳清蛋白含量应 >40%。

　　分析　1. 婴幼儿奶粉新国标对蛋白质含量做了哪些规定？
　　　　　　2. 婴幼儿奶粉新国标的实施有哪些意义？

蛋白质是生物体最重要的营养物质，在细胞和生物体的生命活动过程中，起着十分重要的作用。蛋白质是一切生命的物质基础，是机体的重要组成部分，是人体组织更新和修复的主要原料，没有蛋白质就没有生命。

一、食物蛋白的生理作用

（一）维持组织细胞的生长、更新和修复

蛋白质是构成生物体细胞、组织和器官的重要组成部分。一般说，蛋白质占人体全部重量的 16% ~ 20%。蛋白质在生物体内随着细胞的新陈代谢而不停地进行自我更新。据研究数据表示，人体蛋白质每天以 3% 的速度代谢。因此，生物体需要不断地通过摄取食物来获取足够的蛋白质以维持组织细胞生长、更新和修复的需要。特别是处于生长发育旺盛期的婴幼儿、儿童、青少年，营养需求量需要增加的孕、产妇，以及恢复期或术后患者，更加需要提供充足的蛋白质以满足身体需求。

（二）合成重要的含氮化合物

生物体内重要的生理活性物质的合成都需要蛋白质的参与，如酶、核酸、抗体等。

（三）氧化供能

蛋白质除了上述生理作用外，也可用于提供能量。每克蛋白质在体内氧化分解可产生 17.19kJ 能量。正常成人每日有 10% ~ 15% 的能量来源于蛋白质。糖类和脂肪是机体最主要的能量来源，蛋白质氧化分解提供的能量只占机体一小部分，因此，氧化供能是蛋白质的次要生理功能。

二、氮平衡

氮平衡指氮的摄入量和排出量之间的平衡状态，其反映生物体每天摄入氮量与排出氮量之间的关系。蛋白质的含氮量比较恒定，平均为 16%，且食物和排泄物中的含氮物质主要来自于蛋白质。人体必须补充充足的蛋白质才能维持正常的生理活动。因此测定食物的含氮量可以估算出所含蛋白质的量。通过测定摄入食物中的含氮量以及排出体外的含氮量也可以反映蛋白质的代谢情况。

氮平衡可以分为以下三种类型。

（一）氮的总平衡

指每天摄入的氮量等于排出的氮量，说明蛋白质的合成代谢与分解代谢处于动态平衡。常见于营养正常的健康成人（表8-1）。

表8-1　氮平衡状况

氮平衡状况	进、出氮情况	常见人群
氮的总平衡	摄入氮量＝排出氮量	正常健康成人
氮的正平衡	摄入氮量＞排出氮量	婴幼儿、儿童、孕妇及恢复期患者
氮的负平衡	摄入氮量＜排出氮量	营养不良、慢性消耗性疾病及恶性肿瘤晚期患者

（二）氮的正平衡

指每天摄入的氮量多于排出的氮量，说明蛋白质的合成代谢大于分解代谢。此类型常见于处于生长发育期的婴幼儿、儿童、青少年、孕妇及恢复期患者。所以，在这些人的饮食中，应该尽量多补充含蛋白质丰富的食物。

（三）氮的负平衡

指每天摄入的氮量少于排出的氮量，说明蛋白质的合成代谢小于分解代谢。此类型常见于长期饥饿、营养不良、慢性消耗性疾病和恶性肿瘤晚期患者等。长期蛋白质的摄入量不足，会影响机体的氮平衡状态，导致体重下降、身体消瘦、机体免疫力降低等。

三、蛋白质的需要量和营养价值

（一）蛋白质的需要量

蛋白质是生命活动的物质基础，具有多种生理功能，摄入过多或过少都不利于健康。因此为了保证身体健康，蛋白质应有适宜的摄入量。

根据氮平衡实验计算，成人在不进食蛋白质时，每日排泄氮量大约为3.18g，相当于20g蛋白质。蛋白质的需要量与膳食质量有关。由于食物蛋白质与人体蛋白质组成的差异，食物蛋白质不能被完全吸收利用。因此成人每日最低需要30～50g蛋白质。为了长期保持氮的总平衡，我国营养学会推荐正常成人每日蛋白质需要量为80g。生长发育期的婴幼儿、儿童、青少年、孕妇及恢复期患者等特殊人群应根据具体情况适当增加。

（二）蛋白质的营养价值

1. 必需氨基酸和非必需氨基酸　组成人体蛋白质的氨基酸只有20种，根据营养价值，可以分为必需氨基酸和非必需氨基酸两类。人体内需要但又不能合成，必须从食物中摄取的氨基酸，称为营养必需氨基酸，包括蛋氨酸（甲硫氨酸）、缬氨酸、赖氨酸、异亮氨酸、苯丙氨酸、亮氨酸、色氨酸和苏氨酸8种。其余12种能够在体内合成，不一定需要由食物中摄取就可满足自身需要的氨基酸，称为非必需氨基酸。组氨酸和精氨酸虽可在体内合成，但由于合成量不多，如若长期缺乏也可造成氮的负平衡，因此可将这两种氨基酸称为半必需氨基酸。一般来说，含有必需氨基酸种类多和数量足的蛋白质，其营养价值高，反之营养价值低。

2. 决定蛋白质营养价值的因素 食物蛋白质种类繁多，营养价值有高有低。蛋白质营养价值的高低取决于蛋白质中所含必需氨基酸的种类、数量和相互比例，以及与人体蛋白质的组成是否接近。食物蛋白质中所含的必需氨基酸种类、数量和比例与人体蛋白质越接近，其营养价值越高，反之营养价值越低。所以，动物蛋白质的营养价值一般高于植物蛋白质。

请你想一想

儿童时期是身体快速生长发育的关键时期，试从蛋白质的营养价值角度分析偏食对儿童有哪些危害？

3. 蛋白质的互补作用 几种营养价值比较低的蛋白质混合食用，使必需氨基酸相互补充，从而提高蛋白质的营养价值，称为蛋白质的互补作用。如谷类蛋白质含赖氨酸较少而含色氨酸较多，豆类蛋白质含赖氨酸较多而含色氨酸较少，两者混合食用可明显提高营养价值。动物蛋白质和植物蛋白质混合食用，蛋白质的互补作用更加明显。所以，食物多样化、荤素食物合理搭配能够有效地提高蛋白质的营养价值。

第三节　氨基酸的一般代谢

PPT

实例分析

实例 患者，男，41岁。以下为其肝功能临床生化检验报告单。

	检验项目	简称	结果	提示	参考范围	单位
1	谷丙转氨酶	ALT	145	↑	0~40	U/L
2	谷草转氨酶	AST	96	↑	0~40	UL
3	AST/ALT	AST/ALT	0.66	↓	1~6	
4	γ-谷氨酰转肽酶	GGT	16.56		0~61	U/L
5	碱性磷酸酶	ALP	55.46		40~150	U/L
6	总胆红素	TBIL	6.97		1.7~19	μmol/L
7	直接胆红素	DBIL	1.72		0~6.8	μmol/L
8	间接胆红素	IBIL	4.25		1.7~13.7	μmol/L
9	总蛋白	TP	68.9		60~87	g/L
10	白蛋白	ALB	47.7		35~55	g/L
11	球蛋白	GLB	21.2		20~40	g/L
12	白球比	A/G	2.25		1.4~2.4	

分析 ALT和AST检验结果升高，可反映出什么问题？

一、氨基酸代谢概况

食物蛋白质经消化吸收的氨基酸称为外源性氨基酸。体内组织蛋白质降解产生的氨基酸和体内合成的非必需氨基酸称为内源性氨基酸。两类氨基酸混为一体，共同组成体内的氨基酸代谢库，是体内所有游离氨基酸的总称。氨基酸代谢库中的氨基酸在体内的代谢主要包括两个方面。一方面主要是经生物合成形成组织蛋白质；另一方面通过分解途径进行分解代谢，如脱氨基作用、脱羧基作用等，还可转变为其他含氮化合物。正常情况下，氨基酸代谢库中氨基酸的来源和去路处于动态平衡。氨基酸代谢概况如图 8 - 2 所示。

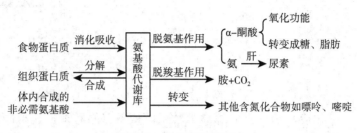

图 8 - 2　氨基酸代谢概况

二、氨基酸的脱氨基作用

氨基酸在脱氨酶的作用下，失去氨基的过程称为脱氨基作用。这是氨基酸分解代谢的主要途径，生物体内大多数组织细胞都能进行此反应。氨基酸脱氨基作用的方式主要有氧化脱氨基作用、转氨基作用、联合脱氨基作用等，其中以联合脱氨基作用最为重要。

（一）氧化脱氨基作用

氧化脱氨基作用是指氨基酸在酶的作用下，脱氢氧化的同时脱去氨基的过程。催化此反应的酶有多种，最为重要的是 L - 谷氨酸脱氢酶。此酶催化 L - 谷氨酸氧化脱氨生成 α - 酮戊二酸，辅酶是 NAD^+ 或 $NADP^+$ 。反应过程分两步进行，首先是氨基酸在脱氢酶作用下脱氢氧化生成亚氨基酸，后者再水解成 α - 酮戊二酸和氨。反应如下。

$$
\begin{array}{ccc}
\text{COOH} & \text{COOH} & \text{COOH} \\
| & | & | \\
\text{CH}_2 & \text{CH}_2 & \text{CH}_2 \\
| & \xrightleftharpoons[\text{L-谷氨酸脱氢酶}]{\text{NAD}^+ \quad \text{NADH + H}^+} & | \quad \xrightleftharpoons[-\text{H}_2\text{O}]{+\text{H}_2\text{O}} \quad | \\
\text{CH}_2 & \text{CH}_2 & \text{CH}_2 \quad + \quad \text{NH}_3 \\
| & | & | \\
\text{CHNH}_2 & \text{C=NH} & \text{C=O} \\
| & | & | \\
\text{COOH} & \text{COOH} & \text{COOH} \\
\text{L-谷氨酸} & \text{亚谷氨酸} & \alpha\text{-酮戊二酸}
\end{array}
$$

L - 谷氨酸脱氢酶广泛分布于肝、脑、肾等组织中，专一性强，活性高，特别是在肝及肾组织中活力更强。上述反应是可逆的，即在氨、α - 酮戊二酸以及 NADH 或 NADPH 存在情况下，L - 谷氨酸脱氢酶可以催化合成 L - 谷氨酸。因此，此反应是体内合成非必需氨基酸的重要途径之一。

（二）转氨基作用

1. 转氨基作用的概念　转氨基作用是指一种 α - 氨基酸在转氨酶的催化作用下，

可逆地将氨基转移到 α-酮酸的酮基上的过程。其结果是原来的 α-氨基酸生成相应的 α-酮酸，而原来的 α-酮酸则生成相应的 α-氨基酸。转氨基作用是体内多数氨基酸脱氨基的重要方式，该反应过程可逆，即在转氨酶作用下也可使 α-酮酸接受氨基生成相应的 α-氨基酸。因此，此过程也是生物体内合成非必需氨基酸的重要途径之一。反应过程如下。

$$
\begin{array}{ccccccc}
& R_1 & & R_2 & & R_1 & & R_2 \\
& | & & | & & | & & | \\
H-C-NH_2 & + & C=O & \underset{}{\overset{转氨酶}{\rightleftharpoons}} & C=O & + & H-C-NH_2 \\
& | & & | & & | & & | \\
& COOH & & COOH & & COOH & & COOH
\end{array}
$$

$$\text{α-氨基酸} \qquad \text{α-酮酸} \qquad\qquad \text{α-酮酸} \qquad \text{α-氨基酸}$$

2. 转氨酶 催化转氨基反应的酶称为转氨酶或氨基转移酶。转氨酶的种类很多，专一性强，分布广泛，在人体的心脏、骨骼肌、肺和肝脏等含量都很高，其中以肝脏和心肌含量最丰富。在各种转氨酶中，以催化谷氨酸参加反应的转氨酶最为重要。体内较为重要的转氨酶有两种。丙氨酸转氨酶（ALT）又称谷丙转氨酶（GPT），在肝脏中含量最多，活性最高；天冬氨酸转氨酶（AST）又称谷草转氨酶（GOT），在心肌中含量最多，活性最高。前者是催化谷氨酸与丙酮酸之间的转氨基作用，后者是催化谷氨酸与草酰乙酸之间的转氨基作用，两种酶催化的反应式如下。

$$\text{谷氨酸} + \text{丙酮酸} \underset{}{\overset{ALT}{\rightleftharpoons}} \text{α-酮戊二酸} + \text{丙氨酸}$$

$$\text{谷氨酸} + \text{草酰乙酸} \underset{}{\overset{AST}{\rightleftharpoons}} \text{α-酮戊二酸} + \text{天冬氨酸}$$

ALT 和 AST 在体内广泛分布于各种组织细胞中，但在不同组织细胞中活力又各不相同，见表 8-2。

表 8-2 正常人体组织中 ALT 和 AST 的活性（单位/g 湿组织）

组织	ALT	AST
肝脏	44000	142000
肾脏	19000	91000
心脏	7100	156000
骨骼肌	4800	99000
胰腺	2000	28000
脾脏	1200	14000
肺	700	10000
血清	16	20

ALT 以肝脏中活力最大，AST 以心脏中活力最大。正常情况下，转氨酶主要存在于细胞内，血清中的含量较低。只有当某些原因导致组织细胞损伤或细胞膜通透性增大时，转氨酶可大量释放进入血液，导致血清中转氨酶活力明显地增加，如急性肝炎患者血清中 ALT 的活力明显地增加，大大高于正常人；心肌梗死患者血清中 AST 的活力明显地增加。因此，临床上常用测定血清中转氨酶的活性变化作为疾病诊断、观察

疗效以及判断预后的参考指标之一。

3. 转氨基作用机制 转氨酶的辅酶是磷酸吡哆醛,是维生素 B_6 的磷酸酯。转氨基作用的机制一般认为,磷酸吡哆醛接受氨基酸分子中的氨基而转变成磷酸吡哆胺,同时氨基酸则变成 α - 酮酸。磷酸吡哆胺再将其氨基转移给另一分子的 α - 酮酸,生成另一种氨基酸,而其本身又重新变为磷酸吡哆醛。实际上,在转氨酶催化下,其辅酶磷酸吡哆醛作为氨基酸分解及合成过程的一种氨基传递体,转氨基作用的过程即是磷酸吡哆醛和磷酸吡哆胺的互变传递氨基。

转氨基作用虽然在体内是普遍存在的,但此过程中,氨基只是从一种分子上脱下来转移到另一种分子上,并没有真正脱去。体内氨基酸的数量在反应前后并没有发生改变,其结果是一种氨基酸代替了另一种氨基酸,未产生游离的氨也就并没有达到把氨基脱下来的目的。一般认为,氨基酸的脱氨基作用主要是通过联合脱氨基作用来实现的。

(三)联合脱氨基作用

所谓联合脱氨基作用,是指氨基酸的转氨基作用和氧化脱氨基作用联合进行,在相应酶的催化作用下使氨基酸的 α - 氨基脱下并产生游离氨的过程。其是体内大多数氨基酸脱去氨基的主要方式。机体借助联合脱氨基作用可迅速地使各种不同的氨基酸脱掉氨基。当前认为联合脱氨基作用主要有以下两种方式。

1. 氨基酸转移酶和谷氨酸脱氢酶联合脱氨基作用 氨基酸的 α - 氨基先借助转氨基作用转移到 α - 酮戊二酸上,生成相应的 α - 酮酸和谷氨酸,然后谷氨酸在 L - 谷氨酸脱氢酶的催化作用下,脱氨基生成 α - 酮戊二酸,同时释放出游离氨。从前述来看,α - 酮戊二酸在这一过程中实际上是一种氨基传递体。此过程见图 8 - 3。

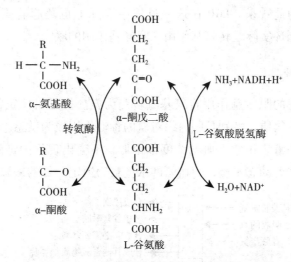

图 8 - 3 转氨基作用和谷氨酸氧化脱氨基作用偶联

在机体的肝、脑、肾中等组织中 L - 谷氨酸脱氢酶的活力较高,多种氨基酸可以通过此方式脱掉氨基。且从上述反应可知,联合脱氨基作用的全过程是可逆的,这一过程可作为合成非必需氨基酸的主要途径。

2. 嘌呤核苷酸循环的联合脱氨基作用　以 L－谷氨酸脱氢酶为中心的联合脱氨基作用虽然在机体内广泛存在，但并不是所有组织细胞的主要脱氨基方式。经实验表明，在骨骼肌和心肌的组织细胞中 L－谷氨酸脱氢酶的含量很少，难以进行上述方式的联合脱氨基作用。而是肌肉中存在着另一种氨基酸脱氨基作用，即通过嘌呤核苷酸循环这一过程脱去氨基。此过程见图 8－4。

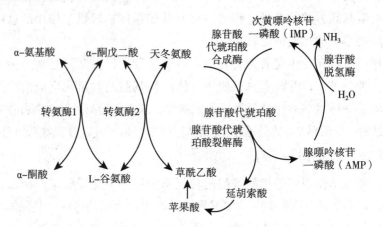

图 8－4　腺嘌呤核苷酸循环

这一过程中，氨基酸上的 α－氨基先后经过两次转氨基作用将氨基转给草酰乙酸，生成天冬氨酸；天冬氨酸与次黄嘌呤核苷一磷酸（IMP）缩合生成腺苷酸代琥珀酸，后者在腺苷酸代琥珀酸裂解酶催化作用下生成腺嘌呤核苷一磷酸（AMP）和延胡索酸，AMP 水解后即产生游离氨和重新形成 IMP，此时最终完成氨基酸的脱氨基作用。IMP可再次参加循环，由此看来，IMP 在这一过程中实际上也是起着氨基传递体的作用。因此，嘌呤核苷酸循环实际是转氨基作用和脱氨基作用的联合。

三、氨的代谢

氨基酸经过前述的脱氨基作用将氨基氮转变为氨。氨是机体正常的代谢产物，但对生物体而言是有毒物质，特别是脑组织对氨的毒性作用极为敏感。血液中 1% 氨可以引起中枢神经系统中毒。正常人血氨浓度都很低，不会出现氨中毒的情况，这是体内氨的来源和去路保持着动态平衡，使血氨的浓度较为恒定。氨的来源和去路见图 8－5。

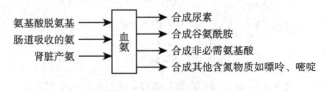

图 8－5　氨的来源和去路

（一）氨的来源

氨在体内主要有 3 个来源。📱微课

1. 氨基酸脱氨基作用产生的氨 这是体内氨的主要来源，此外胺类物质、嘌呤和嘧啶等化合物在体内分解也可产生氨。

2. 肠道吸收的氨 从肠道吸收进入血液的氨属于外源性氨，主要有两个方面。一是肠道内蛋白质和氨基酸在肠道细菌的腐败作用下产生的氨；二是血液中尿素进入肠道经细菌尿素酶水解产生的氨。氨在肠道的吸收受肠道 pH 的影响，pH 值下降，NH_3 与 H^+ 结合生成 NH_4^+ 不被吸收；pH 值上升，NH_3 的吸收增强。

3. 肾脏产生的氨 肾小管上皮细胞中的谷氨酰胺酶催化谷氨酰胺水解生成谷氨酸和氨，大部分氨会以铵盐形式随尿液排出，小部分被重吸收进入血液成为血氨。尿液呈酸性时，有利于氨以铵盐形式随尿液排出，而使血氨浓度降低；尿液呈碱性时，氨会被肾小管上皮细胞吸收进入血液，使血氨浓度升高。

> **请你想一想**
>
> 为什么临床上高血氨患者禁止用碱性肥皂液灌肠和不宜用碱性利尿剂？

（二）氨的转运

氨是有毒物质，机体内各组织中产生的氨必须以无毒的方式经血液运输到肝合成尿素或运输到肾以铵盐的形式排出。氨在血液中主要是以谷氨酰胺和丙氨酸两种形式转运，其中谷氨酰胺是氨的主要运输形式。

（三）氨的去路

1. 合成尿素 氨在体内的最主要去路是在肝合成尿素，然后尿素由肾随尿液排出体外。肝是合成尿素的最主要器官。尿素是通过鸟氨酸循环形成的，该过程可分为以下步骤（图 8-6）。

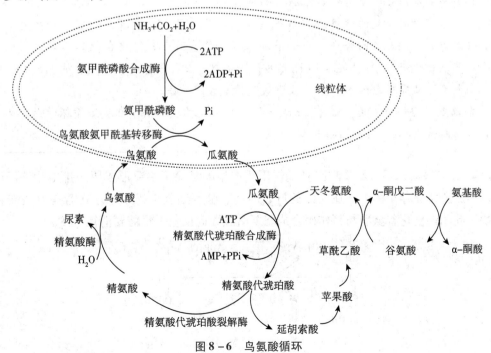

图 8-6 鸟氨酸循环

（1）氨甲酰磷酸的合成　一分子 NH_3 与一分子 CO_2 在氨甲酰磷酸合成酶的催化作用下，合成氨甲酰磷酸，此过程需要消耗 2 分子 ATP。氨甲酰磷酸是高能化合物，性质活泼，在相应酶的催化作用下易与鸟氨酸反应生成瓜氨酸。

（2）瓜氨酸的生成　在鸟氨酸氨甲酰基转移酶催化下，鸟氨酸接受由氨甲酰磷酸提供的氨甲酰基形成瓜氨酸。

（3）精氨酸的生成　瓜氨酸在 ATP 与 Mg^{2+} 存在下，经过精氨酸代琥珀酸合成酶的催化，与天冬氨酸反应缩合生成精氨酸代琥珀酸。后者在精氨酸代琥珀酸裂解酶的催化下，形成精氨酸与延胡索酸。延胡索酸经三羧酸循环变为草酰乙酸，草酰乙酸与谷氨酸经转氨基作用又可生成天冬氨酸。天冬氨酸在此作为氨基的供体。

（4）尿素的生成　在精氨酸酶的催化作用下，精氨酸被水解生成尿素和鸟氨酸。鸟氨酸又可参与瓜氨酸合成，继续参与下一轮的鸟氨酸循环，如此反复，尿素不断合成。

尿素作为代谢终产物最终通过肾脏排出体外。总结上述过程可以看到，这是一个耗能的不可逆的反应过程，每形成一分子尿素需要消耗 3 分子 ATP。通过形成尿素可以清除体内的 NH_3 和 CO_2。尿素是中性无毒物质，因此通过形成尿素不仅可以解除氨的毒性，还可以消耗一部分体内不需要的 CO_2，从而降低体内 CO_2 溶于血液所产生的酸性。

你知道吗

鸟氨酸循环的发现

1932 年，德国学者 Krebs 和他的学生 Henseleit 利用大鼠肝切片做体外实验：将大鼠肝切片放在有氧条件下加铵盐保温数小时后，铵盐的含量减少，而尿素的含量增大。另外，如果在有肝切片的缓冲液中加入鸟氨酸、瓜氨酸或精氨酸中的任何一种时，都可促使肝切片加快尿素的合成。而如果加入其他氨基酸或含氮化合物都不能起到上述三种氨基酸的促进作用。Krebs 和 Henseleit 研究以上三种氨基酸，发现其彼此的相关结构，推断鸟氨酸是瓜氨酸的前体，瓜氨酸是精氨酸的前体。

在以上实验和分析的基础上，Krebs 和 Henseleit 首次提出了鸟氨酸循环学说，又称为尿素循环或 Krebs – Henseleit 循环。

2. 合成谷氨酰胺　氨基酸脱氨基作用所产生的氨除了主要形成尿素排出体外，还可以形成酰胺储存于体内。在人体的肝、肌肉、脑等细胞组织中，存在着谷氨酰胺合成酶，此酶能催化谷氨酸与氨作用合成谷氨酰胺，此反应过程需要消耗 ATP。

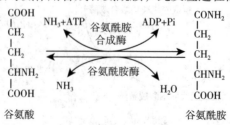

谷氨酸　　　　　　　　　　　　　谷氨酰胺

上述合成的谷氨酰胺可通过血液循环运送到肾脏，经谷氨酰胺酶作用分解成谷氨酸和 NH_3，此 NH_3 是尿氨的主要来源，占尿中氨总量的 60% 左右。谷氨酰胺的合成有着重要的生理意义，它不仅是蛋白质合成的原料，又是机体内解除氨毒性和运氨、储氨的重要方式。

3. 合成非必需氨基酸和其他含氮物质（嘌呤、嘧啶等）　体内的氨也可与 α-酮酸通过联合脱氨基作用的逆过程合成非必需氨基酸，还可以参与嘌呤、嘧啶等含氮化合物的合成。

你知道吗

高血氨症与氨中毒

正常情况下，血氨的来源和去路保持着动态平衡，血氨浓度恒定维持在较低水平。由于氨在体内最主要的去路是在肝合成尿素，所以当肝功能严重受损时，尿素的合成发生障碍，血氨浓度升高超过正常值，称为高血氨症。一般认为，大量血氨通过血脑屏障进入脑组织，与脑中的 α-酮戊二酸结合生成谷氨酸，血氨也可与脑中的谷氨酸进一步结合生成谷氨酰胺，使脑中的 α-酮戊二酸减少。α-酮戊二酸是三羧酸循环重要的中间产物，其含量减少会导致三羧酸循环减弱，使脑组织中的 ATP 生成减少，引起脑部供能不足，造成脑功能障碍，严重时可引起昏迷，称为肝性脑病的氨中毒。氨中毒的症状可表现为语言紊乱、视物模糊，机体发生一种特有的震颤，甚至昏迷或死亡。临床上肝性脑病患者可服用或输入谷氨酸盐以降低血氨浓度。

四、α-酮酸代谢

氨基酸脱氨基后生成的 α-酮酸可以进一步代谢，其在体内的代谢途径主要有以下 3 条途径。

（一）合成非必需氨基酸

体内氨基酸的脱氨基作用和 α-酮酸的还原氨基化作用可以看作一对可逆反应，并处于动态平衡中。α-酮酸主要经转氨基作用或联合脱氨基作用的逆过程生成相应的氨基酸。

（二）转变成糖及脂肪

当生物体内不需要将 α-酮酸再合成氨基酸，且体内能量供给充足时，α-酮酸可以转变为糖或酮体。在体内可以转变为糖的氨基酸称为生糖氨基酸，按糖代谢途径进行代谢，如甘氨酸、丝氨酸、缬氨酸、组氨酸、丙氨酸、谷氨酸等（表 8-3）。在体内可以转变为脂肪的氨基酸称为生酮氨基酸，按脂肪酸代谢途径进行代谢，如亮氨酸和赖氨酸。二者兼有的称为生糖兼生酮氨基酸，部分按糖代谢，部分按脂肪酸代谢途径进行，如异亮氨酸、酪氨酸、苯丙氨酸、色氨酸等。

表 8 - 3   氨基酸生糖及生酮性质的分类

类别	氨基酸
生糖氨基酸	甘氨酸、丙氨酸、天冬氨酸、丝氨酸、谷氨酸、天冬酰胺、缬氨酸、谷氨酰胺、脯氨酸、半胱氨酸、甲硫氨酸、组氨酸、精氨酸
生酮氨基酸	亮氨酸、赖氨酸
生糖兼生酮氨基酸	异亮氨酸、酪氨酸、苯丙氨酸、色氨酸、苏氨酸

（三）氧化供能

氨基酸脱氨基后生成的 α - 酮酸在体内可先后转变为丙酮酸、乙酰辅酶 A 或三羧酸循环的中间产物，经三羧酸循环进一步分解生成 CO_2、水，释放出能量用以合成 ATP，供生理活动需要。因此，蛋白质也是作为生物体生命活动的能源物质之一。

第四节　个别氨基酸的代谢

PPT

实例分析

实例　苯丙酮尿症（PKU）一种罕见的遗传性疾病，患儿不能摄入正常的蛋白质，不能吃鸡鸭鱼肉。甚至普通大米都被排除在他们的特殊食谱外。为了维持正常生活，他们必须食用特制的食品，严格控制蛋白质摄入，特别是动物蛋白的摄入。因此，PKU 患儿也被称为"不食人间烟火"的孩子。

分析　1. 什么是苯丙酮尿症？其发生机制是怎样的？

　　　　2. 目前治疗苯丙酮尿症有哪些方法？

氨基酸的分解代谢，除了一般代谢途径外，还有特殊的代谢途径。本节主要介绍氨基酸脱羧基作用、一碳单位代谢和芳香族氨基酸代谢。

一、氨基酸脱羧基作用

氨基酸脱羧基作用指的是氨基酸在氨基酸脱羧酶的催化作用下脱去羧基生成 CO_2 和胺的过程。这一反应过程除组氨酸外均需要磷酸吡哆醛作为辅酶。氨基酸脱羧基作用生成的胺类物质主要作用于神经、心血管系统，具有重要的生理作用。体内生成的胺超过生理浓度时，能引起神经、心血管系统功能紊乱。但生物体内有胺氧化酶，能将过多的胺氧化为醛，醛继而氧化成脂肪酸，再分解成 CO_2 和水，从而避免胺类物质在体内蓄积。下面列举 5 种氨基酸脱羧基作用产生的胺类物质。

（一）组胺

组氨酸经组氨酸脱羧酶催化作用生成组胺，又称组织胺。它的形成如下。

$$L\text{-组氨酸} \xrightarrow[\quad CO_2 \quad]{L\text{-组氨酸脱羧酶}} 组胺$$

组胺在体内分布广泛，肺、肝、肌肉、乳腺、神经组织及胃黏膜等肥大细胞中都有组胺的存在。组胺是一种强烈的血管扩张剂，可引起血管扩张，增加毛细血管的通透性。当组织受到损伤、发生炎症或过敏反应时，可引起肥大细胞释放大量组胺，引起血管扩张、血压下降、支气管哮喘及局部组织水肿等临床表现。此外，组胺还具有收缩平滑肌、刺激胃黏膜分泌胃蛋白酶和胃酸等生理效应，常用作胃分泌功能的检查，以鉴别胃癌和恶性贫血患者是否发生真性胃酸缺乏症。

（二）γ-氨基丁酸（GABA）

γ-氨基丁酸是由谷氨酸在谷氨酸脱羧酶催化作用下脱羧基生成的，此脱羧酶在脑组织中活性较高。γ-氨基丁酸是一种重要的可以阻止大脑神经细胞冲动的神经递质，对中枢神经系统的传导具有抑制作用，临床上可用作镇静剂。

$$L\text{-谷氨酸} \xrightarrow{\text{L-谷氨酸脱羧酶}} \gamma\text{-氨基丁酸} \quad (\searrow CO_2)$$

（三）5-羟色胺（5-HT）

色氨酸先经色氨酸羟化酶催化作用生成5-羟色氨酸，然后经脱羧酶催化作用生成5-羟色胺。

$$\text{色氨酸} \xrightarrow{\text{色氨酸羟化酶}} 5\text{-羟色氨酸} \xrightarrow{\text{5-羟色氨酸脱羧酶}} 5\text{-羟色胺} \quad (\searrow CO_2)$$

5-羟色胺广泛分布在体内各组织中，特别在大脑皮层及神经突触内含量很高，是一种抑制性神经递质。研究发现5-羟色胺与人体睡眠、疼痛、体温调节等有关。在外周组织中，5-羟色胺具有收缩血管、升高血压的作用。

（四）多胺

多胺是指含有两个或更多个氨基的化合物，是由鸟氨酸和蛋氨酸经脱羧基作用产生，最普遍也是有着重要生理功能的多胺主要包括腐胺、精脒和精胺。

$$\text{鸟氨酸} \xrightarrow{\text{L-鸟氨酸脱羧酶}} \text{腐胺} \longrightarrow \text{精脒} \longrightarrow \text{精胺} \quad (\searrow CO_2)$$

多胺是调节细胞生长的重要物质，对膜的正常维持有着重要的作用。凡是生长旺盛的组织，如胚胎、再生肝、肿瘤组织等，多胺的合成和分泌都明显增加。多胺可随尿液排出，通常癌症患者的尿液中某些多胺的水平较高，因此临床上常把测定肿瘤患者血液或尿液中多胺的含量作为辅助诊断和观察病情的指标之一。

（五）牛磺酸

牛磺酸由半胱氨酸先氧化成磺酸丙氨酸，后者再经脱羧酶作用脱去羧基，生成牛磺酸。

$$L\text{-半胱氨酸} \longrightarrow \text{磺酸丙氨酸} \xrightarrow{\text{磺酸丙氨酸脱羧酶}} \text{牛磺酸} \quad (\searrow CO_2)$$

牛磺酸广泛分布在体内各个组织和器官中，是人体结合胆汁酸的组成成分。人体内的牛磺酸通过食物摄取，也可在肝脏生物合成，主要经肾脏排出。近年研究发现，牛磺酸具有广泛的生物学功能，如促进婴幼儿脑组织和智力发育、提高神经传导和视觉功能、参与内分泌活动、抗氧化等。

二、一碳单位代谢

（一）一碳单位的概念

某些氨基酸在分解代谢过程中产生的含有一个碳原子的基团，称为一碳单位或一碳基团，但 CO_2 不属于一碳单位。一碳单位的生成、转移和代谢过程称为一碳单位代谢。体内常见的一碳单位见表8-4。

表8-4　常见一碳单位

名称	一碳单位
甲基	$-CH_3$
亚甲基或甲叉基	$-CH_2-$
次甲基	$-CH=$
羟甲基	$-CH_2OH$
甲酰基	$-CHO$
亚氨甲基	$-CH=NH$

（二）一碳单位的来源

许多氨基酸都可以作为一碳单位的来源，如丝氨酸、甘氨酸、组氨酸和色氨酸等，其中最主要的来源是丝氨酸的分解代谢。此外，由于不同形式的一碳单位中碳原子的氧化状态不同，在适宜的条件下，一碳单位可以相互转变。

（三）一碳单位的载体

一碳单位在体内不能游离存在，通常与四氢叶酸（FH_4）结合进行转运并参与代谢。因此，四氢叶酸是一碳单位的转运载体，也是一碳单位转移酶系的辅酶，是叶酸加氢的还原产物。

（四）一碳单位代谢的生理作用

生物体内许多物质的代谢和一碳单位有着密切的关系。其中，一碳单位不只与氨基酸代谢密切相关，还参与嘌呤和嘧啶的生物合成以及 S-腺苷甲硫氨酸的生物合成。它是生物体内各种化合物甲基化的甲基来源，如某些激素、磷脂等。嘌呤和嘧啶又是合成核酸的重要成分。由此可见，一碳单位将氨基酸与核酸代谢密切联系起来。所以，一碳单位代谢障碍可引起某些疾病，如导致巨幼细胞贫血。

三、芳香族氨基酸代谢

芳香族氨基酸包括苯丙氨酸、酪氨酸和色氨酸。

（一）苯丙氨酸和酪氨酸的代谢

1. 苯丙氨酸代谢 正常情况下，体内大部分苯丙氨酸经苯丙氨酸羟化酶催化作用氧化成酪氨酸，少部分可经转氨基作用生成苯丙酮酸。

当先天性苯丙氨酸羟化酶缺乏时，苯丙氨酸无法按照正常代谢途径转变为酪氨酸，使体内苯丙氨酸大量积累，此时苯丙氨酸与 α - 酮戊二酸发生转氨基作用生成的苯丙酮酸增加，聚集在血液中，最后随尿液排出体外，称为苯丙酮尿症，是最常见的氨基酸代谢缺陷疾病。苯丙酮酸的堆积对中枢神经系统有毒性作用，故患儿智力发育障碍，患儿从小限制吃含有苯丙氨酸的饮食，可以防止发生智力迟钝。

2. 酪氨酸代谢 酪氨酸在体内的代谢主要有以下途径。

（1）生成儿茶酚胺 酪氨酸经酪氨酸羟化酶作用，生成 3,4 - 二羟苯丙氨酸（多巴）。多巴在多巴脱羧酶的作用下转变成多巴胺。在肾上腺髓质中，多巴胺经羟化生成去甲肾上腺素，后者经 N - 甲基转移酶作用转变为肾上腺素。多巴胺、去甲肾上腺素、肾上腺素统称为儿茶酚胺，在神经系统中起着重要作用。

（2）合成黑色素 酪氨酸在黑色素细胞中酪氨酸酶的催化作用下，经羟化生成多巴，再经氧化、脱羧等反应转变为吲哚 - 5,6 - 醌，后者聚合即形成黑色素。酪氨酸酶遗传性缺陷的患者，体内不能合成黑色素，皮肤、毛发呈现白色，称为白化病。

（3）生成延胡索酸和乙酰乙酸 酪氨酸在酪氨酸转氨酶作用下生成对羟苯丙酮酸，后转变为尿黑酸，在尿黑酸氧化酶作用下进一步氧化分解生成延胡索酸和乙酰乙酸，分别参与糖、脂和酮体的代谢。因此，酪氨酸属于生糖兼生酮氨基酸。如体内代谢尿黑酸的酶先天性缺乏时，尿黑酸分解受阻，可导致出现尿黑酸症。

你知道吗
_____

氨基酸代谢缺陷症

氨基酸代谢中缺乏某一种酶，都可能引起疾病，这种疾病称为代谢缺陷症，属于分子疾病。其病因和 DNA 分子突变有关，往往是先天性的，又称为先天性遗传代谢病。这种疾病大部分发生在婴儿时期，常在幼年导致死亡，发病的症状表现有智力迟钝、发育不良、周期性呕吐、沉睡、昏迷等。目前发现的氨基酸代谢病已达数十种。由于先天性氨基酸代谢缺陷症属于遗传性疾病，根治上尚存在一定困难。

（4）生成甲状腺素 甲状腺素是酪氨酸的衍生物，来自甲状腺球蛋白的酪氨酸残基。甲状腺球蛋白含有上百个酪氨酸残基，合成甲状腺素是以其中部分残基作为酪氨酸供体，经碘化、缩合、水解，生成甲状腺素（图 8 - 7）。

（二）色氨酸的代谢

色氨酸除在体内经脱羧生成 5 - 羟色胺以外，还可分解产生一碳单位、丙酮酸和乙酰乙酰 CoA。所以色氨酸是一种生糖氨基酸兼生酮氨基酸。此外，色氨酸在体内还可以经氧化转变为烟酸（又称维生素 B_3、尼克酸或维生素 PP），是合成 NAD 和 NADP 的前体，NAD 和 NADP 是不需氧的脱氢酶的辅酶。但在体内通过色氨酸合成烟酸的量非常少，不能满足机体需要，仍需要从食物中获取。

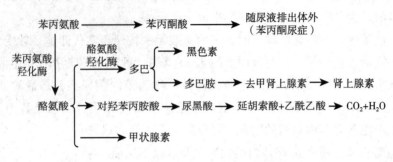

图 8-7　苯丙氨酸和酪氨酸的代谢

实训十　丙氨酸转氨酶活性测定

一、实训目的

比较不同组织中丙氨酸转氨酶（ALT）活性的高低，并了解测定该酶活性的临床意义。

二、实训原理

丙氨酸和 α-酮戊二酸在 ALT 催化作用下生成丙酮酸和谷氨酸。丙酮酸与 2,4-二硝基苯肼作用，生成丙酮酸-2,4-二硝基苯腙，其在碱性条件下显现棕红色，颜色的深浅与酶活性大小成正比。

三、实训器材

1. 试剂

（1）0.1mol/L 磷酸盐缓冲液（pH7.4）　称取磷酸氢二钠 11.928g，磷酸二氢钾 2.176g，加蒸馏水溶解并稀释至 1000ml。

（2）ALT 底物液　称取 D，L-丙氨酸 1.78g，α-酮戊二酸 29.2g，将两者置于烧杯中，加入 0.1mol/L pH7.4 磷酸盐缓冲液 80ml，煮沸溶解后待冷却，用 1mol/L NaOH 调节 pH 至 7.4（约加 0.5ml），再用 0.1mol/L pH7.4 磷酸盐缓冲液稀释至 100ml，混匀，加入三氯甲烷数滴防腐，置冰箱保存。

（3）2,4-二硝基苯肼　称取 2,4-二硝基苯肼 19.8mg，用 10mol/L HCl 10ml 溶解后，加蒸馏水至 100ml，置于棕色瓶内，冰箱保存。

（4）0.4mol/L NaOH 溶液　称取 16g NaOH，溶于水中，加水稀释至 1000ml。

2. 器材　电子天平、刻度吸管、滴管、容量瓶、恒温水浴箱、试管、试管架、解剖器材等。

四、实训方法和步骤

1. 肝浸提液和肌浸提液的制备 将家兔处死，立即取出肝脏和大腿肌肉，分别用冰生理盐水先去血液，再用滤纸吸去组织上多余的生理盐水。取新鲜肝脏和大腿肌肉组织各 10g，分别剪碎并各加入 0.1mol/L pH7.4 磷酸盐缓冲液 10ml，加细沙研碎，研成匀浆后再加 0.1mol/L pH7.4 磷酸盐缓冲液 20ml 混匀，过滤，即为肝浸提液和肌浸提液。

2. 取两支试管并按如下表（表 8 - 5）操作

表 8 - 5 丙氨酸转氨酶活性测定

加入物	1 号试管	2 号试管
ALT 底物液	1ml	1ml
肝浸提液	3 滴	—
肌浸提液	—	3 滴
37℃恒温水浴 20 分钟		
2,4 - 二硝基苯肼	10 滴	10 滴
37℃恒温水浴 20 分钟		
0.4mol/L NaOH 溶液	5ml	5ml

3. 观察实验现象并记录结果。

五、思考题

1. 比较两试管颜色，说明哪种组织 ALT 活性高，并作简单分析。
2. 请简述 ALT 活性测定的临床意义。

目标检测

一、选择题

（一）单项选择题

1. 蛋白质生理价值的高低取决于（　　）
   A. 氨基酸的种类　　　　　　　　 B. 氨基酸的数量
   C. 必需氨基酸的种类、数量及比例　 D. 必需氨基酸的数量
2. 氨基酸代谢库中游离氨基酸的主要去路为（　　）
   A. 参与许多必要的含氮物质合成　 B. 合成蛋白质
   C. 转变成糖或脂肪　　　　　　　 D. 分解产生能量
3. 生物体内氨基酸脱氨的主要方式为（　　）
   A. 氧化脱氨　　　 B. 还原脱氨　　　 C. 转氨　　　 D. 联合脱氨

4. 转氨基作用不是氨基酸脱氨基的主要方式，因为（　　　）

　　A. 转氨酶在体内分布不广泛　　　　　B. 转氨酶的辅酶溶液缺乏

　　C. 转氨酶作用的特异性不强　　　　　D. 只是转氨基，没有游离氨产生

5. 下列经过转氨基作用可生成草酰乙酸的氨基酸是（　　　）

　　A. 谷氨酸　　　　　B. 丙氨酸　　　　　C. 苏氨酸　　　　　D. 天冬氨酸

6. 在骨骼肌和心肌中脱氨基的主要方式为（　　　）

　　A. 转氨基　　　　　　　　　　　　　　B. 氧化脱氨

　　C. 嘌呤核苷酸循环　　　　　　　　　　D. 联合脱氨基

7. 哺乳动物体内氨的主要去路是（　　　）

　　A. 在肝中合成尿素　　　　　　　　　　B. 生成谷氨酰胺

　　C. 合成非必需氨基酸　　　　　　　　　D. 经肾泌氨随尿液排出

8. 脑、肌肉等组织细胞中氨的去路主要是（　　　）

　　A. 合成尿素　　　　　　　　　　　　　B. 扩散入血

　　C. 合成谷氨酰胺　　　　　　　　　　　D. 合成氨基酸

9. 尿素的合成过程称为（　　　）

　　A. 鸟氨酸循环　　　　　　　　　　　　B. 核蛋白体循环

　　C. 柠檬酸循环　　　　　　　　　　　　D. 嘌呤核苷酸循环

10. 不参与尿素循环的氨基酸是（　　　）

　　A. 赖氨酸　　　　　B. 瓜氨酸　　　　　C. 精氨酸　　　　　D. 鸟氨酸

11. （　　　）是体内氨的储存及运输形式

　　A. 谷氨酸　　　　　B. 酪氨酸　　　　　C. 谷氨酰胺　　　　　D. 谷胱甘肽

12. 氨基酸脱羧基作用的主要产物是（　　　）

　　A. 醛　　　　　　　B. 酮　　　　　　　C. 胺　　　　　　　D. 羧酸

13. 体内转运一碳单位的载体是（　　　）

　　A. 叶酸　　　　　B. 维生素 B_{12}　　　　　C. 四氢叶酸　　　　　D. S - 腺苷蛋氨酸

14. 一碳单位不包括（　　　）

　　A. —CH＝NH　　　B. CO_2　　　　　　C. —CH_3　　　　　D. —CHO

15. 引起血胺浓度升高的最主要原因是（　　　）

　　A. 肠道吸收氨增加　　　　　　　　　　B. 蛋白质摄入过多

　　C. 肝功能严重受损　　　　　　　　　　D. 肾衰竭

（二）多项选择题

1. 真正脱掉氨基的脱氨基方式有（　　　）

　　A. 氧化脱氨基　　　　　　B. 转氨基　　　　　　C. 联合脱氨基

　　D. 嘌呤核苷酸循环　　　　E. 嘧啶核苷酸循环

2. 机体内清除氨的方式有（　　　）

　　A. 合成尿素　　　　　　B. 合成谷氨酰胺　　　　　C. 合成非必需氨基酸

D. 转化为嘌呤、嘧啶　　　E. 合成必需氨基酸

3. α - 酮酸在体内的代谢去路主要有（　　　）

A. 合成非必需氨基酸　　　B. 转化为嘌呤、嘧啶　　C. 转变成糖及脂肪

D. 氧化供能　　　　　　　E. 合成必需氨基酸

4. 下列氨基酸中属于必需氨基酸的是（　　　）

A. 甘氨酸　　　　　　　　B. 组氨酸　　　　　　　C. 苏氨酸

D. 赖氨酸　　　　　　　　E. 丝氨酸

5. 催化联合脱氨基所需要的酶是（　　　）

A. L - 氨基酸氧化酶　　　B. L - 谷氨酸脱氢酶　　C. 谷氨酰胺酶

D. 转氨酶　　　　　　　　E. 乳酸脱氢酶

二、思考题

患者，女，48岁。有乙型肝炎史，已肝硬化。因出现呕吐、神志不清等症状，家人送医院就诊。经检查，患者巩膜黄染，颈部出现蜘蛛痣，血氨明显增加。临床医学诊断为肝性脑病。

1. 肝性脑病引起血氨浓度升高的原因是什么？

2. 试分析肝性脑病形成的生化机制。

书网融合……

📱微课　　　📝划重点　　　📅自测题

▶▶ 第九章　核苷酸代谢与蛋白质的生物合成

学习目标

知识要求

1. **掌握**　DNA 复制、RNA 转录、蛋白质翻译及逆转录的概念。
2. **熟悉**　遗传中心法则的基本过程及参与的各种酶类。
3. **了解**　核苷酸的合成原料与分解产物；蛋白质的加工与修饰。

能力要求

能深刻理解核酸与蛋白质的关系；了解生命的化学本质；读懂核酸及蛋白质组学的简单资料。

核酸的基本结构单位是核苷酸。细胞中存在多种游离的核苷酸，几乎参与细胞所有的生化过程。核苷酸是核酸生物合成的前体，核苷酸衍生物是参与许多生物合成的活性中间物质。ATP 是生物能量代谢的通用高能化合物，腺苷酸是某些重要辅酶的组成部分。此外，某些核苷酸还是许多激素引起生理效应的中间介质，如 cAMP 和 cGMP。

核酸可分解产生核苷酸，核苷酸还能进一步分解为戊糖、磷酸及嘌呤和嘧啶碱。戊糖可参与戊糖代谢，嘌呤和嘧啶碱则很少被机体利用，绝大部分被转化排出体外。体内核苷酸主要由其他化合物合成。因此，核酸不属于营养必需物质。

📖 第一节　核苷酸代谢

PPT

👉 实例分析

实例　某人平时身体健康，喜欢吃海鲜、动物内脏、火锅，喜欢饮酒、喝浓汤。1 年前感觉手指、脚趾肿痛，未治疗。近期出现手指关节僵硬、第一跖趾关节肿痛症状，以夜间疼痛为甚，每当饮酒、吃火锅或喝浓汤后，疼痛加剧。

分析　1. 请分析一下，其得了什么病呢？

　　　　2. 为什么饮酒、喝浓汤后疼痛加剧？

一、核苷酸的分解代谢

(一) 核酸的水解

食物中的核酸主要以核蛋白的形式存在。核蛋白进入消化道后，在胃酸或小肠蛋白酶的作用下，分解成核酸和蛋白质。核酸又在各种酶作用下，最终水解成戊糖、磷酸和碱基。核酸分解过程如图 9 – 1。

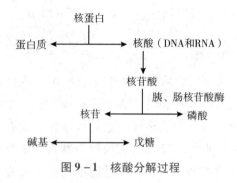

图 9 – 1 核酸分解过程

作用于核酸水解的酶称为核酸酶。根据核酸种类不同分为核糖核酸酶和脱氧核糖核酸酶，根据水解位置分为核酸外切酶和内切酶。从核酸链末端逐个水解下核苷酸的酶，称为核酸外切酶；从核酸分子内部水解磷酸二酯键的酶，称为核酸内切酶；能识别特定核苷酸序列，并选择在特定位点水解磷酸二酯键的酶，称为限制性内切酶。

(二) 嘌呤碱的分解代谢

不同种类的生物分解嘌呤碱的能力和代谢产物各不相同。在人体内，腺嘌呤与鸟嘌呤经过水解脱氨，分别生成次黄嘌呤和黄嘌呤，再经氧化生成尿酸，最终随尿液排出体外 (图 9 –2)。

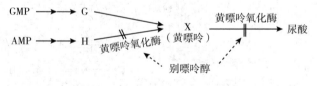

图 9 – 2 嘌呤碱的分解代谢

正常人血浆尿酸含量为 $0.12 \sim 0.36 \text{mmol/L}$。当嘌呤分解过盛，尿酸生成过多或排泄受阻，血中尿酸含量超过 0.48mmol/L 时，会形成尿酸盐晶体，沉积于关节、软组织、软骨及肾脏等处，导致关节炎、尿路结石和肾疾病，引起疼痛及功能障碍，称为痛风症。痛风症是一种嘌呤代谢障碍性疾病，可能与嘌呤核苷酸代谢酶缺陷有关。临床上常用别嘌呤醇治疗痛风，别嘌呤醇的化学结构与次黄嘌呤相似，可抑制黄嘌呤氧化酶，从而抑制尿酸生成。经别嘌呤醇治疗的患者，肌肉中无尿酸盐结晶，只有少量次黄嘌呤、黄嘌呤结晶。

请你想一想

别嘌呤醇治疗痛风的作用机制是什么？

（三）嘧啶碱的分解代谢

不同种类生物对嘧啶碱的分解过程也不完全相同。在人体内，胞嘧啶脱氨生成尿嘧啶，尿嘧啶经还原和水解后，最终生成 NH_3、CO_2 及 β - 丙氨酸。胸腺嘧啶的分解与尿嘧啶相似，最终生成 NH_3、CO_2 及 β - 氨基丁酸。NH_3 和 CO_2 可合成尿素排出，β - 丙氨酸和 β - 氨基异丁酸脱去氨基后可参与有机酸代谢。此外，β - 氨基异丁酸还可直接随尿排出，尿中 β - 氨基异丁酸的排泄量可反映细胞及 DNA 破坏程度，经放疗或化疗的癌症患者、白血病患者，往往尿中 β - 氨基异丁酸增多。

二、核苷酸的合成代谢

自然界的各种生物通常都能合成嘌呤和嘧啶核苷酸。人体内核苷酸的合成有两种方式。一种是从头合成途径，是指利用氨基酸、一碳单位、CO_2 和磷酸核糖等简单物质，经一系列酶促反应合成核苷酸的途径。这是人体内合成核苷酸的主要途径，催化此过程的酶系主要存在于肝脏、小肠黏膜和胸腺等器官和组织中。另一种是补救合成途径，是指利用体内现有的碱基或核苷，经过简单的反应过程合成核苷酸的途径。补救合成主要发生在脾脏、骨髓、脑等器官和组织中。

（一）嘌呤核苷酸的合成

1. 从头合成途径　同位素标记实验证明，谷氨酰胺、天冬氨酸、甘氨酸、一碳单位和 CO_2 是合成嘌呤环的原料（图 9 - 3）。体内不是先合成嘌呤碱，再与核糖和磷酸结合生成核苷酸，而是以 5 - 磷酸核糖为起始，经一系列酶促反应，由 ATP 供能，生成次黄嘌呤核苷酸（IMP）。次黄嘌呤核苷酸可与天冬氨酸结合，由 GTP 供能，转变成腺嘌呤核苷酸（AMP）；也可氧化生成黄嘌呤核苷酸（XMP），再由谷氨酰胺作为氨基供体，ATP 供能，生成鸟嘌呤核苷酸（GMP）（图 9 - 4）。

图 9 - 3　嘌呤环的合成原料

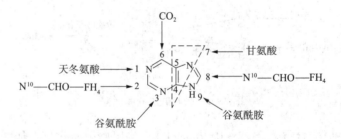

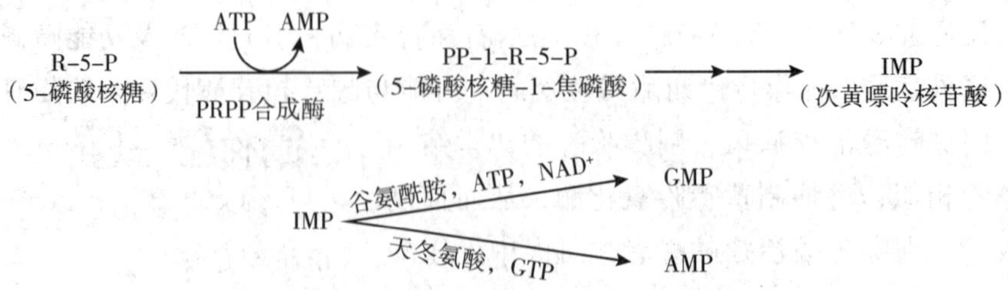

图 9 - 4　嘌呤核苷酸的从头合成

2. 补救合成途径 嘌呤核苷酸的补救合成是次要途径，该途径比从头合成简单得多，消耗的氨基酸及 ATP 也少。由于骨髓和脑组织缺乏从头合成的酶系，只能通过补救合成途径来合成嘌呤核苷酸，该过程有两种方式。

（1）碱基可与 1 - 磷酸核糖反应生成核苷，再由 ATP 提供磷酸基生成核苷酸。

（2）碱基与 5 - 磷酸核糖焦磷酸（PRPP）经磷酸核糖转移酶作用生成核苷酸。

$$腺嘌呤 + PRPP \xrightarrow{\text{腺嘌呤磷酸核糖转移酶（APRT）}} AMP + PPi$$

$$鸟嘌呤 + PRPP \xrightarrow{\text{次黄嘌呤鸟嘌呤磷酸核糖转移酶（HGPRT）}} GMP + PPi$$

嘌呤核苷酸的从头合成和补救合成之间通常存在平衡。有一种遗传病称为 Lesch - Nyhan 综合征，又称自毁容貌症，是 X 染色体连锁的隐性遗传代谢缺陷病，患者由于基因缺陷造成 HGPRT 缺失，鸟嘌呤和次黄嘌呤补救途径出现障碍，产生过量尿酸，导致肾结石、痛风。患者智力低下，甚至强迫性自残肢体，别嘌呤醇对此症状无效。

3. 体内嘌呤核苷酸的相互转变 体内次黄嘌呤核苷酸可以转变为腺嘌呤核苷酸和鸟嘌呤核苷酸，反之亦可。腺嘌呤核苷酸和鸟嘌呤核苷酸在激酶的催化，由 ATP 提供能量和磷酸基团，转变为相应核苷二磷酸（ADP、GDP）和核苷三磷酸（ATP、GTP）。

$$IMP \begin{cases} AMP \longrightarrow ADP \longrightarrow ATP \\ GMP \longrightarrow GDP \longrightarrow GTP \end{cases}$$

4. 嘌呤核苷酸合成的抗代谢物 核苷酸的抗代谢物是一些碱基、氨基酸或叶酸等类似物，通过竞争性抑制干扰或阻断核苷酸的正常合成代谢，从而进一步抑制核酸及蛋白质的生物合成。这类物质在临床上常用来作为抗肿瘤药和免疫抑制剂。

（1）嘌呤类似物 嘌呤类似物有 6 - 巯基嘌呤，抑制嘌呤核苷酸的从头合成和补救合成途径。

（2）氨基酸类似物 氨基酸类似物有氮杂丝氨酸和 6 - 重氮 - 5 - 氧正亮氨酸等，与谷氨酰胺结构相似，抑制嘌呤核苷酸的从头合成途径。

（3）叶酸类似物 有氨蝶呤及甲氨蝶呤，能竞争性抑制二氢叶酸还原酶，从而抑制嘌呤核苷酸的合成，临床上常用甲氨蝶呤治疗白血病等恶性肿瘤。

（二）嘧啶核苷酸的合成

1. 从头合成途径 与嘌呤核苷酸不同，在合成嘧啶核苷酸时首先形成嘧啶环，氨基甲酰磷酸和天冬氨酸是合成嘧啶环的原料（图 9 - 5）。氨基甲酰磷酸可由谷氨酰胺作为氨的供体与 CO_2 和 ATP 合成，再与 5 - 磷酸核糖生成尿嘧啶核苷酸（UMP）。尿嘧啶核苷酸在激酶的作用下与 ATP 生成 UTP，UTP 由谷氨酰胺提供氨基，ATP 提供能量，在酶的催化下生成 CTP（图 9 - 6）。此反应发生在三磷酸核苷的水平上，尿嘧啶核苷酸不能直接氨基化生成胞嘧啶核苷酸（CMP）。嘧啶核苷酸从头合成途径主要在肝细胞质中进行。

2. 补救合成途径 各种嘧啶核苷主要通过磷酸核糖转移酶的作用，直接由碱基形成核苷酸；也可在嘧啶核苷激酶的催化下，将嘧啶核苷磷酸化生成相应的嘧啶核苷酸。

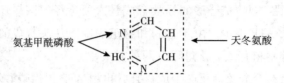

图 9-5　嘧啶环的合成原料

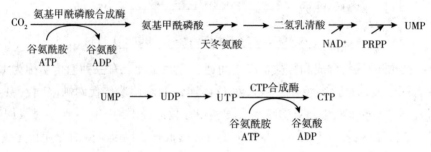

图 9-6　嘧啶核苷酸的从头合成

3. 嘧啶核苷酸的抗代谢物　与嘌呤核苷酸一样，嘧啶核苷酸的抗代谢物是一些嘧啶、氨基酸及叶酸等的结构类似物，可以竞争性抑制嘧啶核苷酸的合成，从而抑制肿瘤细胞核酸和蛋白质的合成，达到抗肿瘤的目的。

（1）5-氟尿嘧啶　5-氟尿嘧啶与尿嘧啶结构相似，在体内可转变成5-氟尿嘧啶核苷酸，后者可抑制胸苷酸合成酶，从而使 dTMP 合成受阻。

（2）氮杂丝氨酸　其是谷氨酰胺结构类似物，可抑制 UTP 转变成 CTP，使 CTP 生成受阻。

（3）阿糖胞苷　其是改变了核糖结构的核苷类似物，能抑制 CDP 还原成 dCDP，影响肿瘤 DNA 生物合成。

（4）氨蝶呤和甲氨蝶呤　为叶酸结构类似物，能抑制二氢叶酸还原酶，使叶酸不能还原成二氢叶酸及四氢叶酸，进而干扰一碳单位的代谢，影响 DNA 的合成，抑制细胞的增殖。

（三）脱氧核苷酸的合成

脱氧核苷酸可由核苷酸在二磷酸核苷的水平上还原而成。核苷二磷酸（NDP，N代表 A、G、U、C）经还原酶催化，脱氧生成脱氧核苷二磷酸（dNDP）。脱氧核苷二磷酸可在激酶作用下磷酸化为脱氧核苷三磷酸（dNTP）。

胸腺嘧啶脱氧核苷酸（dTMP）由尿嘧啶脱氧核苷酸（dUMP）经甲基化生成，甲基供体是 N^5,N^{10}-亚甲基四氢叶酸。尿嘧啶脱氧核苷酸可由其脱氧核苷二磷酸水解生成。

PPT

第二节　DNA 的生物合成

　　DNA 的生物合成包括 DNA 的复制和修复、逆转录等。DNA 的复制是指以原来 DNA（亲代 DNA）分子为模板，按照碱基互补原则合成出相同分子（子代 DNA）的过程。某些理化因素如紫外线、电离辐射和化学诱变剂等，能破坏 DNA 的结构和功能。而生物在长期的演化过程中，具有一系列起修复作用的酶系统，能在一定条件下修复这些损伤，恢复 DNA 的正常双螺旋结构。逆转录是指以 RNA 为模板合成 DNA 的过程，这与通常遗传信息流从 DNA 到 RNA 的转录过程相反，故称为逆转录。

一、DNA 的复制

（一）DNA 的复制方式——半保留复制 微课

　　DNA 在复制时首先是碱基间氢键断裂，使双链解旋并分开，然后分别以两条链为模板，合成新的互补链，形成两个新的 DNA 分子。两个子代 DNA 分子与亲代 DNA 分子的碱基顺序完全一样，每个子代中的一条链来自亲代 DNA，另一条链是新合成的，这种复制方式称为半保留复制。该复制方式在 1958 年由 Meselson 和 Stahl 利用氮的同位素标记技术在大肠杆菌中首次证实（图 9−7）。

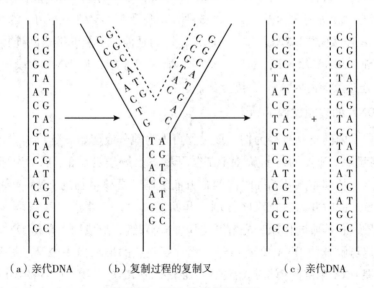

（a）亲代DNA　　　（b）复制过程的复制叉　　　（c）亲代DNA

图 9−7　DNA 的半保留复制

（二）DNA 的复制条件

1. 模板　亲代 DNA 两条链。

2. 原料　四种脱氧核苷三磷酸（dATP、dGTP、dCTP、dTTP）。

3. 酶和蛋白质因子

（1）拓扑异构酶　引起 DNA 拓扑异构反应的酶。DNA 的拓扑结构是指 DNA 分子的空间结构。两条互相缠绕的 DNA 双螺旋分子在复制、重组、转录和组装过程中，都会涉及其拓扑结构的改变。拓扑异构酶有Ⅰ型和Ⅱ型，广泛存在于原核及真核生物中。其中Ⅱ型可引入负超螺旋，促进双链解开，有利于复制叉的前进；复制结束后需要Ⅰ型减少负超螺旋，使 DNA 缠绕、折叠、压缩。拓扑异构酶的作用贯穿整个复制过程。

（2）解链酶　DNA 复制时必须先解开双螺旋。解链酶可辨认起始位点，利用 ATP 分解提供的能量打开 DNA 双链之间的氢键。

（3）单链 DNA 结合蛋白　与解开的单链 DNA 结合，防止单链 DNA 再度螺旋化；维持单链 DNA 作为模板时的伸展状态，同时避免核酸内切酶对单链 DNA 的水解，可重复利用。

（4）引物酶　其是一种 RNA 聚合酶，可在起始处以 DNA 链为模板，催化短片段 RNA 的合成。这种短片段 RNA 通常包含十几至几十个核苷酸不等，称为引物。RNA 引物的 3′ - 端提供了由 DNA 聚合酶催化形成 DNA 分子第一个磷酸二酯键的位置。

（5）DNA 聚合酶　其是催化四种脱氧核苷三磷酸合成 DNA 的酶。DNA 聚合酶只能催化脱氧核苷酸加到已有核酸链的游离 3′ - OH 上，不能使脱氧核苷酸自身聚合；同时需要以 DNA 为模板，引物提供 3′ - OH 端，依此逐个催化，使合成的 DNA 链由 5′→3′方向延伸。

大肠埃希菌中共含有三种不同的 DNA 聚合酶，分别称为 DNA 聚合酶Ⅰ、Ⅱ、Ⅲ。其中 DNA 聚合酶Ⅰ兼有聚合酶、3′→5′核酸外切酶及 5′→3′核酸外切酶的活力。

（6）DNA 连接酶　DNA 聚合酶只能催化链的延伸，不能使链之间连接。DNA 连接酶能催化相邻的 DNA 片段以 3′,5′ - 磷酸二酯键相连接，使 DNA 片段连接形成整条 DNA 长链。连接反应需要 ATP 供给能量。

（三）DNA 的复制过程

以大肠埃希菌的复制过程为例，该过程可人为地分成起始、延长、终止三个阶段。

1. 复制起始　DNA 的复制从特定部位开始。大肠埃希菌的 DNA 为环状，只有一个复制起始点，从起始点开始同时向两个方向复制。真核生物的 DNA 为线状，含有多个复制起始点，同时开始进行双向复制。开始复制时，主要通过解链酶、拓扑异构酶和其他蛋白质因子等协同作用，先解开一段 DNA 双链，形成两条单链 DNA。单链 DNA 结合蛋白迅速与解开的 DNA 单链结合，此时复制点的形状像一个叉子，称为复制叉。引物酶结合在 DNA 单链的模板起始处，并催化合成 RNA 引物。引物的生成标志着复制的正式开始。随后 DNA 聚合酶加入，复制进入延长阶段。

2. DNA 链的延长　DNA 新链延长时，分别以解开的两条母链为模板，在 DNA 聚合酶的催化下，从 RNA 引物的 3′ - OH 端开始，以四种脱氧核苷三磷酸为原料，按碱基互补原则，逐个加入脱氧核苷酸，合成一条新的 DNA 链。子链的延长方向是 5′→3′。由于模板 DNA 双链是反向平行，而 DNA 聚合酶始终按 5′→3′方向进行，因此两条子链的走向相反，一条子链的合成方向与复制叉的前进方向一致，可连续合成，称为前导

链或领头链；另一条子链的合成方向则与复制
叉前进方向相反，不能连续合成，而是合成一
小片段 DNA 后，待模板解链到足够长度再合成
另一段，称为随从链或滞后链。随从链复制时
有多个复制起点，每个复制起点都要先合成一
段引物，再合成小片段 DNA，这些不连续的
DNA 片段称为冈崎片段（图 9-8）。

3. 复制终止　大肠杆菌的环状 DNA 采用双
向复制，同时在终止点汇合。随从链上每个冈
崎片段 5′ 起点的 RNA 引物，由 DNA 聚合酶 I
利用 5′→3′ 外切活性水解除去，出现的空缺由
前一个冈崎片段提供 3′-OH 端，继续由 DNA
聚合酶 I 催化 DNA 片段延长至下一个冈崎片段
5′-磷酸端。最终由 DNA 连接酶将冈崎片段连
接完整。前导链上 RNA 引物被水解后留下的空

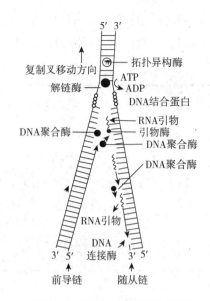

图 9-8　DNA 复制过程示意图

缺由复制到最后的 3′-OH 端延长填补，最终同样由 DNA 连接酶完成连接。两条新合
成的 DNA 子链，分别与其作为模板的母链形成两个完整的子代 DNA 分子。

你知道吗

2017 年 6 月美国加利福尼大学科学家首次摄录了大肠杆菌单个 DNA 分子复制的近
距离高清无码影像，表明经典的 DNA 复制模型是不准确的。在真实的 DNA 复制过程
中，子链的合成过程并不互相协调：时而随从链停止运行，但前导链仍继续增长；时
而其中一条链突然以数倍正常速度开始复制。此外 DNA 甚至可以撤开解链酶使解链暂
停，以便 DNA 聚合酶赶上进度。虽然两条子链高度独立复制，但最后却能完美与母链
匹配。这其中有太多真相等待我们去探索！

二、DNA 的损伤及修复

造成 DNA 损伤的因素可来自物理、化学、生物等各方面，其结果是导致 DNA 结构
和功能的破坏，如 DNA 在高温下发生变性。DNA 损伤不等同于突变，但 DNA 损伤常
常会导致突变，如紫外线可引起 DNA 链上相邻的两个胸腺嘧啶发生共价结合，生成胸
腺嘧啶二聚体。突变也不完全由损伤导致，如 DNA 正常的复制错误会导致突变，但不
属于 DNA 损伤。

在细胞内对 DNA 损伤的修复是与 DNA 复制并存的过程。在一定条件下，生物体能
使损伤的 DNA 得到修复，基本恢复 DNA 原有的结构和功能。修复方式主要有光修复、
切除修复、重组修复和 SOS 修复。DNA 损伤的主要修复方式和机制见表 9-1。

DNA 修复系统和某些遗传性疾病及癌症的发生也有一定关系。有一种着色性干皮

病的遗传病，患者皮肤细胞中由于缺乏紫外线特异性核酸内切酶，对紫外线引起的
DNA 损伤不能修复，因此对日光或紫外线特别敏感，往往容易出现皮肤癌。

表 9 - 1　DNA 损伤的修复方式和机制

修复方式	机制
光修复	高度专一修复。光修复酶只作用于紫外线引起的 DNA 嘧啶二聚体。高等哺乳动物不具备此类修复系统
切除修复	最为普遍的修复方式。利用核酸内切酶和外切酶等识别并切除损伤部位的 DNA 单链片段，然后在 DNA 聚合酶作用下，以另一条完整的 DNA 单链为模板进行修复合成，最后由 DNA 连接酶连接完成
重组修复	DNA 损伤复制时，子代链在损伤对应处留下缺口。之后可从完整母链上将相应片段移至子链缺口处加以重组，然后再用新合成的另一条子链为模板，填补母链的空缺
SOS 修复	DNA 严重损伤或正常复制系统受到抑制时，细胞处于危急状态，为求生存而出现的应急效应。由于缺乏校对而带来高突变率

三、逆转录

DNA 的生物合成除复制和修复外，还能以 RNA 为模板，以四种脱氧核苷三磷酸为原料，在逆转录酶的催化下，按 $5'\rightarrow3'$ 方向合成与 RNA 模板互补的 DNA 单链。此过程因与转录过程相反，故称逆转录。逆转录形成 RNA - DNA 杂交体，随后 RNA 链被水解，再以新 DNA 链为模板合成另一条互补 DNA 链，形成双链 DNA 分子。整个合成过程都由逆转录酶催化完成，目前所有已知的致癌 RNA 病毒都含有逆转录酶（图 9 - 9）。

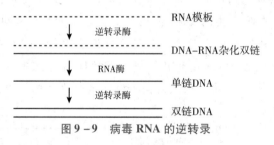

图 9 - 9　病毒 RNA 的逆转录

PPT

第三节　RNA 的生物合成

细胞的各类 RNA，包括参与翻译的 mRNA、tRNA 和 rRNA，以及具有特殊功能的小 RNA，都是以 DNA 为模板，在 RNA 聚合酶的催化下合成的，此过程称为转录。某些 RNA 病毒也能以自身 RNA 为模板，通过复制的方式合成新的 RNA 分子。本节主要介绍转录。

一、转录特点

RNA 链的转录起始于 DNA 模板的一个特定位点，终止于另一位点，此间区域称为转录单位。一个转录单位可以是一个基因，也可以是多个基因。基因是代表遗传物质

最小功能单位的 DNA 片段，控制生物的遗传性状。每个基因的转录都受到相对独立的控制。基因的转录具有选择性。随着细胞的不同生长发育阶段以及细胞内外条件的改变，转录不同的基因。DNA 双链在转录中只有一条链起模板作用，称为模板链；另一条链不同时作为转录模板，但其序列与新合成的 RNA 相对应，称为编码链。不同基因的转录模板并非总在同一条 DNA 单链上，这种转录方式称为不对称转录（图 9 – 10）。

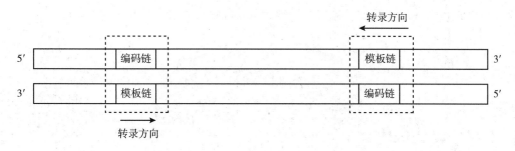

图 9 – 10　同一条 DNA 上不同基因的转录

二、转录条件

1. 模板　DNA 双螺旋上含有控制转录起始的启动子及结束的终止子，两者之间的核苷酸序列即为转录单位，起模板作用。启动子是指 RNA 聚合酶识别、结合及开始转录的一段 DNA 序列。终止子是指可提供转录停止信号被 RNA 聚合酶或其辅助因子识别的 DNA 序列。

2. 原料　四种核苷三磷酸（ATP、GTP、CTP、UTP）。

3. 酶和蛋白质因子　RNA 聚合酶。大肠杆菌的 RNA 聚合酶，由含四个亚基的核心酶和一个 σ 因子组成全酶。其中核心酶有两个 α 亚基、一个 β 亚基和一个 β′ 亚基组成，可催化核苷酸之间形成磷酸二酯键，使 RNA 链延伸；σ 因子可辨认转录起始点。真核生物的 RNA 聚合酶有多种，通常分为三类：RNA 聚合酶Ⅰ、Ⅱ、Ⅲ，可对不同种类的 RNA 进行转录。RNA 聚合酶Ⅰ主要催化 rRNA 前体的转录，RNA 聚合酶Ⅱ催化 mRNA 前体的转录，RNA 聚合酶Ⅲ催化 tRNA 及其他小分子 RNA 的转录。线粒体和叶绿体内也有 RNA 聚合酶。

RNA 聚合酶在催化转录时常需要一些辅助因子参与，称为转录因子。

三、转录过程

以大肠杆菌为例，转录过程分为起始、延长和终止三个阶段。

（一）转录起始

RNA 聚合酶依靠 σ 因子识别启动子并与之结合，随后核心酶与模板结合，形成转录起始复合物，使 DNA 双链解开 12 ~ 17 个碱基对，形成局部单链区域。新合成的 RNA 第一个核苷酸多为嘌呤核苷酸 GMP 或 AMP。

（二）转录延长

第一个核苷酸结合后，σ 因子从全酶上脱落，剩下核心酶沿 DNA 模板链的 3′→5′ 方向滑动，DNA 解链区随之跟进。同时与 DNA 模板链碱基序列互补的核苷三磷酸逐一进入反应体系，加到前一个核苷酸的 3′ – OH 上形成磷酸二酯键。新合成的 RNA 链通过氢键与 DNA 模板链暂时形成 RNA – DNA 杂交双链。随着 RNA 按 5′→3′ 方向不断延长，5′ 末端逐渐与模板分离，模板链与编码链重新形成双螺旋结构（图 9 – 11）。

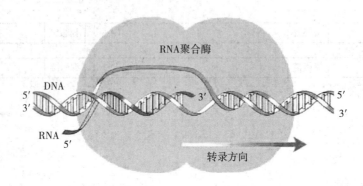

图 9 – 11　RNA 的转录

（三）转录终止

核心酶移动到 DNA 模板链的转录终止位点，在辅助因子的帮助下，聚合反应停止，RNA 链和聚合酶从转录复合物上脱落，转录过程结束。脱落的核心酶与 σ 因子结合重新形成全酶，开始合成新的 RNA 链。

四、转录产物的加工和修饰

最初转录生成的 RNA 需要经过一系列的剪切、拼接和化学修饰等过程，才能变成具有生物活性的 RNA 分子，称为 RNA 的成熟或转录后加工。原核生物的 mRNA 一般不经过转录后加工，可立即进行翻译；但 tRNA 和 rRNA 都要经过简单加工。真核生物 tRNA 和 rRNA 的转录后加工与原核生物类似，而 mRNA 的加工过程较为复杂。

真核生物 mRNA 的前体称为核不均一 RNA（hnRNA），其碱基组成与模板 DNA 的组成类似。RNA 分子转录的最初阶段，其长度与亲本基因的长度大致相等。之后大小不一的 RNA 片段从 RNA 分子中被切除下来，这些片段称为内含子。每个内含子两侧的保留序列称为外显子，在剪接的过程中，重新连接在一起。修饰后的最终产物可能仅仅是 hnRNA 前体的一个小小片段，某些成熟 mRNA 的长度甚至不及其 hnRNA 的 1%。

最初转录的前体 mRNA 可通过选择性剪接加工成一系列不同的 mRNA 分子，这些 mRNA 分子结合不同的外显子。人体基因组中 95% 以上的基因所产生的前体 mRNA，受选择性剪接的支配。由 hnRNA 转变成 mRNA 的加工过程包括 5′ 端加"帽"，3′ 端加"尾"，拼接除去内含子后的序列，链内核苷的甲基化等。

1. 5′ 端加"帽"　hnRNA 的 5′ 端在几种酶的催化下，与 GTP 等反应，并甲基化后得到变异的鸟苷酸，其分子结构像"帽子"形状。甲基化程度不同，"帽子"的形式不同。"帽子"推测可稳定 mRNA 及在翻译过程中起识别作用。

2. 3′端加"尾"　由核酸内切酶将 3′端多余的核苷酸切掉，然后多聚腺苷化，形成一段由 20～200 个腺苷酸残基构成的尾部。

真核生物的基因是由可编码氨基酸的外显子和将其隔开的不编码氨基酸的内含子组成。因此 hnRNA 在核酸内切酶的作用下切除内含子部分，并将外显子部分拼接成连续序列。

mRNA 分子内部往往有甲基化的碱基，主要是作用于腺嘌呤上，可能对 mRNA 前体的加工起识别作用。

第四节　蛋白质的生物合成

PPT

DNA 是自然界绝大多数生物主要的遗传物质。一个生物体全部的基因序列称为基因组，基因是携带遗传信息的 DNA 片段，是遗传的功能单位，但不是蛋白质合成的直接模板。mRNA 是蛋白质合成的直接模板，DNA 上的遗传信息需要通过转录传递给 mR-NA，由 mRNA 指导蛋白质的合成。它们之间遗传信息的传递不像转录那样简单，而是好像从一种语言翻译成另一种语言，因此称以 mRNA 为模板合成蛋白质的过程为翻译。生物遗传信息的传递可归纳为：亲代 DNA 通过复制将遗传信息传递给子代，子代在个体发育过程中，通过转录把遗传信息从 DNA 传递给 mRNA，再通过 mRNA 翻译成蛋白质，执行各种生命功能，使其表现出与亲代相似的遗传性状。这种遗传信息的传递规律称为中心法则。后来在致癌 RNA 病毒中发现遗传信息由 RNA 传递给 DNA 的逆转录过程，以及 RNA 复制过程，这样对中心法则进行了补充修正（图 9-12）。

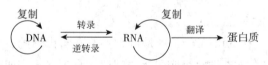

图 9-12　遗传中心法则

一、参与蛋白质合成的物质

组成天然蛋白质的原料有 20 种氨基酸，还有某些特殊氨基酸如羟脯氨酸、羟赖氨酸等，是在肽链合成后的加工修饰过程中形成的。mRNA、tRNA、核糖体分别作为蛋白质合成的模板、转运工具和装配车间。除此之外还需要能量、酶及其他蛋白因子等。

（一）mRNA 的模板功能

mRNA 上核苷酸的排列次序决定了蛋白质中氨基酸的种类和排序。mRNA 分子上沿 5′→3′方向，从 AUG 开始每三个连续的核苷酸为一组，代表一种氨基酸或其他遗传信息，称为三联体密码或密码子。mRNA 中的 4 种碱基可以组成 64 个密码子（表 9-2）。其中 UAA、UAG、UGA 不编码任何氨基酸，只是肽链合成的终止信号，称为终止密码。

其余 61 个密码子编码 20 种氨基酸。另外 AUG 位于 mRNA 编码区的起始部位，既是蛋氨酸的密码（原核生物中代表甲酰蛋氨酸），又是肽链合成的起始信号，称为起始密码。mRNA 除含有编码区外，两端还有非编码区，其对于 mRNA 的模板活性是必需的。

表 9 - 2　遗传密码表

第一个碱基 (5′)	第二个碱基				第三个碱基 (3′)
	U	C	A	G	
U	UUU 苯丙氨酸	UCU 丝氨酸	UAU 酪氨酸	UGU 半胱氨酸	U
	UUC 苯丙氨酸	UCC 丝氨酸	UAA 酪氨酸	UGC 半胱氨酸	C
	UUA 亮氨酸	UCA 丝氨酸	UAA 终止密码	UGA 终止密码	A
	UUG 亮氨酸	UCG 丝氨酸	UAG 终止密码	UGG 色氨酸	G
C	CUU 亮氨酸	CCU 脯氨酸	CAU 组氨酸	CGU 精氨酸	U
	CUC 亮氨酸	CCC 脯氨酸	CAC 组氨酸	CGC 精氨酸	C
	CUA 亮氨酸	CCA 脯氨酸	CAA 谷氨酰胺	CGA 精氨酸	A
	CUG 亮氨酸	CCG 脯氨酸	CAG 谷氨酰胺	CGG 精氨酸	G
A	AUU 异亮氨酸	ACU 苏氨酸	AAU 天冬酰胺	AGU 丝氨酸	U
	AUC 异亮氨酸	ACC 苏氨酸	AAC 天冬酰胺	AGC 丝氨酸	C
	AUA 异亮氨酸	ACA 苏氨酸	AAA 赖氨酸	AGA 精氨酸	A
	AUG 蛋氨酸 *	ACG 苏氨酸	AAG 赖氨酸	AGG 精氨酸	G
G	GUU 缬氨酸	GCU 丙氨酸	GAU 天冬氨酸	GGU 甘氨酸	U
	GUC 缬氨酸	GCC 丙氨酸	GAC 天冬氨酸	GGC 甘氨酸	C
	GUA 缬氨酸	GCA 丙氨酸	GAA 谷氨酸	GGA 甘氨酸	A
	GUG 缬氨酸	GCG 丙氨酸	GAG 谷氨酸	GGG 甘氨酸	G

* AUG 为起始密码。

遗传密码具有以下特点。

1. 方向性　密码子在 mRNA 分子中是按 5′→3′方向排列的，翻译时从近 5′端的起始密码 AUG 开始读码，向 3′端每个密码逐一阅读，直到终止密码。这样 mRNA 读码框架中 5′→3′的核苷酸排序决定了多肽链中从氨基端到羧基端的氨基酸排序。

2. 连续性　两个密码子之间无任何加以隔开的作用，从 AUG 开始一个不漏地连续阅读，直到终止密码。若中间插入或删去一个或数个碱基，会使以后的读码产生错误，称为移码。移码会引起下游氨基酸排列错误，由此引起的突变称为移码突变。除极少数大肠杆菌噬菌体，绝大多数生物读码时碱基的使用不发生重复。

3. 简并性　除 3 个终止密码外，有 61 个密码子代表 20 种氨基酸，大多数氨基酸有一个以上的密码子，这种多个密码子代表同一种氨基酸的现象称为密码的简并性。可以编码相同氨基酸的密码子称为同义密码子。20 种氨基酸中只有色氨酸和蛋氨酸没有同义密码子。密码子的专一性主要由前两个碱基决定，即使第三个碱基发生突变，仍有可能翻译出正确的氨基酸，使合成的蛋白质保持生物学活性。密码子的简并性有利于保持生物的稳定性，减少基因突变可能带来的伤害。

4. 通用性 自然界几乎所有生物包括非细胞结构的病毒，可共用同样的遗传密码，这一特征称为遗传密码的通用性。密码的通用性有效说明了地球生物在演化上的同源性。但是线粒体和叶绿体所使用的遗传密码与"通用密码"有差别，有可能是演化史上的分支遗留。

密码子的出现不是偶然，而是自然选择的结果。第一个字母决定氨基酸的前体。以丙酮酸为前体的氨基酸首字母是 U，对应 DNA 碱基 T；以草酰乙酸为前体的氨基酸首字母是 A；以 α - 酮戊二酸为前体的氨基酸首字母是 C；其他简单前体的氨基酸首字母是 G。第二个字母决定氨基酸的疏水性。最疏水的是 U，对应 DNA 碱基 T；最亲水的是 A；位于两者之间的是 C 和 G。密码子前两位主要决定氨基酸本身的理化性质。密码子最开始是二联体，编码 15 个氨基酸和 1 个终止子，这是由理化因素决定的。第三个字母经自然选择优化而成，既能抵抗变化，又能加快演化步伐。点突变往往不改变氨基酸序列。即使改变，新氨基酸的性质通常与之前的类似。

（二）tRNA 的转运功能

tRNA 是氨基酸的携带和运输工具。tRNA 和氨基酸的结合是有特异性的，tRNA 氨基酸臂 3′端的 CCA - OH 可与氨基酸通过共价键结合；反密码子环顶端的反密码子可以与 mRNA 分子中的密码子根据碱基互补形成氢键，由此将携带的氨基酸准确带到指定位置合成肽链。

（三）核糖体

核糖体又称核蛋白体，由几种 rRNA 和几十种蛋白质组成，形成由大、小两个亚基构成的颗粒。核糖体有两类。一类附着于粗面内质网上，主要参与分泌性蛋白质的合成；一类游离于细胞质中，主要参与细胞内蛋白质的合成。

核糖体作为蛋白质的合成场所具有这些作用。①与 mRNA 结合。②在 P（肽酰基）位点结合的 tRNA 给出氨基酸。③在 A（氨酰基）位点结合的 tRNA 接受氨基酸。④提供参与蛋白质合成的各种因子如起始、延伸、释放因子及各种酶的结合位点。核糖体的结构见图 9 - 13。

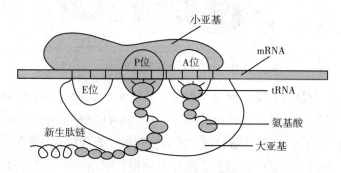

图 9 - 13 核糖体的结构

二、蛋白质的生物合成过程

蛋白质的生物合成过程分为两个阶段，即氨基酸的活化与转运、核糖体循环。

（一）氨基酸的活化与转运

氨基酸在加入肽链之前必须活化以获得额外能量，细胞质中的游离氨基酸分子经过活化与 tRNA 结合，形成氨基酰 - tRNA，此过程由 ATP 供能。活化的氨酰基以酯键结合到 tRNA 分子 3′端的氨基酸臂上。催化此过程的氨基酰 - tRNA 合成酶对特定的氨基酸具有高度的专一性；有的酶对氨基酸的专一性不高，但对 tRNA 具有极高的专一性。这种严格的专一性确保每种氨基酸只能与对应的 tRNA 结合，极大减少了蛋白质合成中的差错。

（二）核糖体循环

以大肠杆菌为例，蛋白质多肽链的合成可分为起始、延伸和终止三个阶段。

1. 起始阶段　多肽链的合成并不是从 mRNA 5′端的第一个核苷酸开始的，而是从起始密码 AUG 开始，这个密码子往往位于 5′端的第 25 个核苷酸以后。虽然多肽链的合成都从蛋氨酸开始，但起始物并不是蛋氨酰 - tRNA，而是甲酰蛋氨酰 - tRNA。甲酰蛋氨酰 - tRNA 与 mRNA 及核糖体的两个亚基共同构成 70S 起始复合物（图9 - 14），甲酰蛋氨酰 - tRNA 占据核糖体 P 位点，空出 A 位点，准备接受另一个氨基酰 - tRNA，为肽链延伸做好准备。

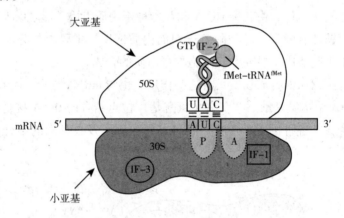

图 9 - 14　70S 起始复合物

2. 延伸阶段　起始复合体形成后，新进入的氨基酰 - tRNA 上的反密码子必须与 A 位点 mRNA 上的密码子互补。之后的各种氨基酰 - tRNA 按照 mRNA 上密码子的顺序依次结合，不断重复进位、转肽、移位三个步骤直到肽链合成终止（图9 - 15）。

（1）进位　在延长因子的作用下，由 GTP 供能，细胞质中的氨基酰 - tRNA 分子通过反密码子识别核糖体 A 位点上 mRNA 的密码子，进入核糖体 A 位点并与之结合。

（2）转肽　进位后，P 位点上的氨酰基在转肽酶的作用下转移到 A 位点，与 A 位点上氨基酰 - tRNA 的 α - 氨基形成肽键。P 位点上的 tRNA 脱落。

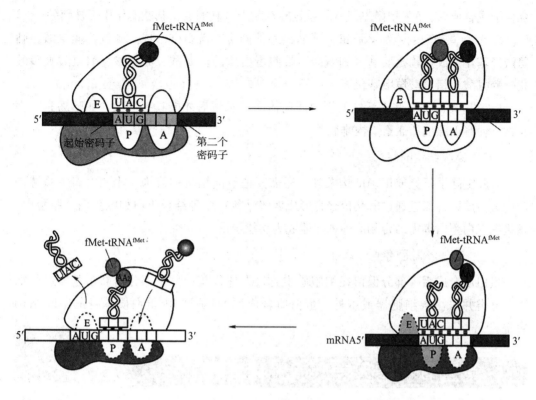

图 9 – 15 肽链的延伸

（3）移位 P 位点上的 tRNA 脱落后，核糖体沿 mRNA 5′→3′方向移动一个密码子，使肽酰 – tRNA 从原先的 A 位点移到 P 位点。此时新的氨基酰 – tRNA 分子又可进入空出的 A 位点，开始下一个循环的进位、转肽、移位。每次循环多肽链便增加一个氨基酸残基。mRNA 密码子读取方向为 5′→3′，肽链的延伸从 N 端到 C 端。

3. 终止阶段 当核糖体移动至 A 位点出现 mRNA 的终止密码时，氨基酰 – tRNA 不再进位，终止因子与终止密码结合，肽链延伸停止并从核糖体上释放。起始复合物解体，解体后的核糖体大、小亚基可与其他 mRNA 及甲酰蛋氨酰 – tRNA 重新组成 70S 起始复合物，开始新多肽链的合成。

一条 mRNA 上往往附有多个核糖体，两个核糖体之间有一段裸露的 mRNA。每个核糖体均可独立完成一条肽链的合成，因此这种多核糖体上可同时进行多条肽链的合成，大大提高翻译的效率。

三、翻译后的加工修饰

新多肽链需要经过加工修饰才能变为具有特定构象的蛋白质，表现其生物学功能。翻译后的加工修饰包括对肽链一级结构和高级结构的修饰。

（一）一级结构的修饰

1. 去除起始蛋氨酸 多数天然蛋白质的第一个氨基酸不是蛋氨酸，因此在肽链的延伸中或合成后，N–甲酰基或N–蛋氨酸在脱甲酰基酶或氨基肽酶作用下被切除。

2. 个别氨基酸的修饰　肽链内或肽链间的两个半胱氨酸形成二硫键，赖氨酸、脯氨酸羟基化生成羟赖氨酸和羟脯氨酸，某些蛋白质的丝氨酸、苏氨酸、酪氨酸被磷酸化，赖氨酸、精氨酸被甲基化等。

3. 水解修饰　某些无活性的蛋白质前体需经水解后才能具有活性，如胰岛素、生长素、促肾上腺皮质激素、内啡肽等。

（二）高级结构的修饰

多肽链除了折叠成正确的构象外，还需其他空间结构的修饰。比如由多条肽链构成的蛋白质，各亚基通过非共价聚合形成四级结构；多种结合蛋白如糖蛋白、脂蛋白、核蛋白、白蛋白等需结合相应辅基才能成为功能蛋白。

（三）蛋白合成后的靶向运输

蛋白质合成后一部分保留在细胞质中直接发挥作用；另一部分由高尔基体进行加工、分类并送往各细胞器或胞外。蛋白质合成后的运输，由蛋白质本身的空间结构决定。

第五节　基因表达调控和基因工程

PPT

虽然 DNA 的碱基只有 A、G、C、T 四种，但并不是只排成一定序列这么简单。DNA 分子不仅缠绕着组蛋白，部分碱基上还连接着不同的修饰分子。这些修饰分子虽然不影响 DNA 的碱基序列，但可以影响功能。不同修饰分子的作用或移除，使基因的表达活性出现改变，进而影响细胞甚至机体功能。这种 DNA 序列没变，生物体表型出现变化，甚至可以传递给后代的现象，称为表观遗传。生物体表型出现变化根源于的这些不同分子的修饰，称为表观遗传修饰。表观遗传修饰可以让具有同样基因组的细胞呈现不同的形态，具备不同的功能，这说明基因的表达是受一定调节和控制的。

一、基因表达调控

基因表达即是遗传信息的转录和翻译过程。细胞中的基因并不是同时都在表达，而是有的被启动表达，有的被阻遏而不能表达。生物体内存在基因表达的调节控制机制，控制着细胞分化、形态发生和个体发育过程。生物在生长发育过程中，遗传信息的展现可按一定时间顺序发生改变，且会随着内外环境条件的变化加以调整，称为时序调节和适应调节。基因表达的调控可以在 DNA 水平、转录水平及翻译水平上进行。

（一）DNA 水平的调控

生物从一个受精卵发育成完整个体的过程中，在染色体和 DNA 水平上会发生一些永久性变化，如染色体 DNA 断裂、某些序列删除、扩增、重排、修饰及异染色质化等。染色质结构和 DNA 序列的改变会影响基因表达。不再需要的基因通过异染色质化永久性地关闭，如雌性哺乳动物细胞的两条 X 染色体，其中一条随机经过异染色质化聚缩成巴尔体。通过修饰控制基因表达的常见方式就是 DNA 甲基化。

DNA 甲基化能关闭某些基因的活性，去甲基化能诱导基因重新活化。通常染色质的活性转录区没有或很少甲基化，非活性区甲基化程度较高。生物不同发育阶段和不同组织 DNA 甲基化的方式不同，DNA 甲基化作用能引起染色质结构、DNA 构象和稳定性、以及 DNA 与蛋白质相互作用方式的改变，从而控制基因表达。比如同一窝蚂蚁中的兵蚁和工蚁，遗传物质相同，但两者外形有明显区别。兵蚁实际是某些器官异化的大型工蚁，这与一个负责编码组蛋白的 H3K27 基因有关。假如没有发生甲基化，或者用其他方法影响这个基因的活性，那么兵蚁会放弃原来的行为方式，更倾向于工蚁的行为方式。

你知道吗

猫的颜色由常染色体的白色基因和性染色体的有色基因叠加决定。常染色体的白色基因让所有猫都有白色底色，X 染色体的有色基因分黑色和黄色两种。正常情况下只有携带 2 条 X 染色体的雌猫才可能出现三色。因为在胚胎发育初期，皮肤细胞中的一条 X 染色体随机失活。如果携带的是黑黄两色 X 染色体，一部分细胞中代表黄色基因的 X 染色体失活，此处皮毛呈现黑色；一部分细胞中代表黑色基因的 X 染色体失活，此处皮毛呈现黄色。这种 X 染色体失活终生保持不变。

（二）转录水平的调控

真核生物的基因调节主要表现在对基因转录活性的控制上。基因的转录活性与基因组 DNA 和染色质的空间结构有关。组蛋白乙酰化是改变染色质结构的常见方式，染色质某处的组蛋白和乙酰基团结合，使 DNA 与组蛋白的结合松散，从而有利于转录进行，促进此处的基因表达。

激素作为基因调控信号可诱发特定基因的表达。此外增强子也对转录起明显的促进作用。增强子作为模板 DNA 上的一个特殊片段，具有两个显著特点：一是与启动子的相对位置无关，即无论增强子在启动子的上游还是下游，都能对其作用；二是无方向性。

（三）翻译水平的调控

真核生物在翻译水平上进行的基因表达调节主要是控制 mRNA 的稳定性和有选择地进行翻译。mRNA 合成后的加工修饰都有利于 mRNA 分子的稳定。mRNA 通常与某些蛋白质结合生成复合物，主要是保护 mRNA 免受核酸酶的作用，以及控制 mRNA 的翻译。

二、基因工程

基因工程的主要形式是 DNA 重组技术，是指将特定基因通过载体或其他手段送入受体细胞，使它们在受体细胞中增殖并表达，让受体细胞获得新的遗传特性。载体常用细菌的质粒或温和的噬菌体。DNA重组技术一般包括以下步骤。

（一）目的基因的取得

1. 从基因所在的生物体直接取得　利用限制性核酸内切酶切开供体DNA分子。每一种限制性核酸内切酶都有自己特定的作用位点，而且切下来的序列往往是"回文"结构。如一种大肠杆菌的限制性内切酶可以把GAATTC序列从GA间切开，而其互补链CTTAAG也从GA间切开。切开后的两段各留下一个TTAA的尾部（图9-16）。它们之间是互补的，适当条件下可以重新连在一起，称为"黏性末端"。

$$5'-G|AATTC-3' \xrightarrow{\text{限制性内切酶}} 5'-G- \qquad -AATTC-3'$$
$$3'-CTTAA|G-5' \qquad\qquad 3'-CTTAA- \qquad -G-5'$$

图9-16　限制性内切酶的切点

2. 用mRNA逆转录成cDNA　从真核生物中直接获取目的基因的最大缺点是真核细胞基因中包含不表达的内含子，这种基因难以和载体结合。用mRNA逆转录成单链DNA，再经DNA聚合酶作用生成双链DNA，即cDNA。

（二）用同一限制性核酸内切酶处理目的基因和载体DNA

形成相同的黏性末端，再经DNA连接酶作用形成重组DNA。

（三）将重组DNA引入受体细胞

常用的受体细胞是大肠杆菌，如胰岛素的生产，就是利用重组DNA在大肠杆菌中表达而实现的。细菌的最大优点是易培养、繁殖快，利用将外源基因导入细菌进行表达这一技术，人们已经成功获得胰岛素、生长激素、胸腺激素、干扰素、乙型肝炎病毒抗原及口蹄疫病毒抗原等，极大推动了生物医药行业的发展。

真核细胞基因也可通过载体引入真核细胞而表达，如将人的生长激素基因和小鼠产生金属硫蛋白的基因拼接后注射到小鼠受精卵中，人的生长激素基因表达后，小鼠身体大幅增长。这种接受外源基因发生性状改变的生物，称为转基因生物。

你知道吗

中国是大豆原产国，如今却是最大的大豆进口国。20世纪末孟山都公司以中国野生大豆材料作亲本，改造制成RR转基因大豆。相比普通大豆，转基因大豆具有对除杂草剂"草甘膦"的抵抗能力，且含油量高、价格低。加之近年来我国的大豆消费总量不断增长，使得美国的转基因大豆已成为第二大进口来源。

为了保护大豆及相关产业，我国政府禁止国内生产转基因大豆。而且中国作为大豆原产国仍有着独特的优势。我国野生大豆资源丰富，利用优质的野生大豆资源，完全有可能通过杂交手段得到一种在产量、出油量、抗病虫害等方面媲美国外大豆的新品种。只有掌握先进的分子聚合育种技术、基因编辑技术、合成生物学技术等，才能将本国的农业命运掌握在自己手中！

三、基因编辑技术

基因编辑技术是对基因进行 DNA 片段的插入或者敲除，以改变生物遗传性状的技术。基因编辑技术与传统转基因技术的区别是：转基因是把外源基因转入生物 DNA 中，基因编辑技术是对原有基因进行修改。目前基因编辑技术主要是 CRISPR – Cas9 技术。CRISPR – Cas9 技术的产生来源于细菌对入侵病毒的防御。当病毒入侵细菌时，细菌会识别病毒 DNA 序列，并将一段病毒 DNA 整合到名为 CRISPR 串联重复序列里。当同样的病毒再度入侵时，CRISPR 序列附近的 Cas9 基因就会表达 Cas9 蛋白，针对性地识别被整合的病毒 DNA，从而将含有同样 DNA 片段的所有 DNA 进行切除，达到消灭病毒的目的。

利用 CRISPR – Cas9 技术进行基因编辑时，只要给目标 DNA 人为合成一段互补 RNA 并与 Cas9 蛋白结合，Cas9 蛋白就会对目标 DNA 识别并剪切，还可在切除后将一段新 DNA 整合到剪切位置。基因编辑技术在使用中可能会出现失误，导致目标基因未被剪切，反而误切其他正常基因，称为"脱靶"。从目前检测结果来看，CRISPR – Cas9 技术脱靶率相对较低，已经在多个领域展开应用。

CRISPR – Cas9 技术能准确、便捷地改造生物基因，为不少重症患者带来康复希望。实验结果显示：一种名为杜氏肌肉营养不良症（DMD）的遗传病，经过 CRISPR – Cas9 技术治疗后的动物模型病情得到明显改善；将地中海贫血和镰刀形红细胞贫血的患者致病基因编辑为正常基因，可使患者康复；用 CRISPR – Cas9 技术将肿瘤患者的 T 细胞进行基因编辑，可提高 T 细胞对肿瘤细胞的识别和杀伤力，将编辑后的 T 细胞注射回患者体内，能自发清除患者体内的肿瘤细胞。

你知道吗

2018 年 11 月 26 日，世界上首对已知经过基因编辑的双胞胎女婴"露露"和"娜娜"在中国出生。这对女婴的 CCR5 基因经过基因编辑，目的是让她们生来就能预防艾滋病病毒的感染。虽然出现了"脱靶"现象，导致这对女婴都没能改造成功，但是既然基因编辑能预防某些疾病，那么在人类出生前便对某些基因进行改造，使之免受某些疾病的威胁，算不算是一件好事？

PPT

第六节　影响核酸代谢和蛋白质合成的药物

有些药物通过影响核酸代谢与蛋白质的生物合成，可发挥抗细菌、抗病毒、抗恶性肿瘤等作用，在临床上得到广泛的应用。

一、干扰核苷酸合成的药物

（一）碱基和核苷类似物

此类药物化学结构与核酸代谢所需物质嘌呤碱、嘧啶碱等相似，直接抑制核苷酸合成中的有关酶类或掺入核酸分子形成异常的 DNA 或 RNA，从而影响核酸的生物合成，抑制肿瘤细胞的分裂增殖。如 5 - 氟尿嘧啶化学结构与尿嘧啶相似，进入体内后可转变为 5 - 氟尿嘧啶脱氧核苷，通过抑制胸苷酸合成酶，抑制脱氧胸苷酸的合成，从而妨碍 DNA 的合成。其代谢产物也可掺入 RNA 中，干扰 RNA 与蛋白质的合成，为常用的抗肿瘤药物。此类药物还有 5 - 碘尿嘧啶、阿糖胞苷和环胞苷等。

（二）叶酸类似物

四氢叶酸作为一碳基团转移酶的辅酶参与嘌呤核苷酸和胸腺嘧啶核苷酸的合成，叶酸类似物如甲氨蝶呤竞争性抑制二氢叶酸还原酶的活性，从而阻断二氢叶酸还原为四氢叶酸，一碳基团转移受阻，DNA 无法合成，此外还可干扰 RNA 与蛋白质的合成，用于治疗儿童急性白血病，疗效显著。

（三）氨基酸类似物

如氮丝氨酸（重氮乙酰丝氨酸）通过干扰嘌呤合成过程中对谷氨酰胺的利用，发挥抗肿瘤作用，主要用于急性白血病的治疗。

二、影响核酸合成的药物

（一）嵌合剂

嵌合剂能嵌入 DNA 分子内部，干扰 RNA 转录，抑制细胞分裂增殖。如放线菌素 D 通过直接嵌入 DNA 双螺旋结构的碱基对，与 DNA 结合形成复合体，妨碍 RNA 多聚酶发挥作用，抑制 RNA 的合成，从而影响蛋白质的合成，抑制肿瘤细胞的生长。嵌合剂溴化乙锭作为荧光试剂在分子生物学中被用于 DNA 检测，具有极强的致癌作用。此类药物还有阿霉素、丝裂霉素、普卡霉素等。

（二）烷化剂

烷化剂化学结构中含有烷化基团，烷化基团可与 DNA 或蛋白质分子中的羟基、氨基、巯基等发生烷化作用，引起 DNA 结构和功能的损伤，导致细胞死亡。如环磷酰胺进入体内后经肝脏氧化为醛磷酰胺，醛磷酰胺可在肿瘤细胞内分解出磷酰胺氮芥，磷酰胺氮芥性质活泼，与 DNA 发生烷化反应，从而破坏肿瘤细胞 DNA 的结构与功能，抑制其生长繁殖。用于恶性淋巴瘤、急性淋巴细胞白血病等疾病治疗时，可引起骨髓抑制等不良反应。此类药物还有氮芥、白消安、氮丙啶等。

（三）作用于聚合酶的药物

此类药物直接作用于 DNA 聚合酶或 RNA 聚合酶，如利福平能特异性抑制某些细菌 DNA 依赖的 RNA 聚合酶，抑制敏感菌 RNA 合成的起始阶段，阻碍 mRNA 的合成，抑制转录过程，对结核分枝杆菌、麻风分枝杆菌等有强大的抗菌作用，可用于结核病、麻风病等疾病的治疗。

三、抑制蛋白质生物合成的抗生素

细菌内蛋白质的合成在核糖体内完成，其核糖体为70S，由50S亚基与30S亚基组成。与细菌不同的是，哺乳动物核糖体由60S亚基与40S亚基组成，结合后为80S。由于两者核糖体的不同，此类抗菌药物在常用剂量下可抑制细菌蛋白质的合成，而对机体蛋白质合成无明显毒性作用，可用于敏感菌引起的感染性疾病。此类抗生素主要包括氯霉素、林可霉素类、大环内酯类、四环素类和氨基糖苷类。

目标检测

一、选择题

（一）单项选择题

1. 人体内腺嘌呤和鸟嘌呤的最终代谢产物是（　　　）
   A. 尿素　　　　　　　B. 尿酸　　　　　　　C. β - 氨基异丁酸　D. β - 丙氨酸

2. 下列过程需要以 RNA 为引物的是（　　　）
   A. DNA 复制　　　　　B. 转录　　　　　　　C. 反转录　　　　　D. 翻译

3. 转录的模板是（　　　）
   A. DNA　　　　　　　B. mRNA　　　　　　　C. tRNA　　　　　　D. rRNA

4. 下列不是胞嘧啶分解的最终产物的是（　　　）
   A. NH_3　　　　　　B. CO_2　　　　　　　C. β - 氨基异丁酸　D. β - 丙氨酸

5. Lesch - Nyhan 综合征患者体内（　　　）碱基的补救合成途径出现障碍
   A. 鸟嘌呤和次黄嘌呤　　　　　　　　B. 腺嘌呤和鸟嘌呤
   C. 腺嘌呤和胞嘧啶　　　　　　　　　D. 鸟嘌呤和胸腺嘧啶

6. DNA 复制过程中，DNA 链的延长方向为（　　　）
   A. 3′→5′　　　　　　B. 5′→3′　　　　　　C. N 端→C 端　　　D. C 端→N 端

7. 逆转录过程所需的酶为（　　　）
   A. RNA 聚合酶　　　　B. DNA 聚合酶　　　　C. 逆转录酶　　　　D. DNA 连接酶

8. 遗传密码不具有的特点是（　　　）
   A. 方向性　　　　　　B. 简并性　　　　　　C. 不连续性　　　　D. 通用性

9. 蛋白质合成过程中氨基酸的运输工具是（　　　）
   A. mRNA　　　　　　B. tRNA　　　　　　　C. rRNA　　　　　　D. DNA

10. 生物信息传递中，下列至今无实验依据的是（　　　）
    A. DNA→RNA　　　　B. RNA→DNA　　　　　C. RNA→蛋白质　　D. 蛋白质→RNA

11. 转录过程中，DNA 模板的碱基序列为 3′ - ATGACG - 5′，转录出的 RNA 碱基序列为（　　　）
    A. 5′ - UACUGC - 3′　　　　　　　　　B. 5′ - TACUGC - 3′

C. 5′ – UACTGC – 3′   D. 5′ – UACUCC – 3′

12. DNA 复制时辨认复制起始点所需的酶为（   ）

    A. DNA 聚合酶   B. DNA 连接酶   C. 引物酶   D. 解链酶

13. 下列药物不影响核酸合成的是（   ）

    A. 放线菌素 D   B. 环磷酰胺   C. 利福平   D. 链霉素

14. 蛋白质合成的直接模板是（   ）

    A. DNA   B. mRNA   C. tRNA   D. rRNA

15. 下列属于终止密码子的是（   ）

    A. UCA   B. UCG   C. UAA   D. UGC

（二）多项选择题

1. DNA 复制所需的原料包括（   ）

    A. ATP   B. dATP   C. dGTP   D. dCTP   E. dTTP

2. 食物中核酸经水解后的最终产物有（   ）

    A. 核苷酸   B. 核苷   C. 磷酸   D. 碱基   E. 戊糖

3. 由 hnRNA 转变成 mRNA 的加工过程包括（   ）

    A. 5′端加"帽"   B. 3′端加"尾"

    C. 拼接除去内含子后的序列   D. 链内核苷的甲基化

    E. 不需加工，可直接进行翻译

4. 通过抑制敏感菌蛋白质生物合成发挥抗菌作用的抗生素包括（   ）

    A. 林可霉素类   B. 氯霉素

    C. 大环内酯类   D. 氨基糖苷类

    E. 四环素类

5. 下列有关 DNA 复制的叙述中，正确的是（   ）

    A. 半保留复制   B. 半连续合成

    C. 子代与亲代 DNA 结构相同   D. DNA 聚合酶引导 DNA 链的延长

    E. 需要 RNA 引物参与

二、思考题

痛风患者在医院就诊时，医生给予别嘌呤醇治疗，同时建议患者日常饮食中减少动物内脏、金枪鱼等高嘌呤食物的摄入，请分析医生给予此饮食建议的原因。

书网融合……

         e 微课   划重点   自测题

第十章　代谢调控总论

学习目标

知识要求

1. **掌握**　新陈代谢及物质代谢的内涵；三大营养物质及核酸代谢的相互关系；代谢调控的三个层次。
2. **熟悉**　酶活性和含量调节机制。
3. **了解**　激素水平调节和整体水平调节的简要机制；人体主要组织和器官的物质代谢特征。

能力要求

依据代谢调控的作用机制，分析代谢调节行为过程。

新陈代谢是指生物体用以维持生命的，机体与环境之间进行物质交换而产生的一系列有序化学反应的总称。机体不断从外界环境摄取生命活动必需的物质，并排除废弃物的过程称为物质代谢；物质代谢常伴随能量的转化称为能量代谢。新陈代谢伴随整个生命过程，代谢停止生命也随之停止。新陈代谢这一系列有序的反应保证了生物体能够不断地生长和繁殖。

第一节　物质代谢的相互联系

PPT

实例分析

实例　红军长征是一段可歌可泣的革命史，翻雪山、过草地，最终夺取了革命的胜利。在长征的途中，粮食的供给时常跟不上，战士们经常挨饿，有的饿得皮包骨头，有的饿出了疾病。在过草地的时候，食物极度匮乏，连树根、野菜、皮带、皮马鞍子都煮着吃。

分析　1. 人在饥饿时，为什么不会马上危及生命？

2. 在食物匮乏时，人体以单一的食物来源提供营养，机体是如何保证多种营养代谢物质的供应的？

一、物质代谢与能量转化

物质代谢是机体与外界环境之间物质交换的总称。物质代谢由消化、吸收、中间代谢和排泄四个阶段来完成。从物质转化的方向上分为同化作用和异化作用，从化学反应上又可分为合成代谢和分解代谢。物质代谢是生物体得以生长、繁殖的基础，其伴随的能量代谢提供了生命活动所需要的能量。

（一）代谢过程

1. 消化　食物中包含的蛋白质、脂肪、糖类等营养物质分子量大且结构复杂，在人体内不能直接被吸收。这些营养物质通过物理和化学作用降解，成为便于机体吸收的养料的过程称为消化。

2. 吸收　食物经过消化后，通过消化道黏膜进入血液和淋巴循环，进而分布到人体各处的过程称为吸收。

3. 中间代谢　中间代谢是指来自机体外界的营养物质经过消化、吸收后，在组织和细胞内经历若干个有序反应变成最终产物的总和。大多中间代谢需要相应酶的参与，反应的过程包括若干个步骤，每一步骤中都会产生相对应的代谢中间产物。糖类、脂肪、蛋白质、核酸的中间代谢拥有某些共同的代谢中间产物，使它们之间某种程度的相互转化存在可能。

> **请你想一想**
> 人体呼吸、排汗、排尿主要的化学反应是什么，其中包含了哪些物质的代谢？

4. 排泄　机体将不需要的物质排出体外的过程叫做排泄。排泄避免了体内废弃物的堆积，保障了机体稳定的内环境。排泄的途径有三个，分别是汗液、呼吸和泌尿。

（二）合成代谢与分解代谢

1. 合成代谢　合成代谢是指机体将简单的小分子物质通过化学反应合成复杂的生物大分子的过程。合成代谢往往伴随着能量储存。如氨基酸合成蛋白质、多糖合成糖原、核苷酸的生物合成都是合成代谢。

2. 分解代谢　机体将复杂的有机大分子降解为二氧化碳、水和氨等小分子的过程叫做分解代谢。分解代谢常伴随着能量释放，用以支撑生命活动需要。如糖酵解、脂肪酸氧化分解、尿酸的形成都是分解代谢。

（三）同化作用与异化作用

1. 同化作用　同化作用是指机体把从外界环境中获取的营养物质转变成自身生命活动所需物质的过程。最终的结果是合成自身物质，以合成代谢为主，常伴随着能量储存。值得注意的是同化作用并非单一的只有合成代谢，也含有某些分解代谢。例如蛋白质不直接被机体所利用，而先降解为氨基酸，再合成体内其他类型的蛋白。

2. 异化作用　异化作用是指机体将来自环境或自身储存的大分子营养物质降解为小分子的简单化合物，并将其排出体外的过程。异化作用以分解代谢为主伴随着能量释放，也包含着一些合成代谢。

（四）能量转化

物质代谢伴随着能量转化，合成代谢和同化作用伴随着能量储存；分解代谢和异化作用伴随着能量释放。从能量的来源及去向来看，能量来源于食物中的糖类、蛋白质、脂肪，通过机体的代谢作用最终分解为二氧化碳、水和氨排出体外，这其中的能量被利用于呼吸、产热和应激等各项功能活动。

二、三大营养物质及核酸代谢的相互联系

糖类、蛋白质、脂类作为生物的三大基本营养物质都来源于食物的消化吸收，均具有可氧化分解的特性。糖类、蛋白质、脂类有着共同的代谢中间产物乙酰 CoA，在一定条件下可实现某种程度的转化，这意味着三大营养物质代谢存在着一定的联系。生物在长时间的进化过程中形成了一定的对营养物质代谢的调节机制，能自发地依据营养状况和生命活动的需要调节体内营养物质的转化。例如糖类和脂类不足时，蛋白质代谢会增强；糖类过剩时会转化为脂肪或氨基酸等。

核酸代谢与三大营养物质代谢之间也存在着密切联系。核酸代谢的原料核糖和嘌呤、嘧啶碱分别由糖代谢和氨基酸代谢产生，核酸代谢需要酶和能量的参与。反之，核酸作为基因表达的基本物质，控制着蛋白质表达和代谢类型。

（一）糖代谢与脂代谢的相互关系

1. 体内多余的糖转化为脂肪　在正常生理状况下，当机体摄入的糖类超过代谢所需要时，多余的糖类能转化为脂肪。

机体以糖类为主要供能物质。当糖类摄入过剩，一方面会合成糖原储存于肝和肌肉中；另一方面多糖降解为葡萄糖，葡萄糖进一步分解形成乙酰 CoA。乙酰 CoA 是机体合成脂肪酸和胆固醇的重要原料。多余的糖分转化成脂肪进行能量储存，当机体供能不足时以脂肪分解提供能量。但是机体重要的脂肪酸是不能在体内合成的，也不能通过糖类代谢转化，因此人类膳食过程中必须合理地补充一些脂类。

2. 脂肪中的甘油转变为糖　脂肪中富含甘油和脂肪酸，在饥饿、糖供应不足或糖代谢障碍时，脂肪分子中的甘油部分能通过糖的异生作用转变为糖类。脂肪中的脂肪酸虽可以降解为乙酰 CoA，但机体不具备将乙酰 CoA 转变为丙酮酸再转变为糖的能力，因此脂肪酸不能直接转化为葡萄糖。

一般而言，虽说糖类和脂肪可以相互转化，糖类转化为脂肪酸很容易进行，而脂肪转化为糖类则是比较困难的。

<u>你知道吗</u>

警惕禁食减肥

肥胖一方面影响人的身体健康，一方面影响美观。减肥已成为当下年轻人的热门话题。但是减肥需要讲究科学合理的方法，切不可以盲目地通过禁食来达到减肥的目的。

从生理角度看，正常情况下人体所需的能量主要来自糖代谢，人体血液中要保持一定的血糖浓度。当膳食营养中严重缺糖时，人体就会动用储存的脂肪，通过脂肪降解来维持血糖浓度为人体提供能量。但脂肪酸在 β 氧化时会产生大量的乙酰 CoA，从而导致 β 氧化受阻，此时的乙酰 CoA 会在肝脏形成酮体。酮体是脂肪酸在肝脏进行正常分解代谢产生的特殊中间产物，正常人血液中含量极少。酮体为酸性物质，长期

禁食酮体大量积累，会造成血液的 pH 下降，引起酸中毒。酮体在肝脏富集会导致高酮血症。

（二）蛋白质代谢与糖类代谢的相互关系

体内糖与大部分氨基酸有着共同结构的碳架，因此在一定条件下可以相互转化。

1. 大部分氨基酸脱氨基后可转变为糖 已知大部分参与蛋白质构成的氨基酸可分解生成相应的 α - 酮酸，在体内可转化为相应的糖。例如，丙氨酸在脱氨基后生成丙酮酸，再通过糖的异生作用转变为葡萄糖。

2. 糖代谢中间产物生成非必需氨基酸 糖在氨基化或转氨基后生成对应的氨基酸，如葡萄糖降解的丙酮酸转氨基后生成丙氨酸，草酰乙酸变成天冬氨酸。糖转化为氨基酸仅在非必需氨基酸中可以实现。必需氨基酸如赖氨酸、亮氨酸等，则不能通过糖类转化得到。非必需氨基酸之间相互转变，是由于他们之间的碳链部分可直接从营养中摄入还可以通过糖代谢合成。

因此，蛋白质在一定程度上可以替代糖类，但是糖类却不能完全替代蛋白质。

（三）脂类代谢和蛋白质代谢的相互关系

脂类代谢和蛋白质代谢的相互关系总体为：蛋白质能转变成脂类，脂类不能转变成蛋白质。脂类和蛋白质代谢的相互关系有以下三个。

1. 蛋白质可以转变为脂肪、胆固醇 根据蛋白质与糖类代谢的关系及糖类与脂类代谢的相互关系可知：氨基酸可转变为糖，糖在供给过剩时转变为脂肪酸和胆固醇，因此蛋白质也可以转变为脂肪、胆固醇。

2. 氨基酸可作为合成磷脂的原料 一些氨基酸，诸如丝氨酸和甘氨酸等能够合成胆氨和胆碱。胆氨和胆碱是合成脑磷脂和卵磷脂的原料。

3. 脂肪的甘油部分可转变为非必需氨基酸 脂肪中的甘油部分可以转化为糖，因此也可以转化为相应的 α - 酮酸，产生非必需氨基酸。但甘油转变为氨基酸的量是有限的，机体几乎不从脂肪合成蛋白质。

（四）核酸代谢与糖类代谢、蛋白质代谢、脂类代谢的相互关系

核酸代谢与糖类代谢、蛋白质代谢、脂类代谢的相互关系相对错综复杂。简单可以归纳为以下四个方面。

1. 核酸控制着蛋白质的合成，影响细胞代谢类型 核酸是细胞内的遗传物质，核酸控制着蛋白质的合成，影响细胞代谢类型。同时，体内的许多辅酶或含酶辅基包含有核苷酸组分。

2. 各类物质代谢都离不开具备高能磷酸键的核苷酸 许多游离的核苷酸在各类物质代谢中起着重要作用。如 ATP 参与大部分能量代谢，UTP 参与多糖合成，GTP 参与蛋白质合成和糖异生，CTP 参与磷脂的合成。

3. 核酸的合成需要蛋白质和糖类代谢的中间产物参与 如天冬氨酸、谷氨酸、赖

氨酸是合成嘌呤和嘧啶的重要原料，组成核苷酸的磷酸核糖由磷酸戊糖途径提供。

4. 核酸代谢需要蛋白酶的参与 不管是核酸分解代谢的内切酶、核苷磷酸化酶、核苷酸脱氨酶，还是核酸合成的磷酸核糖焦磷酸激酶、核苷酸合成酶，其化学本质都是蛋白质。

第二节 物质代谢的调节

PPT

生命是靠代谢的正常运转得以维持的，生物体内的代谢错综复杂又相互关联。为保证机体代谢有条不紊地进行，生物在长期进化过程中形成了从简单到复杂的代谢调节。从细胞到组织再到器官之间均有相应水平的代谢调节。这一系列从简单到复杂的代谢机制保障了生物体能够对各种物质代谢的强度、方向和速率进行精细调节。物质代谢调节是生命的一个重要特征。

单细胞的微生物受细胞内代谢物浓度变化的影响，改变各种相关酶的活性或酶的含量，从而调节代谢的速度。这是细胞水平的代谢调节，是生物体在进化过程中较为原始的调节方式。较复杂的多细胞生物，出现了内分泌细胞。内分泌细胞能分泌激素，激素经血液循环到靶细胞，与靶细胞表面受体结合，调节各种物质的代谢。高等动物则存在神经系统，神经系统既可以直接影响酶的合成，又可以通过控制激素分泌来影响代谢。

简单地讲，机体存在三个水平的物质代谢调节方式。细胞水平代谢调节通过酶调节单个细胞内的物质代谢；激素水平的代谢调节通过激素调节细胞间乃至组织、器官之间的物质代谢；整体水平代谢调节则是在神经系统参与下，由酶和激素共同作用保证机体整体的代谢有条不紊地进行。

一、细胞水平调节

细胞水平代谢调节是最原始的调节方式，也是最简单的代谢调节，主要是指酶水平调节。其是指单细胞生物或生物体的单个细胞受细胞内代谢物浓度变化的影响，通过改变自身各种相关酶的结构和含量，从而影响酶的活性程度，依此来调节某些酶促反应速度的一种调节方式。例如用葡萄糖和乳糖作碳源来培养大肠杆菌，开始时，大肠杆菌只能利用葡萄糖而不能利用乳糖。只有当葡萄糖被消耗完毕以后，大肠杆菌才开始利用乳糖。分解葡萄糖的酶一直存在于细胞。当有葡萄糖存在时，菌体进行葡萄糖代谢；当葡萄糖耗尽时，菌体合成乳糖分解酶来消耗乳糖。这就是一种酶水平的调节方式。

酶水平代谢调节和酶的区域分布及关键酶有着密切的关系，其调节的机制是调节关键酶的活性和含量来影响代谢产物的形成。酶的活性调节包括：变构调节、共价修饰和酶原激活。酶的含量调节包括：转录水平酶量调节、翻译水平酶量调节、酶蛋白的降解调节。

（一）酶的区域分布与关键酶

1. 区域分布 酶在细胞内呈隔离分布，代谢相关的酶通常以酶系存在，其呈区域化分布于细胞的某一组分中。细胞内主要代谢酶系分布见表10-1。同时细胞中的细胞器呈分室状态,各分室代谢产物受代谢物浓度影响,通过酶来精细调节。酶的隔离分布为细胞酶水平代谢调节创造了有利条件,使代谢调控因素局部地、专一地影响相关酶的活性,保证代谢顺利进行。

表10-1　细胞内主要代谢酶系分布

酶系	细胞内分布	酶系	细胞内分布
糖原合成	细胞质	磷脂合成	内质网
糖酵解	细胞质	脂肪酸合成	细胞质
戊糖磷酸途径	细胞质	脂肪酸氧化	细胞质、线粒体
糖异生	细胞质、线粒体	胆固醇合成	内质网、细胞质
水解酶类	溶酶体	柠檬酸循环	线粒体
蛋白质合成	内质网、细胞质	氧化磷酸化	线粒体
尿素合成	细胞质、线粒体	DNA、RNA 合成	细胞核

2. 关键酶　细胞内的物质代谢需要酶的参与,具有相关性的酶组成一个酶系统,共同促进反应的进行。但是要改变代谢的速率往往不需要所有酶的参与,而仅需要改变少数关键酶的活性就可以精准有效地控制代谢,从而避免了代谢产物的堆积。因此关键酶就成了代谢途径的限速酶。细胞水平调节主要通过调节关键酶的活性和含量实现。例如三羧酸循环的三个限速酶分别是柠檬酸合酶、异柠檬酸脱氢酶、α-酮戊二酸脱氢酶复合体。

(二) 酶活性调节

酶活性调节是指通过改变酶的活力进行代谢调节。受代谢调节因素影响,酶促反应的关键酶分子结构改变,影响物质代谢反应的速率。酶的活性调节可以包括激活和抑制两个方面,激活表现为对代谢的促进,反之抑制则表现为对代谢的延缓。酶的活性调节是一种快速而灵敏的调节方式。

1. 酶的变构调节　某些物质能与酶分子上的非催化部位特异地结合,引起酶蛋白的分子构象发生改变,从而改变酶的活性,这种调节方式称为酶的变构调节。具有变构作用的酶称作变构酶。变构调节是细胞水平代谢调节中一个较为常见的快速调节方式,许多代谢的关键酶通过变构调节来实现各种代谢之间的有序平衡。以天冬氨酸转氨甲酰酶为例,底物氨甲酰磷酸和天冬氨酸在其催化下合成氨甲酰天冬氨酸,此酶受终产物 CTP 胞苷三磷酸浓度的影响产生变构调节。当 CTP 浓度高时,其与天冬氨酸转氨甲酰酶结合抑制反应的速率;当 CTP 浓度低时,ATP 与天冬氨酸转氨甲酰酶结合,酶活恢复,反应速率得以正常。

2. 酶的共价修饰　酶分子肽链上的某些基团可在另一种酶的催化下发生可逆的共价修饰,从而使酶处于活性和非活性互变状态,依此来调节代谢。酶的这种调节反应灵敏、节约能量,在机体代谢调节中尤为常见。

常见的共价修饰有磷酸化与去磷酸化、甲基化与去甲基化、脱乙酰与乙酰化、脱腺苷与腺苷化、氧化与还原等。以糖原合成为例，关键酶糖原合酶分为两种形态，即有活性的 a 型和无活性的 b 型。无活性的 b 型经蛋白磷酸酶的催化脱酸化转变为有活性的 a 型；而 a 型经蛋白激酶的催化磷酸化为无活性的 b 型。

3. 酶原激活　某些酶在细胞内合成或初分泌时不具备酶活性，这些不具活性的酶前体叫做酶原。酶原水解后，部分肽键断裂，从而使酶构象发生变化，酶的活性中心暴露，这个过程叫做酶原激活。例如胰蛋白酶原分泌到十二指肠中，遇到肠激酶被肠激酶激活成胰蛋白酶，将食物中的蛋白质分解为氨基酸。酶原激活调节机制的特点是蛋白质由无活性状态到活性状态的转变是不可逆的。

（三）酶含量的调节

除了通过改变酶的结构来改变酶活性外，生物还能通过酶的合成和降解，使细胞内的酶含量和组分发生变化，依此对代谢过程起着调节作用。酶的合成受基因水平调节，通过信使 RNA 控制翻译蛋白质的量来得以实现。酶含量调节缓慢而持久。

1. 转录水平酶量调节　酶蛋白的合成受底物、产物、激素以及药物的影响，这种影响可以表现为诱导和阻遏。把能促进酶合成的化学物质叫做诱导剂，把阻遏酶合成的化学物质叫做阻遏剂。

酶蛋白合成的诱导和阻遏是转录水平的调节，与信使 RNA 的操纵因子有关。阻遏蛋白跟信使 RNA 中操纵基因的结合情况，决定了结构基因表达与否，进而影响酶合成数量。当加入诱导剂时，阻遏蛋白失去活性，结构基因可以表达，表现为酶蛋白合成的诱导。当代谢产物丰富或其他阻遏剂存在时，产物或阻遏剂与阻遏蛋白结合，阻挡操纵基因，使得结构基因不表达，酶蛋白合成受阻遏。

2. 翻译水平酶量调节　在酶蛋白翻译水平，许多因素影响酶的合成量。如：不同信使 RNA 本身的核苷酸序列和稳定性不同，酶蛋白的翻译存在差异；体内酶蛋白质含量的多少，会决定该蛋白的翻译是否会受阻遏；当反义 RNA（指与信使 RNA 具有互补结构的 RNA 序列）存在时，会干扰蛋白质的翻译等。

3. 酶蛋白的降解　蛋白质在体内易降解，直接影响酶的数量。改变酶蛋白分子降解的速度，调节细胞酶的含量，亦是一种酶量调节手段。酶蛋白受细胞内蛋白水解酶的催化而降解，蛋白水解酶广泛存在于溶酶体中，蛋白水解酶的分布和活性直接影响酶降解的速度与数量。

你知道吗

泛素

泛素（ubiquitin）和蛋白质的降解有关，是一类真核细胞内广泛存在的小分子蛋白质，大小为 76 个氨基酸残基。它的主要功能是标记需要分解掉的蛋白质，使其被 26S 蛋白酶体降解。

除酶水平调节外，能荷调节也可列为细胞水平的代谢调节。能荷通常表示细胞内的能量。生物体以 ATP 作为能量转化的"货币"。ATP 及其分解产物 ADP、AMP 既可以作为糖代谢的产物调节糖代谢，又可作为变构剂，抑制或者激活糖代谢酶的活性，因此糖代谢受细胞内能量水平的控制。换言之，糖代谢的产物和腺嘌呤核苷酸 ATP 及分解产物 ADP、AMP 也调控着能量代谢。例如酒精发酵时，在有氧情况下，兼氧菌酵母大量呼吸、繁殖，产生大量热量，导致代谢产物降低。

二、激素水平调节

生物的进化总是从低级到高级，生物的生理功能亦是如此。在代谢调控上，单细胞生物或高等生物的单个细胞内物质代谢受胞内代谢底物、产物或其他调节物质的影响，通过酶的活性和含量达到代谢调节的平衡。多细胞生物则表现出更高级别的代谢调控机制，激素水平调节就是组织或者器官之间受某种化学信号的影响，代谢朝某一特定的方向进行的调节方式。

激素是动植物或微生物内分泌细胞分泌的具有高效能信息传递作用的化学物质，在生物的生长、发育、物质代谢等方面起着重要的调控作用。物质代谢受激素水平调控，通过激素调控代谢是高等生物的一种重要调节方式。同一种激素可以作用于多种代谢，增强某一代谢的同时可以削弱另一代谢，让代谢达到有序平衡。

激素调控需通过受体来实现。内分泌组织产生的激素，经体内循环进入靶细胞，与靶细胞受体特异性结合，将代谢信号导入细胞，引发细胞内一系列的代谢调控。激素作为一类配体，与受体的结合具有高度的特异性和亲和性。

激素可分为膜受体激素及胞内受体激素。膜受体激素多为蛋白质、多肽类激素，具较强的亲水性，不能进入细胞质，这类激素的受体一般存在于细胞膜表面。如在糖、脂类和氨基酸代谢过程中，具有重要调节作用的激素——胰岛素、肾上腺素和胰高血糖素都是此类激素。胞内受体激素为疏水性激素，此类激素可以透过细胞膜与胞内受体特异性结合，形成二聚体，调控基因的表达来调控物质代谢。常见的激素和功能见表 10 – 2。

表 10 – 2　常见的激素和功能

动物激素	功能	植物激素	功能
甲状腺素	促进蛋白质、脂类、糖、无机盐代谢	生长素	细胞生长
肾上腺素	糖原分解，血糖升高	赤霉素	细胞生长
生长激素	促进组织和器官生长	细胞分裂素	细胞分裂
胰岛素	促进糖利用、糖原合成、氨基酸转移	脱落酸	器官脱落
皮质酮	脂肪分解、肌蛋白分解	乙烯	器官成熟

三、整体水平调节

整体水平调节亦称神经系统调节。高等动物有着高度复杂和完善的神经系统，可根据内外环境的变化，通过神经系统直接控制组织器官功能或主导激素释放，对机体整体的物质代谢实现快捷有效的控制和协调。因而神经调节是最高水平的调节方式。

整体水平调节的主要特征是神经-体液调节。机体通过神经系统和体液来应对外环境的变化，调节物质代谢的速率，以保证机体内环境趋于相对的稳定。比如应激时，大脑皮层接收到外界信号，通过下丘脑、垂体进行信号传导，肾上腺皮质激素分泌增加，血糖升高，脂肪和蛋白质代谢增强以供应大量能量。又如，人体在饱食、饥饿或者营养过剩情况下，神经系统通过内分泌腺分泌的激素水平是不同的，物质代谢方式得以适当调整。饱食时，胰岛素水平适中，机体主要通过进行糖分解代谢提供能量，未分解的糖类或形成糖原储存或在肝脏的作用下形成三酰甘油。饥饿时，胰岛素水平下降，胰高血糖素升高，糖原分解，继而糖异生作用增强，以维持血糖浓度，同时脂肪动员增强。高糖膳食时，胰岛素水平升高，胰高血糖素降低，多余葡萄糖直接输入到脂肪肌肉等组织。

激素和神经系统调控存在上下级关系，既可以自上而下对代谢进行调控，又可以自下而上进行调控。例如寒冷时，大脑皮层发出的信号经下丘脑释放出促肾上腺皮质素释放激素（CRH），CRH又进一步刺激垂体前叶分泌促肾上腺皮质激素（ACTH），进而作用于靶细胞，严格按照上下级关系逐级传导。当肾上腺皮质分泌的皮质激素过多时，可以反过来抑制下丘脑的CRH及垂体前叶的ACTH分泌。

四、人体主要组织、器官的物质代谢

新陈代谢是生命的基本特征，人体的物质代谢由细胞、组织、器官共同参与。人体不同组织器官的物质代谢各具特色。

（一）肝脏与物质代谢

肝脏是重要的消化系统，是物质代谢的主要器官，是机体物质代谢的枢纽，是人体生化反应的"工厂"。

1. 肝脏与糖代谢 肝脏是糖类代谢及储存的中心器官。肝脏通过血糖浓度控制糖原的生成和降解。肝细胞作为靶细胞受胰岛素、胰高血糖素、肾上腺素的调节。当机体摄入的糖类过剩时，肝脏吸收血液中的糖，合成糖原临时储存，以维持血糖浓度在正常范围之内；当机体糖分不足时，肝脏一方面利用临时储存的糖原进行分解，另一方面利用蛋白质和脂肪分解的氨基酸、甘油及某些脂肪酸进行糖异生，升高血糖浓度，补充糖供给。

2. 肝脏与脂肪代谢 肝脏为脂肪、胆固醇代谢提供场所。肝脏具有消化、吸收、运输再分解脂肪的功能。肝脏参与脂肪代谢的途径有：分泌胆汁酸帮助消化和吸收脂肪；将脂肪降解的磷脂、胆固醇、脂蛋白传输进血液再分布到其他组织和器官；将脂肪转化为脂肪酸，将饱和脂肪酸降解为不饱和脂肪酸；氧化脂肪酸形成酮体，当糖类供给不足时提供能量；当脂肪供应不足时，将糖类和蛋白质降解的中间产物转化为脂肪。

3. 肝脏与蛋白质代谢 肝脏能将氨基酸合成蛋白质。肝脏合成的蛋白质除提供给自身以维持基本的结构和功能外，同时还能通过血液输送到肝脏之外，供其他组织和器官使用。许多血浆中的蛋白，如白蛋白、纤维蛋白等均由肝脏合成。

肝脏内富含催化氨基的多种酶，因此氨基酸代谢非常活跃。包括氨基转换、新氨基酸的合成、其他含氮化合物合成（肌酸、胆碱、嘌呤、嘧啶及其衍生物）等。

此外，肝脏具有转氨基作用和脱氨基作用，是体内的排毒机构。一方面肝脏可以将氨基酸脱氨基成尿素，另一方面可以将机体多余的 NH_3 转氨基合成尿素，再通过尿液排出体外。

（二）大脑与物质代谢

大脑是人体的神经中枢，有氧活动非常频繁。常见的物质代谢种类有糖的有氧氧化、糖酵解、氨基酸代谢。

大脑的能量主要来自葡萄糖和酮体氧化。大脑优先利用葡萄糖作为能源，大脑不具备分解糖原和转化蛋白质和脂肪的功能，其葡萄糖主要来源于血液。当葡萄糖不足时，大脑能利用酮体供能，但不能利用脂肪供能。

此外，大脑能够进行少量的氨基酸转化，但由于大脑的氨基酸含量较少，氨基酸代谢并不广泛。

（三）心脏与物质代谢

心脏是人体血液循环的动力泵，为提供血液循环所需的动力。心脏需要大量的能量供给。心肌可利用多种营养物质及中间产物为能源，心肌最优先利用脂肪为能源物质，葡萄糖、乳酸、酮体次之。在供给方式上主要以营养物质的氧化为主。

（四）肾脏与物质代谢

肾脏是除肝脏之外，唯一一个既可以进行糖异生又可以形成酮体的器官。肾髓质主要由糖酵解供能，肾皮质由脂肪酸、酮体供能。一般情况下，肾的糖异生量远远不及肝脏糖异生的量多。

（五）脂肪与物质代谢

脂肪组织是能量储存和释放的重要场所。食物中摄入的能量主要以脂肪组织的形式储存，当机体能量来源不足时，通过脂肪组织分解来供能。

（六）肌肉组织与物质代谢

肌肉不停地伸张收缩，以支撑机体的多种运动和应激。肌肉主要通过氧化脂肪酸供能。当剧烈运动时进行无氧的糖酵解产生乳酸。

你知道吗

代谢调节的紊乱

代谢综合征是指人体的蛋白质、脂肪、碳水化合物等物质发生代谢紊乱的病理状态，表现为心脑血管病的多种代谢危险因素在同一个体内集结的亚健康状态。代谢综合征本身并不是一种疾病，是一系列风险因素，指向于糖尿病、高血压、高脂血症等疾病状态。引起代谢综合征的因素有很多，超重和肥胖在代谢综合征发生、发展中起着决定性的作用。

因此合理的饮食搭配、健康的生活方式以及适度的运动安排有助于保障身体健康。

目标检测

一、选择题

（一）单项选择题

1. 从物质代谢的相互关系看，色氨酸可以合成的物质是（   ）

    A. 赖氨酸   B. 丙氨酸   C. 胆碱   D. 亮氨酸

2. 操纵子调节属于（   ）

    A. 复制水平的调节   B. 转录水平的调节

    C. 转录后加工的调节   D. 翻译水平的调节

3. 酶的活性调节不包括（   ）

    A. 酶原激活   B. 酶的变构

    C. 酶的共价修饰   D. 酶的阻遏

4. 下列有关酶原激活，正确的是（   ）

    A. 所有的蛋白质合成初期都有酶活性

    B. 酶原激活后活性中心得以暴露或生成

    C. 酶原激活后蛋白质构象不发生变化

    D. 酶原激活的意义是促进组织生长

5. 以下是能量转移和磷酸基团转移的重要物质的是（   ）

    A. ATP   B. GTP   C. UTP   D. CTP

6. 以下最高级别的代谢调控方式为（   ）

    A. 酶水平调节   B. 细胞水平调节

    C. 激素水平调节   D. 整体水平调节

7. 整体水平代谢调节最显著的特点是（   ）

    A. 神经系统参与   B. 低级代谢调节

    C. 酶活性改变   D. 激素水平改变

8. 激素与细胞内的（   ）相结合，从而起到代谢调控的作用

    A. 细胞膜   B. 核体   C. 受体   D. 配体

9. 人体饥饿时机体胰岛素的分泌（   ）

    A. 增加   B. 减少   C. 不变   D. 先增加再减少

10. 以下酶调节机制最快的是（   ）

    A. 变构　　　　　B. 修饰　　　　　C. 降解　　　　　D. 含量

11. 饥饿条件下，肝脏中哪条代谢途径增强（　　　）？

    A. 糖酵解　　　　　　　　　　　B. 糖原合成

    C. 磷酸戊糖途径　　　　　　　　D. 糖异生

12. 作用于细胞内受体的激素是（　　　）

    A. 肾上腺素　　　　　　　　　　B. 生长因子

    C. 类固醇激素　　　　　　　　　D. 蛋白质类激素

13. 糖与脂肪酸及氨基酸三者代谢的交叉点是（　　　）

    A. 乙酰辅酶 A　　　B. 丙酮酸　　　C. 延胡索酸　　　D. 琥珀酸

14. 静息状态时，体内耗糖量最多的器官是（　　　）

    A. 肝　　　　　　B. 心　　　　　C. 脑　　　　　D. 骨骼肌

15. 人体内某些物质代谢的速度主要取决于（　　　）

    A. 整个酶系的活性　　　　　　　B. 任一酶的活性

    C. 该途径中关键酶的活性　　　　D. 底物浓度的变化

（二）多项选择题

1. 下列关于物质代谢的说法中，不正确的是（　　　）

    A. 糖能合成必需氨基酸

    B. 脂肪代谢的脂肪酸能直接转变为糖

    C. 糖过剩时会形成糖原

    D. 乙酰 CoA 是糖、蛋白质、脂类共同的代谢产物

    E. 核酸代谢仅受 DNA 活性物质调控

2. 细胞水平代谢调控包括（　　　）

    A. 酶活性调节　　　　　　　　　B. 酶含量调节

    C. 酶分布调节　　　　　　　　　D. 能荷调节

    E. 激素调节

3. 下列氨基酸中，能通过代谢转化的是（　　　）

    A. 天冬氨酸　　B. 谷氨酸　　　C. 赖氨酸　　　D. 色氨酸　　　E. 精氨酸

4. 大脑的供能物质是（　　　）

    A. 葡萄糖　　　B. 酮体　　　　C. 氨基酸　　　D. 脂肪　　　E. 核酸

5. 酶的共价修饰方式有（　　　）

    A. 磷酸化与去磷酸化　　　　　　B. 甲基化与去甲基化

    C. 脱乙酰与乙酰化　　　　　　　D. 脱腺苷与腺苷化

    E. 氧化与还原

二、思考题

    患者，男，35 岁，是一家外资公司的高级职员。平时工作繁忙，各种应酬多，常常以车代步。半年来总感觉易饿，容易口渴，晚上常起夜 3~4 次。近两年因体重明显

增加，稍一活动即感到气喘而就诊。血压 140/88mmHg，空腹血糖 7.1mmol/L，餐后 2 小时血糖 15.6mmol/L，TG 2.85mmol/L，T-Ch 6.6mmol/L。

　　患者的生化指标各有什么意义？患者体重明显增加的原因是什么？

书网融合……

 划重点　　　自测题

>>> 第十一章　肝脏生化

学习目标

知识要求

1. **掌握**　肝在物质代谢中的作用；胆汁酸种类、功能、肠肝循环；胆红素的正常代谢。
2. **熟悉**　生物转化的概念、类型、特点；胆汁酸代谢。
3. **了解**　影响生物转化作用的因素；胆汁的主要成分及胆汁酸的种类；血清胆红素与黄疸的关系。

能力要求

1. 学会运用胆色素代谢与黄疸的关系，正确判断黄疸类型。
2. 能运用所学肝脏生物化学知识进行自我保健和促进他人健康。

　　肝脏是脊椎动物身体内以代谢功能为主的一个器官。肝脏是机体最大的腺体，由无数结构相同、大小及形态相似的肝小叶组成。正常成人肝组织重量约为1500g，约占体重的2.5%。肝脏在机体的代谢、胆汁生成、解毒、凝血、免疫、热量产生及水与电解质的调节中均起着非常重要的作用，是机体内一个巨大的"化工厂"，也是人体重要的物质代谢中枢。肝脏之所以有多方面的功能与其组织结构以及化学组成的特点有着密切关系。

第一节　肝在物质代谢中的作用

PPT

实例分析

　　实例　患者，女。最近出现血糖低，疲倦乏力，食欲不振，尿液颜色发黄，甚至皮肤瘙痒等症状，患者极为痛苦。经检查发现患者肝代谢异常。

　　分析　1. 肝脏参与机体哪些物质代谢？

　　　　　　2. 肝脏在糖代谢、脂类代谢、蛋白质代谢、维生素代谢、激素代谢中有哪些作用？

一、肝在糖代谢中的作用

　　肝是维持血糖浓度相对稳定的重要器官。通过糖原的合成与分解、糖异生作用维持血糖浓度在正常范围之内。

　　进食或输入葡萄糖后，肝细胞膜上的葡萄糖转运蛋白能有效转运葡萄糖，快速摄取过多的葡萄糖进入肝细胞，通过肝糖原合成降低血糖浓度，可使肝细胞内的葡萄糖浓度与血糖浓度一致，肝糖原占肝重的 5% ~6%。当血糖浓度偏低时，肝细胞内的葡萄糖 -6- 磷酸酶，可将肝糖原分解生成的葡萄糖 -6- 磷酸直接转化成葡萄糖以补充血糖。肝细胞还存在一套完整的糖异生酶系，是糖异生最重要的器官。较长时间禁食时，储存有限的肝糖原在 12 ~18 小时内几乎耗尽，此时肝通过糖异生将生糖氨基酸、乳酸及甘油等非糖物质转变成葡萄糖，成为机体在长期饥饿状况下维持血糖相对恒定的主要途径。其主要原料生糖氨基酸来自肌组织蛋白质的分解。肝还能将小肠吸收的其他单糖如果糖及半乳糖转化为葡萄糖，作为血糖的补充来源。

　　因此肝细胞严重损伤时，肝糖原合成、分解及糖异生作用降低，调节血糖浓度的能力下降，引起肝源性低血糖症，甚至出现低血糖昏迷。

> **请你想一想**
>
> 人体处于饥饿状态时，肝脏如何维持人体血糖平衡？

你知道吗
_____

肝脏结构特点

　　肝脏具有双重的血液供应系统，即肝动脉和门静脉。门静脉是肝的功能性血管，肝动脉是肝的营养性血管。肝脏具双重输出系统，即血液输出系统和胆道输出系统。血液输出系统是指肝静脉出肝后经下腔静脉与体循环相通，使经肝处理后的代谢物通过肾脏随尿排出。胆道输出系统是指肝细胞分泌的胆汁通过胆道排入肠道，随胆汁排出的有胆汁酸盐和一些代谢产物。肝脏具有丰富的肝血窦。肝血窦的窦壁由内皮细胞构成，内皮有孔，细胞之间间隙较大，有利于肝细胞与血流之间进行物质交换。肝细胞含有丰富的内质网、线粒体、溶酶体、高尔基复合体和丰富的过氧化物酶体等，有些甚至是肝所独有的。肝细胞具有再生功能。

二、肝在脂类代谢中的作用

　　肝在脂类的消化、吸收、运输、分解代谢和合成代谢中都具有重要的作用。

　　肝脏能分泌胆汁酸，可将食物中的脂类乳化成细小的微粒，增加了与各种脂酶的接触面积，可促进脂类物质和脂溶性维生素的消化和吸收。

　　肝是氧化分解脂肪酸的主要场所，也是人体内生成酮体的主要场所。肝可有效协调脂肪酸氧化供能和酯化合成三酰甘油两条途径。肝脏中活跃的 β 氧化过程，释放出较多能量，以供肝脏自身需要。生成的酮体不能在肝脏氧化利用，要经血液运输到其他组织（心、肾、骨骼肌等）氧化利用，作为这些组织良好的供能原料。

　　肝也是合成脂肪酸和脂肪的主要场所，还是人体中合成胆固醇的主要器官，其合成量占全身合成总量的80%以上，是血浆胆固醇的主要来源。肝是转化、排出胆固醇的主要器官，其中胆道几乎是机体排出胆固醇及其转化产物的唯一途径。胆汁酸的生成是肝降解胆固醇的最重要途径。此外，肝还合成并分泌卵磷脂－胆固醇脂酰基转移酶，能够促使胆固醇酯化，有利于在血浆中运输。当肝脏严重损伤时，影响胆固醇合成以及胆固醇脂酰基转移酶的生成，胆固醇含量减少，致使血浆胆固醇酯的降低。

肝还是合成磷脂的重要器官，肝磷脂合成活跃，尤其是卵磷脂的合成。肝内磷脂的合成与三酰甘油的合成及转运有密切关系。正常时肝含脂质量不多，约为 4%，其中主要是磷脂。磷脂合成障碍会导致肝脏不能及时将脂肪运出。三酰甘油在肝内堆积，形成脂肪肝。在肝脏堆积的脂肪，可影响肝细胞功能，破坏肝细胞，使结缔组织增生，造成肝硬变。

三、肝在蛋白质代谢中的作用

肝在人体蛋白质合成、分解和氨基酸代谢中起重要作用。

肝内蛋白质的代谢极为活跃，肝脏不仅合成大量蛋白质以满足自身结构和功能的需要，还合成大量蛋白质输出肝，以满足机体肝外功能的需要。故肝功能严重损害时，常出现水肿及血液凝固机能障碍。

肝是合成和分泌血浆蛋白的重要器官，球蛋白、清蛋白、凝血酶原、纤维蛋白原及血浆脂蛋白所含的多种载脂蛋白等均在肝脏合成。正常血浆蛋白质含量为 $60 \sim 75 g/L$，清蛋白（albumin，A）为 $30 \sim 40 g/L$，球蛋白（globulin，G）为 $20 \sim 30 g/L$，正常人血浆清蛋白与球蛋白的比值 A/G 为 $1.5 \sim 2.5$，当肝病变时如慢性肝炎、肝硬化，血浆清蛋白减少，可使 A/G 比值变小，严重时甚至出现 A/G 比值倒置。

肝脏在血浆蛋白质分解代谢中亦起重要作用。肝细胞表面有特异性受体，可识别某些血浆蛋白质（如铜蓝蛋白、α_1 抗胰蛋白酶等），经胞饮作用吞入肝细胞，被溶酶体水解酶降解。肝脏中有关氨基酸分解代谢的酶含量非常丰富，体内大部分氨基酸，除支链氨基酸（亮氨酸、异亮氨酸、缬氨酸）在肌肉中分解外，其余氨基酸特别是芳香族氨基酸主要在肝脏分解。当肝细胞损伤时，主要定位于肝细胞的谷丙转氨酶逸出细胞进入血浆使其酶活性升高，临床上据此检测有助于肝病的诊断。

在蛋白质代谢中，肝脏可以解氨毒，即将氨基酸代谢产生的有毒氨通过鸟氨酸循环合成无毒的尿素，经肾脏排出体外以解氨毒。其次，肝脏还可以将氨转变成谷氨酰胺。严重肝脏病人，肝脏解氨毒能力下降，血氨升高和氨中毒，是导致肝性脑病发生的重要生化机制之一。

肝还是胺类物质解毒的重要器官。肠道细菌作用于氨基酸产生的芳香胺类等有毒物质，被吸收入血，主要在肝细胞中进行转化以减少其毒性。当肝功不全或门体侧支循环形成时，这些芳香胺可不经处理进入神经组织，经过羟化作用生成苯乙醇胺和章胺。其结构类似于儿茶酚胺类神经递质，可取代正常神经递质，抑制大脑功能，是肝性脑病的另一重要生化机制。

四、肝在维生素代谢中的作用

肝在维生素的储存、吸收、运输及转化等方面具有重要作用。

肝内含有较多的维生素，如维生素 A、维生素 K、维生素 B_1、维生素 B_2、维生素 B_6、维生素 B_{12}、泛酸、叶酸等。其中，肝中维生素 A 的含量占体内总量的95%。当机体缺乏维生素 A 时会导致夜盲症，由于肝含有胡萝卜素酶，可使胡萝卜素转变为维生素 A，因此食用动物肝脏有较好疗效。

肝合成和分泌胆汁酸，可以促进脂溶性维生素 A、维生素 D、维生素 E、维生素 K 的吸收。所以肝胆系统疾患，可伴有维生素的吸收障碍。例如严重肝病时，维生素 B_1 的磷酸化作用受影响，从而引起有关代谢的紊乱，由于维生素 K 及 A 的吸收、储存与代谢障碍而表现有出血倾向及夜盲症。

肝直接参与多种维生素的代谢转化。如能将胡萝卜素转化为维生素 A，将维生素 D_3 转化为 25 - 羟基维生素 D_3。肝还可利用许多维生素合成辅酶，例如维生素 B_1 可在肝中合成 TPP，维生素 B_6 合成磷酸吡哆醛，维生素 B_2 合成 FAD，维生素 PP 可合成 NAD^+ 和 $NADP^+$，泛酸合成辅酶 A 等，对机体内的物质代谢起着重要作用。

五、肝在激素代谢中的作用

激素是由内分泌腺产生的化学物质，随着血液输送到全身，控制身体的生长、新陈代谢、神经信号传导。肝脏能将许多激素分解，使其失去活性，叫做激素灭活。灭活过程对激素具调节作用。

有肝病的人不能有效地灭活雌激素，使之在肝内积蓄，可引起性征的改变，如男性乳房发育。雌激素还有扩张小动脉的作用，肝病患者手掌可出现红斑，俗称"肝掌"，或是因局部小血管扩张扭曲而形成蜘蛛痣。醛固酮和糖皮质激素灭活障碍，使得水和钠在体内滞留，引起水肿。

第二节 肝的生物转化作用

PPT

实例分析

实例 新生儿生物转化酶发育不全，对药物及毒物的转化能力不足，易发生药物及毒素中毒等症状。老年人因器官退化，对氨基比林、保泰松等药物转化能力降低，用药后药效较强，副作用较大。

分析 1. 为什么新生儿和老年人容易发生药物中毒？

2. 肝脏在药物代谢中起什么作用？

一、生物转化的概念与意义

（一）生物转化的概念

机体对许多外源性或内源性非营养物质进行化学转变，增加其水溶性（或极性），使其易随胆汁、尿排出，这种体内变化过程称生物转化。

肝是生物转化作用的主要器官，在肝细胞微粒体、胞质、线粒体等部位均存在有关生物转化的酶类。其次是肾，另外在肺、胃肠道和皮肤也有一定生物转化功能。生物转化的物质按其来源分为内源性物质和外源性物质。内源性物质指体内代谢中产生的各种生物活性物质如激素、神经递质等及有毒的代谢产物如氨、胆红素等。外源性物质指由外界进入体内的各种异物，如药品、食品添加剂、色素及其他化学物质等。这些非营养物质既不能作为构成组织细胞的原料，也不能供应能量。机体只能将他们直接排出体外，或先将他们进行代谢转变，一方面增加其极性或水溶性，使易随尿或胆汁排出，另一方面也会改变其毒性或药物的作用。一般情况下，非营养物质经生物转化后，其生物活性或毒性均降低甚至消失，所以曾将此种作用称为生理解毒。

（二）生物转化的生理意义

生物转化的生理意义在于它可体内的非营养物质进行转化，使其生物学活性降低或消除（灭活作用），或使有毒物质的毒性减低或消除（解毒作用）。更为重要的是生物转化作用可使这些物质的溶解性增高，变为易于从胆汁或尿液中排出体外的物质。应该指出的是，有些物质经肝的生物转化后，其毒性反而增加或溶解性降低，不易排出体外。例如烟草中含有的一种多环芳香烃类化合物——苯并芘，其本身没有直接致癌作用，但经过肝脏生物转化后反而成为直接致癌物。因此不能将肝脏的生物转化作用简单称为"解毒作用"，这显示了肝脏生物转化作用解毒与致毒双重性的特点。

请你想一想

为什么不能将肝脏的生物转化作用简单称为"解毒作用"？

二、生物转化的反应类型

肝的生物转化涉及多种酶促反应（参与生物转化的酶类见表 11 – 1），但总体上可分为两相反应。第一相反应包括氧化反应、还原反应和水解反应。许多物质通过这一相反应，使得物质分子中某些非极性基团转变为极性基团，水溶性增加，即可大量排出体外。第二相反应是结合反应。在反应过程中，有些物质经过第一相反应后水溶性和极性改变不明显，还需要结合极性更强的物质或基团，以进一步增加其水溶性而促进排泄。结合反应是体内重要的生物转化方式，主要与葡萄糖醛酸、硫酸和乙酰基等结合，尤以与葡萄糖醛酸结合反应最为普遍。实际上，许多物质的生物转化反应非常复杂。一种物质有时需要连续进行几种反应类型才能实现生物转化目的，这反映了生物转化反应的连续性特点。如阿司匹林常先水解成水杨酸后再经结合反应才能排出体外。同一种或同一类物质可以进行不同类型的生物转化反应，产生不同的产物，则体现了生物转化反应类型的多样性特点。

你知道吗

生物转化的特点

（1）连续性　非营养物质在肝内进行的生物转化是在一系列酶的催化下连续进行

的化学反应，最终将这些物质清除至体外。

（2）多样性　在连续的化学反应中，非营养物质有的经过第一相反应可以清除，有的还要经过第二相反应才能清除。

（3）失活与活化双重性　经过生物转化，有的非营养物质的活性基团被遮蔽而失去活性；有的却获得活性基团而被活化，表现出解毒与致毒双重性。

表 11 - 1　参与肝生物转化作用的酶类

反应类型	酶类	辅酶或结合物	细胞内定位
第一相反应	氧化酶类		
	单加氧酶系	$NADPH + H^+$、O_2、细胞色素 P450	内质网
	单胺氧化酶	黄素辅酶	线粒体
	脱氢酶类	NAD^+	细胞质或线粒体
	还原酶类		
	硝基还原酶	$NADH + H^+$ 或 $NADPH + H^+$	内质网
	偶氮还原酶	$NADH + H^+$ 或 $NADPH + H^+$	内质网
第二相反应	葡糖醛酸基转移酶	活性葡糖醛酸（UDPGA）	内质网
	硫酸基转移酶	活性硫酸（PAPS）	细胞质
	谷胱甘肽 S - 转硫酶	谷胱甘肽（GSH）	细胞质与内质网
	乙酰基转移酶	乙酰 CoA	细胞质
	酰基转移酶	甘氨酸	线粒体
	甲基转移酶	S - 腺苷甲硫氨酸	细胞质与内质网

（一）氧化反应

氧化反应是最多见的生物转化第一相反应。

1. 单加氧酶系　单加氧酶系是氧化异源物最重要的酶，又称羟化酶或混合功能氧化酶。肝细胞中存在多种氧化酶系。其中最重要的是定位于肝细胞微粒体的细胞色素 P450 单加氧酶系。单加氧酶系是一个复合物，至少包括两种组分：一种是细胞色素 P450（血红素蛋白）；另一种是 NADPH - 细胞色素 P450 还原酶（以 FAD 为辅基的黄酶）。该酶催化氧分子中的一个氧原子加到许多脂溶性底物中形成羟化物或环氧化物，另一个氧原子则被 NADPH 还原成水。故该酶又称羟化酶或混合功能氧化酶。单加氧酶系催化的基本反应如下。

$$RH+O_2+NADPH+H^+ \xrightarrow{\text{单加氧酶系}} ROH+NADP^++H_2O$$

单加氧酶系的羟化作用不仅增加药物或毒物的水溶性，有利于排泄，而且还参与体内许多重要物质的羟化过程。如维生素 D_3 羟化成为具有生物学活性的维生素 1，25 - $(OH)_2D_3$，胆汁酸和类固醇激素合成过程中的羟化作用等。然而有些致癌物质经氧化后丧失其活性，而有些本来无活性的物质经氧化后却生成有毒或致癌物质。例如发霉谷物中含有的黄曲霉素 B_1 经单加氧酶作用生成的黄曲霉素 2,3 - 环氧化物可与

DNA 分子中的鸟嘌呤结合，引起 DNA 突变，引起机体癌变。

2. 单胺氧化酶系 存在于肝细胞线粒体内的单胺氧化酶是另一类参与生物转化的氧化酶类。单胺氧化酶类可氧化脂肪族和芳香族胺类。其可催化蛋白质腐败作用等产生的脂肪族和芳香族胺类物质（如组胺、酪胺、色胺、尸胺、腐胺等）以及一些肾上腺素能药物（如 5 – 羟色胺、儿茶酚胺类等）的氧化脱氨基作用生成相应的醛类，后者进一步在胞质中醛脱氢酶催化下进一步氧化成酸，使之丧失生物活性。

$$RCH_2NH_2+O_2+H_2O \longrightarrow RCHO+NH_3+H_2O_2$$
$$\quad\;\text{胺} \qquad\qquad\qquad\qquad \text{醛}$$

$$RCHO+NAD^++H_2O \longrightarrow RCOOH+NADH+H^+$$
$$\quad\text{醛} \qquad\qquad\qquad\qquad \text{酸}$$

3. 醇脱氢酶与醛脱氢酶系 存在于胞质和线粒体中的醇脱氢酶与醛脱氢酶可以将乙醇最终氧化成乙酸。肝细胞胞质中存在非常活跃的以 NAD^+ 为辅酶的醇脱氢酶，可催化醇类氧化成醛，后者再由醛脱氢酶催化生成相应的酸类。

$$RCH_2OH+NAD^+ \xrightarrow{\text{醇脱氢酶}} RCHO+NADH+H^+$$

$$RCHO+NAD^++H_2O \longrightarrow RCOOH+NADH+H^+$$

人类摄入的乙醇可被胃（吸收 30%）和小肠上段（吸收 70%）迅速吸收。饮入体内的乙醇约有 2% 不经转化便从肺呼出或随尿排出，其余部分在肝进行生物转化，由醇脱氢酶与醛脱氢酶将乙醇最终氧化成乙酸。乙醇在肝脏代谢过程中产生乙醛。此外，乙醇的氧化使肝细胞胞液 $NADH/NAD^+$ 比值升高，过多的 NADH 可将胞液中丙酮酸还原成乳酸。严重酒精中毒导致乳酸和乙酸堆积可引起酸中毒和电解质平衡紊乱，还可使糖异生受阻引起低血糖。所以持续摄入乙醇，会损伤肝脏。

（二）还原反应

肝细胞中的主要还原酶类是硝基还原酶类和偶氮还原酶类。硝基化合物可用作医药、染料、香料、炸药等工业的化工原料及有机合成试剂。偶氮染料是品种最多、应用最广的一类合成染料，可用于纤维、纸张、墨水、皮革、塑料、彩色照相材料和食品着色，有些可能是前致癌物。这些化合物分别在微粒体硝基还原酶和偶氮还原酶的催化作用下，以 NADH 或 NADPH 作为供氢载体，还原生成相应的胺类，从而失去致癌作用。例如，硝基苯和偶氮苯经还原反应均可生成苯胺，后者再在单胺氧化酶的作用下，生成相应的酸。

硝基苯   亚硝基苯   苯胲   苯胺

偶氮苯   苯胺

（三）水解反应

细胞的胞质与微粒体中含有多种水解酶类，这些水解酶类主要包括酯酶、酰胺酶和糖苷酶，分别水解脂类、酰胺类和糖苷类化合物中的酯键、酰胺键和糖苷键，以减低或消除其生物活性。这些水解产物通常还需进一步反应，以利于排出体外。例如，阿司匹林（乙酰水杨酸）的生物转化过程中，首先是水解反应生成水杨酸，或者水解后先氧化成羟基水杨酸，然后是与葡糖醛酸的结合反应。

乙酰水杨酸　→　水杨酸　→　羟基水杨酸　→　葡糖醛酸苷等结合产物

（四）结合反应

结合反应是生物转化的第二相反应。第一相反应生成的产物可直接排出体外，或再进一步进行第二相反应，生成极性更强的化合物。有些被转化的物质也可不经过第一相反应而直接进入第二相反应。凡含有羟基、羧基或氨基的药物、毒物或激素均可与某些极性物质结合，掩盖其功能基团，增加水溶性，使其失去生物学活性或毒性，并促进其排出。常见的结合物或基团主要有葡糖醛酸、硫酸、乙酰基、甲基、谷胱甘肽、氨基酸等。其中与葡萄糖醛酸、硫酸和乙酰基的结合反应最为重要，尤以葡糖醛酸的结合反应最为普遍。

1. 葡糖醛酸结合反应　葡糖醛酸结合反应是最重要、最普遍的结合反应。糖代谢过程中产生的尿苷二磷酸葡糖，可在肝内进一步氧化生成尿苷二磷酸葡糖醛酸。

$$尿苷二磷酸葡糖+NAD^+ \xrightarrow{\text{UDPG脱氢酶}} 尿苷二磷酸葡糖醛酸+NADH+H^+$$

肝细胞微粒体中含有非常活跃的葡糖醛基转移酶。肝细胞微粒体的 UDP - 葡糖醛酸基转移酶，以尿苷二磷酸葡糖醛酸作为葡糖醛酸的活性供体，可催化葡糖醛酸基转移到醇、酚、胺、羧酸类化合物的羟基、羧基及氨基上形成相应的 β - D - 葡糖醛酸苷，使其极性增加，更易排出体外。据研究，有数千种亲脂的内源物和异源物可与葡糖醛酸结合，如胆红素、类固醇激素、吗啡和苯巴比妥类药物等均可在肝与葡糖醛酸结合进行转化，进而排出体外。

2. 硫酸结合反应　硫酸结合也是常见的结合反应。肝细胞胞质中存在硫酸基转移酶，以 3′ - 磷酸腺苷 5′ - 磷酰硫酸为活性硫酸供体，既可催化硫酸基转移到类固醇、酚或芳香胺类等内、外源非营养物质上，生成硫酸酯，使其水溶性增强，易于排出体外，又可促进其失活。例如雌酮通过该反应形成硫酸酯而被灭活。

HO—雌酮　+PAPS　→　HOS_3O—雌酮硫酸酯　+PAP

3. 乙酰基化反应 乙酰基化是某些含胺非营养物质的重要转化反应。肝细胞胞液富含乙酰基转移酶,以乙酰 CoA 为乙酰基的直接供体,催化乙酰基转移到含氨基或肼的内、外源非营养物质(如磺胺、异烟肼、苯胺等),形成乙酰化衍生物。例如,抗结核病药物异烟肼在肝内乙酰基转移酶催化下经乙酰化而失去活性。

异烟肼　　　　乙酰辅酶A　　　　　　　　乙酰异烟肼　　　　辅酶A

此外,大部分磺胺类药物在肝内也通过这种形式灭活。磺胺类药物经乙酰化后,其溶解度反而降低,在酸性尿中易于析出,故在服用磺胺类药物时应服用适量的小苏打,以提高其溶解度,利于随尿排出。

4. 谷胱甘肽结合反应 谷胱甘肽结合反应是细胞应对亲电子性异源物的重要防御反应。肝细胞胞液的谷胱甘肽 S-转移酶,可催化谷胱甘肽(GSH)与含有亲电子中心的环氧化物和卤代化合物等异源物结合,生成 GSH 结合产物。主要参与对致癌物、环境污染物、抗肿瘤药物以及内源性活性物质的生物转化。该酶在肝中含量非常丰富,占肝细胞中可溶性蛋白质的 3% ~ 4%。亲电子性异源物若不与 GSH 结合,则可自由地共价结合 DNA、RNA 或蛋白质,导致细胞严重损伤。谷胱甘肽与其结合后,可防止发生此种共价结合,起到解毒作用。此外,谷胱甘肽结合反应也是细胞自我保护的重要反应。

5. 甲基化反应 甲基化反应是代谢内源化合物的重要反应。肝细胞中含有各种甲基转移酶,以 S-腺苷甲硫氨酸(SAM)为甲基供体,催化含有氧、氮、硫等亲核基团化合物的甲基化反应。其中,胞液中可溶性儿茶酚-O-甲基转移酶(COMT)具有重要的生理意义。COMT 催化儿茶酚和儿茶酚胺,使其羟基甲基化,生成有活性的儿茶酚化合物。同时 COMT 也参与生物活性胺如多巴胺类的灭活等。

儿茶酚　　　　　　　　　　　　　　　O-儿茶酚

6. 甘氨酸结合反应 甘氨酸主要参与含羧基异源物的结合转化。甘氨酸在肝细胞线粒体酰基转移酶的催化下可与含羧基的外来化合物结合。含羧基的药物、毒物等异源物首先在酰基 CoA 连接酶催化下生成活泼的酰基 CoA,再在肝细胞线粒体基质酰基CoA:氨基酸 N-酰基转移酶的催化下与甘氨酸或牛磺酸结合生成相应的结合产物。如马尿酸的生成等。

苯甲酸　　　　　　　　　　　　　　　苯甲酰CoA

苯甲酰CoA　　　　甘氨酸　　　　　　　马尿酸

三、影响生物转化的因素

生物转化作用受年龄、性别、营养、肝脏疾病、遗传、药物等体内外各种因素的影响。

1. 年龄影响生物转化作用明显 例如，新生儿肝生物转化酶发育不完善，对药物及毒物的转化能力不足，易发生药物及毒物中毒等。老年人因器官退化，对氨基比林、保泰松等药物转化能力降低，用药后药效较强，副作用较大。因此，临床上对新生儿和老年人的用药量较成人低，许多药物使用时都要求儿童和老年人慎用或禁用。

2. 某些生物转化反应存在性别差异 例如，女性体内醇脱氢酶活性高于男性，女性对乙醇的代谢能力比男性强。氨基比林在男性体内的半衰期约为 13.4 小时，而女性则为 10.3 小时。说明女性对氨基比林的转化能力比男性强。

3. 营养状况也影响生物转化作用 例如，蛋白质的摄入量可以增加肝细胞整体生物转化酶的活性，提高生物转化效率。饥饿数天（7 天），肝谷胱甘肽 S 转移酶作用受到明显影响，其参加的生物转化反应水平降低。

4. 疾病尤其是严重肝病对生物转化作用影响明显 肝实质性损伤直接影响肝脏生物转化酶类的合成。例如严重肝病时微粒体单加氧酶系活性可降低50%。肝细胞损害导致 NADPH 合成减少，也影响肝对血浆药物的清除率。肝功能低下使得人体对包括药物或毒物在内的许多异源物的摄取及灭活速度下降，药物的治疗剂量与毒性剂量之间的差距减小，容易造成肝损害，故对肝病病人用药应特别慎重。

5. 遗传因素影响生物转化作用 遗传变异可引起个体之间生物转化酶类分子结构的差异或酶合成量的差异。变异产生的低活性酶可因影响药物代谢而造成药物在体内的蓄积。相反，变异导致的高活性酶则可缩短药物的作用时间或造成药物代谢毒性产物的增多。

6. 诱导物影响生物转化作用 许多异源物可以诱导合成一些生物转化酶类，在加速其自身代谢转化的同时，也可影响对其他异源物的生物转化。例如，长期服用苯巴比妥，可诱导肝微粒体单加氧酶系的合成，从而使机体对苯巴比妥类催眠药产生耐药性。

第三节 胆汁和胆汁酸的代谢

PPT

实例分析

实例 某孕妇妊娠 31 周，出现皮肤瘙痒症状。白昼轻，夜间加剧。同时伴有失眠、恶心、呕吐、食欲减退。诊断胆汁酸升高，确定为妊娠期肝内胆汁淤积症（ICP）。该病对妊娠最大的危害是发生难以预测的胎儿突然死亡。那么，胆汁酸代谢异常对人体有哪些危害呢？

分析 1. 胆汁酸有哪些主要生理功能？

2. 胆汁酸在体内如何代谢？

一、胆汁

胆汁是由肝细胞分泌的带有苦涩味的有色液体。肝细胞最初分泌的胆汁称肝胆汁。

肝胆汁进入胆囊后，胆囊壁上皮细胞可以吸收其中的部分水分和其他一些水分，同时分泌黏液渗入胆汁，经浓缩成为胆囊胆汁，经胆总管排入十二指肠参与脂类的消化与吸收。

胆汁由胆汁酸盐、胆色素、胆固醇、磷脂、无机盐等组成，其中主要固体成分是胆汁酸盐，约占固体成分的50%。但胆汁中无消化酶，其消化作用主要靠胆汁酸盐。胆汁酸盐与脂质消化、吸收有关；磷脂与胆汁中胆固醇的溶解状态有关；其他成分多属排泄物。体内某些代谢产物及进入体内的药物、毒物、重金属盐等异源物，均经肝的生物转化作用随胆汁排出体外。因此，胆汁是一种消化液，也可作为排泄液。成人每日胆汁分泌量800~1000ml。高蛋白食物可使胆汁分泌量增多。

正常人肝胆汁和胆囊胆汁的部分性质和化学组成百分比见表11-2。

表11-2 肝胆汁和胆囊胆汁部分性质和化学组成百分比

性质和化学组成	肝胆汁	胆囊胆汁
比重	1.009~1.013	1.026~1.032
pH	7.1~8.5	5.5~7.7
水	96~97	80~86
固体成分	3~4	14~20
无机盐	0.2~0.9	0.5~1.1
黏蛋白	0.1~0.9	1~4
胆汁酸盐	0.5~2	1.5~10
胆色素	0.05~0.17	0.2~1.5
胆固醇	0.05~0.17	0.2~0.9
磷脂	0.05~0.08	0.2~0.5
总脂质	0.1~0.5	1.8~4.7

二、胆汁酸代谢与功能

胆汁酸是存在于胆汁中一大类胆烷酸的总称，以钠盐或钾盐的形式存在，即胆汁酸盐，简称胆盐。

胆汁酸是肝脏胆汁的主要成分。正常人胆汁中的胆汁酸按其结构可以分为游离胆汁酸、结合胆汁酸两类。游离胆汁酸包括胆酸、脱氧胆酸、鹅脱氧胆酸和少量石胆酸四种。甘氨酸或牛磺酸分别与上述游离胆汁酸的24位羧基结合生成各种相应的结合胆汁酸，包括甘氨胆酸、牛磺胆酸、甘氨鹅脱氧胆酸和牛磺鹅脱氧胆酸。胆汁酸按其来源亦可分为初级胆汁酸和次级胆汁酸两类。初级胆汁酸是肝细胞以胆固醇为原料直接合成的胆汁酸，包括胆酸、鹅脱氧胆酸及相应结合型胆汁酸。次级胆汁酸是在肠道细菌作用下初级胆汁酸7α-羟基脱氧后生成的胆汁酸，包括脱氧胆酸及石胆酸。

胆汁中含有的胆汁酸主要是结合型胆汁酸。结合型胆汁酸中，甘氨酸胆汁酸与牛磺酸胆汁酸之比约为$3:1$。胆汁内的初级胆汁酸与次级胆汁酸是以胆汁酸钠盐或钾盐形式存在，形成相应的胆汁酸钠盐和胆汁酸钾盐。

（一）初级胆汁酸的生成

肝细胞以胆固醇为原料合成初级胆汁酸，这是胆固醇在机体内的主要代谢去路。肝细胞内存在丰富催化酶类，主要分布在微粒体和胞液中。肝细胞合成胆汁酸的步骤十分复杂。胆固醇首先被胆固醇7α-羟化酶催化生成7α-羟胆固醇，以后再经过胆醇核的3α及12α羟化、加氢还原、侧链氧化断裂、加水多步反应形成胆酰CoA。后者再经水解，分别生成胆酸和鹅脱氧胆酸。经上述过程生成的胆酸、鹅脱氧胆酸为游离型初级胆汁酸，与甘氨酸、牛磺酸结合后生成结合型初级胆汁酸。胆固醇7α-羟化酶是胆汁酸合成途径的关键酶，该酶是限速酶。临床上通常采用口服阴离子交换树脂考来烯胺以减少肠道内胆汁酸的重吸收，从而促进肝脏内胆固醇向胆汁酸的转化。

（二）次级胆汁酸的生成

进入肠道内的初级胆汁酸，在小肠下段和大肠，通过肠道细菌酶的催化作用下水解、脱羟，形成次级胆汁酸。即胆酸脱去7α-羟基转变成脱氧胆酸；鹅脱氧胆酸脱去7α-羟基转变成石胆酸。这两种游离型次级胆汁酸还可被重吸收进入肝脏，分别与甘氨酸或牛磺酸结合生成结合型次级胆汁酸。

（三）胆汁酸的肠肝循环

排入肠道的胆汁酸（包括初级、次级、结合型与游离型）中约95%以上被重吸收，其余随粪便排出。胆汁酸的重吸收有两种方式。以主动重吸收为主；石胆酸溶解度小，多以游离形式存在，故大部分不被吸收而排出。重吸收的胆汁酸经门静脉重新进入肝脏，被肝细胞摄取。在肝细胞内，胆汁酸随胆汁排入肠腔后，通过重吸收经门静脉又回到肝，在肝内转变为结合型胆汁酸，经胆道再次排入肠腔的过程称为胆汁酸的"肠肝循环"。胆汁酸的肠肝循环可使有限的胆汁酸充分被利用，最大限度地发挥乳化脂类的作用，促进脂类的消化及吸收。

> **请你想一想**
>
> 胆汁酸的"肠肝循环"具有怎样的生理意义？

你知道吗
_____

机体内的胆汁酸储备的总量称为胆汁酸库。成人的胆汁酸库共$3\sim5g$，即使全部倾入小肠也难以满足成人每日正常膳食中脂质消化、吸收的需要。人体每天进行$6\sim12$次肠肝循环，从肠道吸收的胆汁酸总量可达$12\sim32\ g$，人每天从粪便中排出胆汁酸的量仅$0.4\sim0.6g$。如果胆汁的分泌和排泄受阻，会引起胆汁淤积症。

（四）胆汁酸的主要生理功能

1. 促进脂类的消化与吸收　胆汁酸分子内既含有亲水性的羟基、羧基或磺酸基，又含有疏水性的烃核和甲基。亲水基团均为 α 型，而甲基为 β 型。两类不同性质的基团使胆汁酸的立体构型具有亲水和疏水两个侧面，能够降低油水两相之间的表面张力。胆汁酸的这种结构特性使其成为较强的乳化剂，使疏水的脂类在水中成乳化细小的微团，既有利于消化酶的作用，又有利于脂质的吸收。

2. 抑制胆汁中胆固醇的析出　胆汁中的胆固醇难溶于水，在胆囊中浓缩后较易沉淀析出。胆汁中的胆汁酸与卵磷脂发生协同作用，可使胆固醇分散形成可溶性微团，使之不易结晶沉淀而经胆道转运至肠道排出体外。若肝合成胆汁酸或卵磷脂的能力下降，消化道丢失胆汁酸过多或肠肝循环中肝摄取胆汁酸过少，以及排入胆汁中的胆固醇过多（高胆固醇症），均可造成胆汁酸、卵磷脂和胆固醇的比值下降（小于 10∶1），易引起胆固醇析出沉淀，形成胆结石。

第四节　胆色素的代谢与黄疸

PPT

实例分析

实例　患者，男，69 岁。因"腹痛、腹胀 5 个月，皮肤、巩膜黄染 1 个月"入院。该患者小便黄如浓茶，大便呈陶土色。经实验室检查：血清总胆红素 406μmol/L，结合胆红素 397.4μmol/L，未结合胆红素 8.6μmol/L，初步诊断为阻塞性黄疸。

分析　1. 什么是胆红素？
　　　　2. 黄疸与胆红素有什么关系？

一、胆色素

胆色素是体内铁卟啉化合物的主要分解代谢产物，包括胆绿素、胆红素、胆素原和胆素等。这些化合物主要随胆汁排出体外。胆红素处于胆色素代谢的中心，是人体胆汁的主要色素，呈橙黄色，胆色素代谢也称胆红素代谢。

二、胆红素的生成与转运

（一）胆红素的来源与性质

体内的铁卟啉化合物主要包括血红蛋白、肌红蛋白、细胞色素、过氧化氢酶及过氧化物酶等。成人正常情况每天可以生成 250～350mg 胆红素，其中人体内约 80% 以上来自衰老红细胞中血红蛋白的分解，小部分胆红素是造血过程中尚未成熟的红细胞在骨髓中被破坏（骨髓内无效性红细胞生成）而形成的，还有少量来自含血红素蛋白，如肌红蛋白、过氧化物酶、细胞色素等的破坏分解。有人把这种不是由衰老红细胞分解而产生的胆红素称为"旁路性胆红素"。

胆红素亲脂疏水，有毒性，对大脑和神经系统能够引起不可逆的损害，但也有抗氧化剂功能，可以抑制亚油酸和磷脂的氧化。胆红素是临床上判定黄疸的重要依据，也是肝功能的重要指标。

（二）胆红素的生成过程

红细胞的平均寿命约 120 天。衰老的红细胞被肝、脾、骨髓等单核 – 巨噬系统细胞识别并吞噬，每天释放约 6g 血红蛋白（每 g 血红蛋白约可产生 35mg 胆红素）。释出的血红蛋白随后分解为珠蛋白和血红素。珠蛋白可降为氨基酸供体内再利用；血红素则在单核 – 吞噬细胞内微粒体的血红素加氧酶的作用下生成胆绿素，最后胆绿素在胆绿素还原酶的催化作用下，利用 NADH 或 NADPH 还原生成胆红素。胆绿素还原酶循环可使胆红素的作用增大 10000 倍。

（三）胆红素的转运过程

胆红素离开单核 – 巨噬系统细胞以后，在血液中主要以胆红素 – 清蛋白复合体形式存在和运输。血浆清蛋白与胆红素的这种紧密结合，不仅增加了胆红素的水溶性，提高了血浆对胆红素的运输能力，而且限制了其自由通透各种细胞膜，避免了对组织细胞造成的毒性，起到暂时性的解毒作用。

在正常人每 100ml 血浆的清蛋白能与 20～25mg 胆红素结合，而正常人血浆胆红素浓度仅为 0.1～1.0mg/dl，所以正常情况下，血浆中的清蛋白足以结合全部胆红素。但某些有机阴离子如磺胺类、脂肪酸、胆汁酸、水杨酸等可与胆红素竞争，分别与清蛋白结合，从而使胆红素游离出来，增加其透入细胞的可能性。过多游离胆红素可与脑部基底核神经细胞中的脂类结合，干扰脑的正常功能，称胆红素脑病或核黄疸。因此，有黄疸倾向的患者或新生儿生理性黄疸期，应慎用上述药物。

请你想一想

有黄疸倾向的患者或新生儿生理性黄疸期在用药方面有哪些注意事项？

你知道吗

核黄疸

核黄疸是一种严重的新生儿疾病，以由于先天和（或）新生儿体质因素所致的黄疸和血液内大量带核红细胞为特征，同时因胆红素对中枢神经组织的有害作用而产生神经症状。其病因主要为溶血性黄疸。本病多由于新生儿溶血病所致，黄疸、贫血程度严重者易并发胆红素脑病，如已出现胆红素脑病，则治疗效果欠佳，后果严重，容易产生智力低下、手足徐动、听觉障碍、抽搐等后遗症。因此本病预防是关键。

三、胆红素在肝细胞内的转变

（一）肝细胞对胆红素的摄取

胆红素在被肝细胞摄取之前先与清蛋白分离。当与清蛋白结合的胆红素复合体随血液运输到肝后，由于肝细胞具有极强的摄取胆红素的能力，故可迅速被肝细胞摄取。胆红素可以自由双向通透肝血窦肝细胞膜表面进入肝细胞，其动力是肝细胞内外胆红素的渗透压；其速度取决于清蛋白－胆红素的释放速度和肝细胞对胆红素的处理能力。

肝细胞质内有两种色素配体蛋白，即 Y 蛋白和 Z 蛋白，以 Y 蛋白为主。胆红素进入肝脏后在细胞质内与 Y 蛋白和 Z 蛋白结合，其中 Y 蛋白与胆红素的亲和力较高，在肝细胞中含量较大，是肝细胞内主要的胆红素载体蛋白。配体蛋白是胆红素在肝细胞质的主要载体，系谷胱甘肽 S－转移酶家族成员，含量丰富，对胆红素有较高亲和力。配体蛋白按照 1∶1 的比例与胆红素结合，胆红素－Y 蛋白复合物被转运至肝细胞滑面内质网。

（二）肝细胞对胆红素的转化

在 UDP－葡糖醛酸基转移酶的催化下，滑面内质网上的胆红素分子接受来自 UDP－葡糖醛酸的葡糖醛酸基，生成葡糖醛酸胆红素。与葡糖醛酸结合的胆红素称为结合胆红素或肝胆红素。每分子胆红素可结合 2 分子葡糖醛酸。结合胆红素主要是胆红素双葡糖醛酸酯，另外有一部分结合胆红素为胆红素硫酸酯。胆红素与葡糖醛酸的结合是肝脏对有毒性胆红素一种根本性的生物转化解毒方式。结合胆红素与未结合胆红素理化性质的比较见表 11－3。

表 11－3　结合胆红素与未结合胆红素理化性质比较

理化性质	结合胆红素	未结合胆红素
同义名称	间接胆红素、游离胆红素 血胆红素、肝前胆红素	直接胆红素、肝胆红素
与葡糖醛酸结合	未结合	结合
水溶性	小	大
脂溶性	大	小
透过细胞膜的能力和毒性	大	小
能否透过肾小球随尿排出	不能	能

（三）肝细胞对胆红素的排泄

结合胆红素水溶性强，胆红素经过结合转化后再经过高尔基复合体、溶酶体等作用，排入毛细胆管随胆汁排入小肠。当肝细胞损伤时，可由于结合型胆红素的排泄障碍而造成肝细胞淤滞性黄疸。由于肝细胞内有亲和力强的胆红素载体蛋白及葡糖醛酸基转移酶，因而不断地将胆红素摄取、结合、转化及排泄，保证血浆中的胆红素不断地经肝细胞而被清除。

四、胆红素在肠中的转变和胆素原的肠肝循环

经肝细胞转化生成的葡糖醛酸胆红素随胆汁排入肠道后，在肠菌的作用下脱去葡

萄糖醛酸基，并被逐渐还原生成 d - 尿胆素原、中胆素原和粪胆素原。这些物质统称为胆素原。大部分胆素原随粪便排出体外，在肠道下段，这些无色的胆素原接触空气分别被氧化为相应的 d - 尿胆素、i - 尿胆素和粪胆素，后三者合称胆素。胆素是黄褐色，是粪便的主要色素。正常人每天排出量为 40 ~ 280mg。胆道出现完全梗阻时，因胆红素不能排入肠道形成胆素原和粪胆素，所以粪便呈现灰白色或白陶土色。婴幼儿粪便呈现橘黄色，是由于肠道细菌稀少，未被细菌作用的胆红素随粪便排出导致的。

肠道中 10% ~ 20% 的胆素原可被肠黏膜细胞吸收，经门静脉入肝。其中大部分随胆汁排入肠道，形成胆素原的肠肝循环。少量胆素原经血入肾并随尿排出，称为尿胆素原。尿胆素原与空气接触后被氧化成尿胆素，成为尿的主要色素。临床上将尿胆素原、尿胆素及尿胆红素合称为尿三胆，是黄疸类型鉴别诊断的重要指标。正常人尿液中检测不到尿胆红素。

五、血清胆红素与黄疸 🅔微课

正常人体中胆红素主要以两种形式存在。一种是由肝细胞内质网作用生成的葡糖醛酸胆红素，这类胆红素称为结合胆红素；另一种是主要来自单核 - 巨噬细胞系统中红细胞破坏产生的胆红素，在血浆中主要与清蛋白结合而运输，称为游离胆红素。正常成人血清胆红素浓度为 $3.4 ~ 17.1\mu mol/L$（$0.2 ~ 1mg/L$）。其中 80% 是游离胆红素，其余为结合胆红素。体内胆红素生成过多，或肝细胞对胆红素的摄取、转化及排泄能力下降等因素会引起血浆胆红素含量增多，导致高胆红素血症。胆红素为橙黄色物质，过量的胆红素可扩散进入组织造成黄染现象，这一体征称为黄疸。正常人血清中胆红素总量不超过 $17.1\mu mol/L$（$1mg/dl$）。当某些因素引起血液中的胆红素含量增多，血清中胆红素浓度超过 $34.2\mu mol/L$（$2mg/dl$）时，胆红素扩散入组织，引起巩膜、黏膜及皮肤黄染的现象称为临床黄疸（显性黄疸）。

若血清胆红素浓度超过 $17.1\mu mol/L$，但未超过 $34.2\mu mol/L$ 时，则肉眼观察不到黄染，称为隐性黄疸。

临床上根据黄疸发病原因不同将黄疸分为有溶血性黄疸、肝细胞性黄疸和阻塞性黄疸三类。

（一）溶血性黄疸

溶血性黄疸，又称为肝前性黄疸。主要是红细胞本身的内在缺陷或红细胞受外源性因素损伤，使红细胞遭到大量破坏，单核吞噬系统产生胆红素过多，超过了肝细胞摄取、转化和排泄胆红素的能力，造成血液中未结合胆红素浓度显著增高所致。

（二）肝细胞性黄疸

肝细胞性黄疸，又称为肝原性黄疸。肝细胞性黄疸是指因肝细胞受损，对胆红素的摄取、结合以至排泄发生障碍，胆红素在血中蓄积所致的黄疸。肝细胞性黄疸常见于肝实质性疾病，如各种肝炎、肝硬化、肝肿瘤及有毒物质如氯仿、四氯化碳等引发的肝损伤。

（三）阻塞性黄疸

阻塞性黄疸，又称为肝后性黄疸。阻塞性黄疸是由各种原因引起胆汁排泄通道受阻，使胆小管和毛细血管内压力增大破裂，导致结合胆红素逆流入血，造成血清胆红素升高所致。阻塞性黄疸常见于胆管炎、肿瘤（尤其胰头癌）、胆结石或先天性胆管闭锁等疾病。

目标检测

一、选择题

（一）单项选择题

1. 肝不能利用的物质是（ 　 ）

　　A. 蛋白质　　　　　B. 糖　　　　　　C. 酮体　　　　　D. 脂肪

2. 人体合成胆固醇量最多的器官是（ 　 ）

　　A. 脾　　　　　　　B. 肝　　　　　　C. 肾　　　　　　D. 肺

3. 饥饿时肝进行的主要代谢途径是（ 　 ）

　　A. 蛋白质的合成　　　　　　　　　B. 糖的有氧氧化

　　C. 脂肪的合成　　　　　　　　　　D. 糖异生作用

4. 人体内生物转化最重要的器官是（ 　 ）

　　A. 大脑　　　　　　B. 肾上腺　　　　C. 心脏　　　　　D. 肝

5. 肝细胞微粒体中最重要的氧化酶系是（ 　 ）

　　A. 单加氧化酶　　　B. 单胺氧化酶　　C. 醇脱氧酶　　　D. 醛脱氧酶

6. 胆汁是由（ 　 ）部位分泌的

　　A. 胆囊　　　　　　B. 肝　　　　　　C. 心脏　　　　　D. 脾

7. 胆汁的主要固体成分是是（ 　 ）

　　A. 胆汁酸盐　　　　B. 无机盐　　　　C. 磷脂　　　　　D. 胆红素

8. 血中胆红素的主要运输形式是（ 　 ）

　　A. 胆红素 – 清蛋白　　　　　　　　B. 胆红素 – Y 蛋白

　　C. 胆红素 – 葡萄糖醛酸酯　　　　　D. 胆红素 – 氨基酸

9. 正常人粪便中的主要色素是（ 　 ）

　　A. 血红素　　　　　B. 胆素原　　　　C. 胆红素　　　　D. 粪胆素

10. 参与胆绿素转变成胆红素的酶是（ 　 ）

　　A. 加氧酶系　　　　　　　　　　　B. 胆绿素还原酶

　　C. 乙酰转移酶　　　　　　　　　　D. 过氧化氢酶

11. 下列属于初级胆汁酸的是（ 　 ）

    A. 牛磺鹅脱氧胆酸　　　　　　　　B. 牛磺脱氧胆酸

    C. 牛磺石胆酸　　　　　　　　　　D. 甘氨脱氧胆酸

12. 肝病患者出现蜘蛛痣或者肝掌是因为（　　　）

    A. 胰岛素灭活减弱　　　　　　　　B. 雌性激素灭活减弱

    C. 雄性激素灭活减弱　　　　　　　D. 雌性激素灭活增强

13. 生物转化时氧化反应发生在（　　　）

    A. 线粒体　　　　B. 细胞液　　　　B. 微粒体　　　　　　D. 细胞膜

14. 肝在糖代谢中的最主要作用是（　　　）

    A. 维持血糖浓度的相对恒定　　　　B. 使血糖氧化分解

    C. 使血糖浓度降低　　　　　　　　D. 使血糖浓度升高

15. 胆红素主要来源于（　　　）

    A. 血红蛋白分解　　　　　　　　　B. 肌红蛋白分解

    C. 过氧化物酶分解　　　　　　　　D. 过氧化氢酶分解

（二）多项选择题

1. 肝的生物转化第一相反应包括（　　　）

    A. 氧化反应　　B. 还原反应　　C. 水解反应　　D. 结合反应　　E. 甲基化反应

2. 影响生物转化的因素有（　　　）

    A. 年龄　　　　B. 性别　　　　C. 营养　　　　D. 疾病　　　　E. 遗传因素

3. 结合胆汁酸包括（　　　）

    A. 甘氨胆酸　　　　　　　　　　　B. 牛磺胆酸

    C. 甘氨鹅脱氧胆酸　　　　　　　　D. 牛磺鹅脱氧胆酸

    E. 胆酸

4. 胆汁酸按照结构分为（　　　）

    A. 游离胆汁酸　　　　　　　　　　B. 结合胆汁酸

    C. 初级胆汁酸　　　　　　　　　　D. 次级胆汁酸

    E. 甘氨酸胆汁酸

5. 肝脏在脂类代谢中的作用是（　　　）

    A. 肝脏是脂肪酸分解的主要场所

    B. 肝脏是脂肪酸合成的主要场所

    C. 肝脏是酮体氧化的主要场所

    D. 肝内生成胆汁酸

    E. 胆固醇酯是在肝内合成的

二、思考题

    患者，男，43 岁。因腹痛、腹胀、发热 3 天就诊于县医院。查体：T38.9℃，皮肤巩膜明显黄染。实验室检查：血清总胆红素 750μmol/L，未结合胆红素 6.2μmol/L，粪便呈灰白色，尿液颜色深黄，粪胆素原和尿胆素原均阴性，血常规检查除白细胞升高外，其余均正常。请问该患者的诊断是什么？胆红素偏高对机体有哪些影响？黄疸产生的原因有哪些？

书网融合……

 微课　　划重点　　自测题

参考答案

第一章

（一）单项选择题

1. C 2. C 3. B 4. D 5. D

（二）多项选择题

1. ABCDE 2. ABCDE 3. ABD

第二章

（一）单项选择题

1. D 2. C 3. A 4. D 5. C 6. A 7. D 8. A 9. A 10. A 11. C 12. B 13. C

14. B 15. A

（二）多项选择题

1. BD 2. BE 3. AB 4. BD 5. AC

第三章

（一）单项选择题

1. C 2. D 3. A 4. B 5. A 6. A 7. D 8. D 9. B 10. C 11. A 12. C 13. A

14. D 15. C

（二）多项选择题

1. ABCD 2. ABCE 3. ABC 4. ABDE 5. AE

第四章

（一）单项选择题

1. A 2. D 3. A 4. A 5. D 6. C 7. C 8. D 9. D 10. C 11. D 12. B 13. A

14. C 15. C

（二）多项选择题

1. CDE 2. CDE 3. ABDE 4. ABDE 5. BCE

第五章

（一）单项选择题

1. C 2. B 3. B 4. D 5. D 6. A 7. D 8. B 9. A 10. C 11. D 12. A 13. C

14. A 15. C

（二）多项选择题

1. CDE 2. AE 3. BCDE 4. ABCD 5. BC

第六章

（一）单项选择题

1. B 2. B 3. A 4. C 5. A 6. C 7. D 8. B 9. B 10. D 11. C 12. D 13. B
14. A 15. A

（二）多项选择题

1. CD 2. ACD 3. ACE 4. BCD 5. ADE

第七章

（一）单项选择题

1. C 2. A 3. C 4. D 5. C 6. C 7. D 8. D 9. B 10. D 11. D 12. D 13. B
14. A 15. C

（二）多项选择题

1. AD 2. AD 3. ACD 4. ABC 5. CE

第八章

（一）单项选择题

1. C 2. B 3. D 4. D 5. D 6. C 7. A 8. C 9. A 10. A 11. C 12. C 13. C
14. B 15. C

（二）多项选择题

1. ACD 2. ABCD 3. ACD 4. CD 5. BD

第九章

（一）单项选择题

1. B 2. A 3. A 4. C 5. A 6. B 7. C 8. C 9. B 10. D 11. A 12. D 13. D
14. B 15. C

（二）多项选择题

1. BCDE 2. CDE 3. ABCD 4. ABCDE 5. ABCDE

第十章

（一）单项选择题

1. C 2. B 3. D 4. B 5. A 6. D 7. A 8. C 9. B 10. A 11. D 12. C 13. A
14. C 15. C

（二）多项选择题

1. ABE 2. ABCD 3. ABE 4. AB 5. ABCDE

第十一章

（一）单项选择题

1. C 2. B 3. D 4. D 5. A 6. B 7. A 8. A 9. D 10. B 11. A 12. B 13. C
14. A 15. A

（二）多项选择题

1. ABCD 2. ABCDE 3. ABCD 4. AB 5. ABDE

参考文献

[1] 吴梧桐. 生物化学 [M]. 第 3 版. 北京：中国医药科技出版社，2015.

[2] 赵永芳. 生物化学技术原理及应用 [M]. 第 5 版. 北京：科学出版社，2015.

[3] 李秀敏. 生物化学 [M]. 第 3 版. 北京：科技出版社，2015.

[4] 黄纯. 生物化学 [M]. 第 3 版. 北京：科学出版社，2015.

[5] 李秀敏. 生物化学 [M]. 第 2 版. 北京：科技出版社，2015.

[6] 莫小卫. 生物化学 [M]. 第 2 版. 北京：中国医药科技出版社，2016.

[7] 姚文兵. 生物化学 [M]. 第 2 版. 北京：人民卫生出版社，2016.

[8] 王栋樑，曾强贵，石瑜. 生物化学 [M]. 镇江：江苏大学出版社，2016.

[9] 杜江. 生物化学 [M]. 第 2 版. 南京：东南大学出版社，2016.

[10] 毕见州，何文胜. 生物化学 [M]. 第 3 版. 北京：中国医药科技出版社，2017.

[11] 王丽燕. 生物化学实验指导 [M]. 北京：北京理工大学出版社，2017.

[12] 王金亭. 生物化学 [M]. 北京：北京理工大学出版社，2017.

[13] 金国琴，柳春. 生物化学 [M]. 第 3 版. 上海：上海科学技术出版社，2017.

[14] 王晓凌，李根亮，张颖. 生物化学 [M]. 第 3 版. 南京：江苏凤凰科学技术出版社，2017.

[15] R. A. 温博格. 癌生物学 [M]. 第 2 版. 北京：科学出版社，2018.

[16] 周春燕，药立波. 生物化学 [M]. 第 9 版. 北京：人民卫生出版社，2018.

[17] 国家药典委员会. 中华人民共和国药典 [M]. 北京：中国医药科技出版社，2020.